视觉与照明
(第二版)

庞蕴繁 著

中国铁道出版社

2018年·北京

内 容 简 介

本书以物理学为基础，旁及光度学、色度学、生理学、人类工效学等学科，主要阐述了照明设计领域的理论基础、研究概况、视觉评价、设计原则和工程实例。全书共十章，涵盖了光源与灯具、视觉特性、视度和视功效、制定照度标准、照明质量、眩光、视觉测量仪器、室内照明、道路照明、景观照明、绿色照明共十个方面的内容，不仅具备理论知识，而且汇总了大量的视觉实验数据、设计计算方法、照明工程实例以及作者自己开发研制的新型视度仪，涉及知识广泛、研究问题深入，是作者多年来在照明技术领域中所获得的科研成果和工作经验的浓缩，具有很高的学术价值。

本书内容丰富、层次清晰，可作为高等院校物理学、建筑学等学科的本科生、硕士生、博士生教学参考用书，亦可作为照明技术和照明工程领域的科研人员、设计人员、施工人员工作指导用书。

图书在版编目(CIP)数据

视觉与照明/庞蕴繁著.—2版.—北京：中国铁道出版社，2018.8

ISBN 978-7-113-24469-9

Ⅰ.①视… Ⅱ.①庞… Ⅲ.①建筑光学②照明-关系-视觉 Ⅳ.①TU113

中国版本图书馆 CIP 数据核字(2018)第 095863 号

书　　名：	视觉与照明（第二版）
作　　者：	庞蕴繁　著

策划编辑：	王明容		
责任编辑：	李润华	编辑部电话：010-51873138	电子信箱：tdpress@126.com
封面设计：	崔丽芳		
责任校对：	焦桂荣		
责任印制：	高春晓		

出版发行：中国铁道出版社(100054,北京市西城区右安门西街 8 号)

网　　址：http://www.tdpress.com

印　　刷：中国铁道出版社印刷厂

版　　次：1993 年 3 月第 1 版　2018 年 8 月第 2 版　2018 年 8 月第 1 次印刷

开　　本：787 mm×1 092 mm　1/16　印张：19.5　字数：468 千

书　　号：ISBN 978-7-113-24469-9

定　　价：88.00 元

版权所有　侵权必究

凡购买铁道版图书，如有印制质量问题，请与本社读者服务部联系调换。电话：(010)51873174(发行部)
打击盗版举报电话：市电(010)51873659，路电(021)73659，传真(010)63549480

作者简介

庞蕴繁,女,中国国籍,九三学社会员。1957年考入五年制东北人民大学(现吉林大学),物理系光学专业,毕业后到中国建筑科学研究院建筑物理研究所工作,高级工程师。1993年,创立中国建筑科学研究院深圳分院照明工程部并任主任,之后创立中国建筑科学研究院与深圳黄金灯饰集团公司联合照明工程研究所,并任总工程师。1996年,创建深圳市照明学会,并历任第一、二、三、四届常务副理事长兼秘书长。2013年,主持第五届理事会换届后,获深圳市照明学会"终身成就奖",并任深圳市照明学会终身名誉理事长。1999年,参与成立深圳市照明电器协会,兼任副理事长与副秘书长;2006年,再发起成立深圳市照明电器行业协会,任常务副会长兼秘书长至今。2014年离职,一是应航天员中心要求再研制PZ-1型视度仪,现已完成并交付使用;二是修改完善《视觉与照明》。

曾任北京照明学会、中国照明学会高级会员和高级专家;中国照明学会室内外照明专业技术委员会委员;光生物光化学专业技术委员会委员;中国工程建设标准化协会采光和照明技术专业委员会副主任;深圳市政府节能专家委员会委员;深圳市节能专家联合会常务理事兼照明组组长;深圳市高级职业技术学院建筑电气与消防专业委员会特聘委员;深圳市电器节能研究会特聘理事会理事;深圳市中国国家专家网特聘教授级专家;上海复旦大学特聘兼职教授。

在学术研究方面,其负责的项目SD-1型视度仪及其应用以及主编的国标《民用建筑照明设计标准》(GBJ 133—1990)均先后获国家科技进步二等奖;此外,参与建设部的《中小学校建筑设计规范》(GBJ

99—1986)、卫生部的《中小学校教室采光和照明卫生标准》(GB 7793—1987)等多项国家标准的制定,均获得国家科技进步奖。

在照明工程方面,主持了北京全国人大常委会会议楼室内外照明工程方案设计、安徽省马鞍山市全市景观照明工程方案设计等十多项景观照明工程设计;参与了广州黄埔大桥等多项工程、武汉辛亥革命110周年纪念馆以及青岛市、烟台市、宜宾市和肇庆市等多个城市照明工程的审定工作。多次参加国际学术会议,如1989年上海第一届亚太流域照明学术会议、国际照明委员会(CIE)第22届墨尔本学术会议、1997年日本名古屋亚太照明学术会议等。

发表照明技术研究、绿色照明、照明节能、深圳发展年鉴、深圳优秀照明工程汇编等论文30余篇。1993年,著作《视觉与照明》(第一版),现在此书仍是高等院校(复旦大学、同济大学、天津大学、重庆大学、深圳大学等)硕士生、博士生重点参考用书。

第二版序

视觉科学涵盖心理学、生理学和物理学等多门学科,它是自古至今科技学术界始终公认的自然科学和人类工效学的基础,而照明就是视觉科学的精华要素。太阳和人造光源所发出的光,它与空气和水构成人类生存不可缺少的最重要三因素。众所周知,凡是有人生存的地方就必须有照明,照明是国民经济的建设和发展不可欠缺的要素。实际上,我国1956年就有了《工业企业人工照明设计标准》(106-56)首本国标,直到2014年执行的《建筑照明设计标准》(GB 50034—2013)共6本国标。它们在国民经济的照明工程中,指导着各行各业的照明设计工作。由此显而可见,以"视觉与照明"命名的本书在25年前首次出版,它以视觉理论来探讨照明,其内容的重要性和珍贵价值就可想而知。

21世纪人类迎来了固体照明时代,LED已成为人们熟知的节能照明光源,它几乎具有人类对人造光源所要求的全部优点。当今从室内到室外照明工程,从细小的精细视觉作业到高楼大厦和街道与景观照明,处处都能看到LED照明的灯光。它给经济的发展、社会的进步和生活的美好,带来特殊的魅力和无可取代的作用。在近年我国召开的杭州G20峰会、厦门金砖国家会议和青岛的上合组织会议时,其景观照明工程都给会议增光添彩,受到国内外各方人士普遍好评。当前我国已成为国内外公认的LED生产和出口大国,景观照明也方兴未艾迅猛发展。

本书作者庞蕴繁教授是一位毕生从事照明事业的科技工作者,也是我多年的良师益友。1993年由她著作出版的《视觉与照明》,就是我当年在复旦大学给研究生作视觉科学系列讲座的主要参考资料。现她又经过25年努力,对第一版作了极大补充与完善。增加了国际照明委员会(CIE)和国内外关于光度学和色度学以及视觉理论研究的新发展,保持了原系列方法和理论;关于视觉定量测量方法及其仪器,补充了新研制的PZ-1型视觉测量仪器的构造及其测量使用方法与经验;保留了室内照明及其设计,增加了道路照明和景观照明的设计与工程实例以及绿色照明和节能。这次出版的《视觉与照明》(第二版),为读者提供了更全面的知识素材和实际经验。

我希望,也相信本书的出版会对我国照明科技和产业进步有所贡献,能有益于我国从照明和光源大国向强国的挺进,并对所有阅读本书的读者起到开卷有益的作用。

陈大华

2018.6.6 于复旦大学

第一版序

照明是为国民经济服务的。随着我国改革开放步伐的加快,照明设计也在蓬勃发展。因此进一步提高照明技术和艺术水平,满足人们生活中的使用以及生理和心理要求,已成为照明界十分紧迫的任务。

照明技术是照明设计的主要部分,它主要以物理学为基础,旁及光度学、色度学、生理学和卫生学等学科。但是照明效果最终要由人们生理中的视觉来评价,因此照明和视觉有着密切的联系。为了保证照明技术的质量,要求采用适宜的照度标准进行照明计算,排除眩光、闪烁等干扰因素,利用测试手段评价视觉效果。

本书是作者根据对上述有关方面长期研究的结果而撰写的,内容丰富,有较高的学术价值,能作为指导照明设计的理论基础,是值得推荐的。我希望照明界的同行予以关注和参考,从而把当前的照明设计水平更推进一步。

高履泰
1992.7

第二版前言

《视觉与照明》一书自1993年出版后至今已经多年。这本书起源于1977年,当时我正在参与编制我国照明方面第一本正式的国标,即《工业企业照明设计标准》(TJ 34—1979),我应四机部劳动卫生研究所的邀请前去授课,总结了之前的实验内容编写成讲稿《精细视觉作业工作中的照明问题》。1981年,我又应陕西省计量测试学会邀请前去授课,在讲稿中增编了关于中小学生的照明计量问题,印成《视觉与照明》讲义。在之后的将近10年中,我又不断接受邀请在天津市科协、北京建筑工程学院(现北京建筑大学)、北京大学、西北大学等地授课,也将大量的国内外理论知识与自己的研究成果不断添加在讲义中。幸运的是,1992年有朋友建议我将此讲义送到中国铁道出版社,我便以此讲义为基础,整理成书稿正式出版,即《视觉与照明》。

本书第一版于1993年正式出版,当时随着我国改革开放的步伐加快,照明设计蓬勃发展,我根据自己长期在照明技术领域中的研究成果和工作经验著作了本书。书中有大量的物理学、光度学、色度学、生理学、心理物理学等学科的知识,并且汇总了中国人自己的各种视觉实验数据,加上对国外大量研究成果的对比,具有较高的学术价值,一直是高等院校建筑系、物理系等专业的硕士生、博士生重点参考用书,也是各照明工程设计公司的指导培训用书,在照明领域内供不应求。但由于年代久远,本书在市场上现已经无货可供;经过20多年的发展,我国照明工程领域也有了翻天覆地的变化,出现许多新理论、新标准和新产品,因此我便著作了《视觉与照明》(第二版)。

第二版在保留第一版全部优点和特色的基础上,增加、改进了许多内容。首先,补充了我国照度标准的发展历程。其次,增加了景观照明、道路照明、绿色照明、LED 灯等许多新内容以及大量的照明设计实例。最后,在视觉测量仪器一章中,补充了作者自己开发研制的新型视度仪,并介绍其原理与功能。总之,我力求将 1993 年至今的照明发展内容加入本书,实现更新换代,更好的服务于读者。

第一章光、光源与灯具:本章介绍了光、光源与灯具的概念、基本量与术语,在知识点上主要增加了国内外对光和色研究的最新进展,在光源和灯具方面主要增加了 LED 的基本知识和发展现状。

第二章视觉特性:本章介绍了眼睛的视机构与视过程、视力的相关影响因素以及视觉的识别,是视觉的理论基础知识。增加了国内外在明视觉、暗视觉、中间视觉方面的研究,以及"光子"理论的新观点。

第三章视度和视功效:本章介绍了视度和相对视度的概念及其物理意义,由人们生理中的视觉来评价照明效果,汇总了大量的中国人裸眼眼睛的视功能特性实验研究结果,用视功能解析图奠定了提出、评价、制定照度标准值的科学方法。本章完全保留了第一版中的内容,是制定照度标准值的理论基础。

第四章制定照度标准的方法和照度标准值的变化:本章主要利用上一章的方法制定并评价了我国国标《工业企业照明设计标准》(TJ 34—1979)的照度标准值,同时增加了中国建筑照明设计标准历年来的发展、变化过程。

第五章照明质量与视觉效果:本章是照明视觉理论的再提高。早期的照明设计标准中基本上只重视照度值的大小,由于当时的照度标准值极低,只要提高照度,视觉效果就明显提高,但是当照度水平提高到一定程度时,就凸显出照明质量的重要性。本章除了介绍作者在视觉实验中发现的不同视觉效果外,还汇总了一些国内外的照明质量资料,增加了气氛照明和双色温照明的内容。

第六章照明中的眩光:本章介绍了不舒适眩光和失能眩光的评价和限制方法,增加了我国最新版国标对眩光的限制标准。照明中的眩光是照明质量中应重点探讨的问题。

第七章视觉测量仪器和测量方法：本章列举了我国SD型视度仪的诞生、应用和发展过程，增加了最新研制开发的PZ-1型视度仪的详细构造和使用方法。本章还归纳汇总了国际上视度仪的研制概况和设计原理。

第八章室内照明和道路照明设计：本章保留了第一版中室内照明设计的内容，并增加了生活道路照明与交通道路照明的工程设计原则和计算方法。

第九章景观照明设计及工程实例：本章全部为新增内容，介绍了我国景观照明的设计原则、发展过程、常见灯具和电气控制系统。重点介绍了大量的优秀照明工程实例，这些实例多为深圳市景观照明或深圳市建筑公司主持建设的景观照明，并且多是获奖工程，不仅是视觉盛宴，而且具有理论参考价值。

第十章绿色照明的节能和技术经济分析：本章全部为新增内容，介绍了我国的绿色照明政策、照明节能的范围和办法，并且给出了具体的节能工程经济分析。

本书在研究、撰稿以及再版过程中，得到了同事和朋友的多方面支持与帮助。特别要感谢深圳市照明学会、深圳市照明电器行业协会、深圳照明专家组所有会员、同事、专家以及朋友，在这里致以深深的谢意！由于本人水平有限，错误和不足在所难免，敬请读者批评指正。

（注：1993年版《视觉与照明》出版时作者署名"庞蕴凡"，本版按其身份证姓名署名"庞蕴繁"，作者为同一人。）

作　者

2018.2　北京

第一版前言

本书主要内容曾是原四机部全国卫生培训班授课用的讲稿。1982年应陕西省计量测试学会邀请,为"视觉与照明"学术讲座重新做了补充,并由该学会印成讲义。之后应天津市照明学会邀请,做了进一步修改和补充后,分别于1983年和1984年作为天津市举办的"视觉与照明"学术讲座的讲稿。北京建筑工程学院于1985和1986年曾将该讲稿列为建筑系建筑光学研究生的专业基础课讲义。1987年应邀为西北大学物理系开设"视觉与照明技术"课时,也曾作为西北大学的教学讲义。

由于种种原因该讲义在数量上一直不能满足需要,在质量上也很不尽人意。这次经修改补充后写成此稿,想作为照明技术领域中的基础理论用书。作为基础的东西,首先必须讲到光的概念及光与色的基本量,这也是以后各章节中常用到的基本知识和术语。照明是离不开光源和灯具的,所以本书,也从应用的角度介绍了光源和灯具的基本特性和发展方向。上述三个内容简要的形成本书的第一章。

第二章"视觉特性"和第三章"视度和视功能"是视觉的理论基础。是照明技术的生理、心理和卫生方面的实验资料。

第四章"制定照度标准的方法和照度标准值"总结了国际上制定照度标准的方法,也总结了我国以中国建筑科学研究院建筑物理研究所主编或负责的《工业企业照明设计标准》(TJ 34—1979)、《中小学校建筑设计规范》(GBJ 99—1986)中的采光和照明部分、《中小学校教室采光和照明卫生标准》(GB 7793—1987)和《民用建筑照明设计标准》(GBJ 133—1990)四本国家标准和规范中的理论和实验依据,以及国内外照度标准值发展变化的比较与分析。并且应用国际上的一些图表和资料说明今后照度标准值的发展趋势。本章是该书的重点,也是理论与实际,国内与国外相结合的核心。

第五章"照明质量与视觉效果"是照明技术理论的再提高。因为照度标准值的理论发展和完善到一定程度后,照明质量就是突出的问题。本章除包括作者所从事的视觉实验研究的结果外,还收集了国内外的有关资料。

第六章"照明技术中的眩光"是照明质量中的重点,因此有必要另列一章详细论述。这一章的核心内容是中国建筑科学研究院建筑物理研究所负责的《工业企业车间照明眩光评价方法及其限制标准的研究》专题内容。其中以不舒适眩光为重点,包括国际上三种主要的眩光限制系统和方法。本章还汇总了国内外研究失能眩光的方法及其应用,并探讨了心理眩光和生理眩光之间的关系。

第七章"视觉测量仪器"主要是以中国建筑科学研究院建筑物理研究所负责的《SD-1型视度仪的研制和应用》专题内容为中心,并归纳和汇总了国际上视度仪的研制概况及视觉的定量测量方法。

第八章"照明设计"是上述各章节内容的综合应用,包括照明的设计和计算实例。

随着科学技术的进步、生产的发展和人们生活水平的不断提高,对照明技术和照明工程的要求也越来越高。这就要求有更多的照明科学和技术的知识进行交流,希望本书能够对广大读者有所帮助,也希望得到同行的帮助和指导。

全书经西安交通大学蒋孟厚教授审阅,在此特致以衷心的感谢。同时对在有关课题中合作和给予支持的同事和朋友也在此一并表示感谢。

由于作者水平有限,谬误之处难免,敬请读者批评指正。

作 者
1991.11

目　　录

第一章　光、光源与灯具 ··· 1

第一节　光的概念及其基本量 ··· 1
一、光的本质 ··· 1
二、光谱光视效率曲线 ·· 2
三、光的度量 ··· 4
四、色彩的度量 ·· 11

第二节　光　　源 ··· 18
一、光源的发展及其分类 ··· 18
二、光源的发光效率 ·· 20
三、光源的亮度 ·· 22
四、光源的颜色 ·· 23
五、新光源发光二极管（LED）和有机发光二极管（OLED） ······························· 29

第三节　灯　　具 ··· 32
一、灯具的分类 ·· 33
二、灯具的光分布及其分类 ·· 35
三、灯具的光学特性 ·· 42
四、LED灯具 ··· 48
五、我国灯具标准 ··· 49

第二章　视觉特性 ·· 51

第一节　眼睛的视觉机构与视觉阈 ··· 51
一、视觉机构与视觉过程 ··· 51
二、光的视感觉和视觉偏移规律 ·· 53
三、中间视觉的国际最新进展 ··· 54
四、光子理论的新旧观点 ··· 56
五、绝对光阈与绝对灵敏度 ·· 58
六、临界亮度对比度与对比灵敏度 ··· 59
七、视网膜周围生理抑制效应 ··· 60

第二节　视角、视力和照度 ··· 60
一、视角、视力与视力的限度 ··· 60

二、视角、视力与照度的关系 …………………………………………………… 61
　　三、检查视力的照度标准值 ……………………………………………………… 64
　　四、照度标准值等级的划分 ……………………………………………………… 65
　第三节　视觉的识别和适应 …………………………………………………………… 66
　　一、识别机率、识别时间和识别速度 …………………………………………… 66
　　二、视野和视场与视觉适应 ……………………………………………………… 68
　　三、视觉适应在隧道照明设计中的应用 ………………………………………… 69

第三章　视度和视功效 …………………………………………………………………… 71

　第一节　视度和相对视度 ……………………………………………………………… 71
　　一、视　度 ………………………………………………………………………… 71
　　二、相对视度及其物理意义 ……………………………………………………… 72
　第二节　视功效的实验研究及其与国际比较 ………………………………………… 73
　　一、实验设备和方法 ……………………………………………………………… 73
　　二、我国成年人的视功效特性曲线 ……………………………………………… 74
　　三、SD 型视度仪获得的我国成年人视功效特性曲线 ………………………… 75
　　四、SD 型视度仪获得的我国少年儿童的视功效特性曲线 …………………… 77
　　五、复旦大学获得的我国成年人视功效特性曲线 ……………………………… 77
　　六、国外视功效特性曲线简介与比较 …………………………………………… 82
　第三节　工业企业实际工件的视度 …………………………………………………… 85
　　一、实际目标的视觉分等 ………………………………………………………… 85
　　二、平面目标的视度 ……………………………………………………………… 85
　　三、立体目标的视度和等效对比度 ……………………………………………… 87
　第四节　视功效解析图及其应用 ……………………………………………………… 88
　　一、视功效曲线的变换 …………………………………………………………… 88
　　二、相对视度曲线图 ……………………………………………………………… 89
　　三、视功效解析图的作用 ………………………………………………………… 90
　第五节　我国中小学生视觉心理满意度的实验研究 ………………………………… 90
　第六节　我国视觉满意度曲线与国外九家曲线的比较 ……………………………… 93

第四章　制定照度标准的方法和照度标准值的变化 ………………………………… 94

　第一节　根据视功效制定和评价照度标准 …………………………………………… 94
　　一、根据视功效提出照度标准值 ………………………………………………… 94
　　二、根据视功效评价照度标准值 ………………………………………………… 95
　　三、国家标准(旧版)TJ 34—1979 的相对视度水平 …………………………… 95
　　四、国外几种用视功效制定照度标准的方法 …………………………………… 96

第二节 根据视疲劳制定照度标准值 ……………………………………………… 100
　一、我国成年人视疲劳与照度的关系 …………………………………………… 100
　二、我国少儿视疲劳与照度的关系 ……………………………………………… 100
　三、国外有关视疲劳与照度关系简述 …………………………………………… 101

第三节 根据现场调研制定照度标准值 …………………………………………… 101
　一、根据现场的照度现状提出照度标准值 ……………………………………… 101
　二、根据现场主观视觉评价提出照度标准 ……………………………………… 102
　三、根据现场实验提出照度标准 ………………………………………………… 103
　四、人工照明现场调查的内容和方法 …………………………………………… 103

第四节 根据经济分析方法制定照度标准 ………………………………………… 105
　一、小堀富次雄方法（日本，1962） ……………………………………………… 105
　二、Труханов方法（苏联，1958） ………………………………………………… 105

第五节 阅读视觉作业的照度标准值的变化 ……………………………………… 106
　一、川畑爱藏（1937） ……………………………………………………………… 106
　二、大塚（1939） …………………………………………………………………… 107
　三、蒲山久夫（1962）、本桥和佐藤（1965） ……………………………………… 107
　四、松井等（1963） ………………………………………………………………… 107
　五、印东和河合（1965） …………………………………………………………… 108
　六、Борисова（1978） …………………………………………………………… 108
　七、Верзинъ 等（1978） ………………………………………………………… 108
　八、Moon 和 Spencer（1947） …………………………………………………… 109
　九、Blackwell（1959） …………………………………………………………… 109
　十、Bodmann（1962） …………………………………………………………… 109

第六节 照度的等级和范围以及时空均匀度 ……………………………………… 110
　一、照度等级和范围 ……………………………………………………………… 110
　二、最低照度和平均照度 ………………………………………………………… 111
　三、规定照度的平面 ……………………………………………………………… 111
　四、照度的时空均匀度 …………………………………………………………… 111

第七节 照度标准值提高的速度和世界照度发展趋势 …………………………… 112

第八节 中国建筑照明设计标准的发展 …………………………………………… 114
　一、中国建筑照明设计标准的发展历程 ………………………………………… 114
　二、国家标准（旧版）《建筑照明设计标准》（GB 50034—2004）的特点 ……… 115
　三、国家标准（新版）《建筑照明设计标准》（GB 50034—2013）的特点 ……… 116

第五章　照明质量与视觉效果 …………………………………………………… 117

第一节 视觉效果及其评价方法 …………………………………………………… 117

第二节　照度分布与视觉效果的关系 …………………………………………… 119
　　第三节　反射光幕与视觉效果的关系 …………………………………………… 120
　　第四节　照明方式与视觉效果的关系 …………………………………………… 121
　　　一、国外研究结果的分析 ………………………………………………………… 121
　　　二、国内研究结果的比较 ………………………………………………………… 123
　　第五节　荧光灯与白炽灯的视觉效果 …………………………………………… 128
　　　一、实　验 1 ……………………………………………………………………… 128
　　　二、试　验 2 ……………………………………………………………………… 129
　　　三、实　验 3 ……………………………………………………………………… 130
　　　四、实　验 4 ……………………………………………………………………… 130
　　　五、实　验 5 ……………………………………………………………………… 131
　　第六节　天然光与人工光的视觉效果 …………………………………………… 132
　　第七节　光的质量与视觉效果 …………………………………………………… 133
　　　一、光的色表（观） ……………………………………………………………… 133
　　　二、光谱分布 ……………………………………………………………………… 134
　　　三、红外线和紫外线 ……………………………………………………………… 135
　　　四、光的频闪 ……………………………………………………………………… 135
　　第八节　气氛照明和双色温照明 ………………………………………………… 136
　　　一、气氛照明 ……………………………………………………………………… 136
　　　二、双色温的混合照明 …………………………………………………………… 137

第六章　照明中的眩光 ……………………………………………………………… 139

　　第一节　眩光的种类和作用 ……………………………………………………… 139
　　　一、直接眩光 ……………………………………………………………………… 139
　　　二、反射眩光 ……………………………………………………………………… 139
　　　三、由极高的亮度对比形成的眩光 ……………………………………………… 139
　　　四、由于视觉的不适应而产生眩光 ……………………………………………… 139
　　　五、生活中的眩光实例 …………………………………………………………… 140
　　　六、国外影响劳动生产率的失能眩光和不舒适眩光 ………………………… 141
　　第二节　我国不舒适眩光的实验研究 …………………………………………… 142
　　　一、不舒适眩光的基本因素和表达式 …………………………………………… 142
　　　二、不舒适眩光的实验装置和条件 ……………………………………………… 143
　　　三、眩光评价的视觉分级及其国际比较 ………………………………………… 144
　　　四、视觉的舒适与不舒适界限（BCD） ………………………………………… 145
　　　五、眩光常数公式的获得 ………………………………………………………… 149
　　　六、利用做图法提出眩光源的亮度限制值 ……………………………………… 155

七、多光源的眩光问题 …………………………………………………………… 157
第三节　不舒适眩光的限制方法 …………………………………………………… 158
　　一、眩光指数(GI)法 ……………………………………………………………… 158
　　二、视觉舒适概率(VCP)法 ……………………………………………………… 160
　　三、亮度曲线(LC)法 ……………………………………………………………… 162
　　四、亮度曲线法的应用 …………………………………………………………… 166
　　五、亮度曲线法与其他方法的关系 ……………………………………………… 168
第四节　我国现行的眩光限制标准 ………………………………………………… 170
　　一、统一眩光值(UGR) …………………………………………………………… 170
　　二、眩光值(GR) …………………………………………………………………… 171
第五节　失能眩光 …………………………………………………………………… 172
　　一、失能眩光(Disability Glare)的评价方法 …………………………………… 172
　　二、失能眩光评价方法之间的关系 ……………………………………………… 176
　　三、失能眩光与不舒适眩光的关系 ……………………………………………… 177

第七章　视觉测量仪器和测量方法 ……………………………………………… 179

第一节　视度仪的研制和发展 ……………………………………………………… 179
第二节　视度仪的技术领域和作用 ………………………………………………… 181
　　一、气象能见度的测量 …………………………………………………………… 181
　　二、视力的测量 …………………………………………………………………… 181
　　三、视觉阈值的测量 ……………………………………………………………… 181
　　四、视觉疲劳的测量 ……………………………………………………………… 182
第三节　SD型视度仪的实际应用 …………………………………………………… 182
　　一、视觉阈值的测量 ……………………………………………………………… 182
　　二、视功能特性曲线的测量 ……………………………………………………… 182
　　三、现场实际工件等效对比度的测量 …………………………………………… 182
　　四、视觉疲劳的测量 ……………………………………………………………… 183
　　五、评价照明的数量和质量 ……………………………………………………… 183
　　六、提出和评价照明设计标准值 ………………………………………………… 183
　　七、研究驾驶员以及航天员的视觉状态 ………………………………………… 184
　　八、上海医科大学的教学和科研仪器 …………………………………………… 185
　　九、复旦大学光源与照明工程系教学仪器 ……………………………………… 185
　　十、国际上几种视度仪的应用方向 ……………………………………………… 186
第四节　SD型视度仪的光学机械电器及其测量 …………………………………… 187
　　一、SD型视度仪的光学原理及其优势 ………………………………………… 187
　　二、SD型视度仪的机械电器及其性能 ………………………………………… 189

三、SD 型视度仪的安装、调试和使用 …………………………………………… 191

第五节　视度仪的国际发展概况及几种视度仪原理简介 …………………………… 195
一、1897～1947 年原始时代的视度仪 …………………………………………… 195
二、1955～1981 年成熟时代的视度仪 …………………………………………… 197

第六节　视觉疲劳的测量仪器和方法 …………………………………………………… 202
一、能见度测量法 …………………………………………………………………… 202
二、调节时间变动率法 ……………………………………………………………… 203
三、视觉机能调节测定法 …………………………………………………………… 204
四、近点测量法 ……………………………………………………………………… 204
五、闪光融合频率法 ………………………………………………………………… 204
六、明视持久度法 …………………………………………………………………… 204
七、眨眼次数法 ……………………………………………………………………… 204
八、主观评价法 ……………………………………………………………………… 204

第八章　室内照明和道路照明及其设计 …………………………………………………… 206

第一节　室内照明及其设计 ……………………………………………………………… 206
一、照明方式和照明种类 …………………………………………………………… 206
二、室内照明设计的一般视觉要求 ………………………………………………… 207
三、室内照度计算方法 ……………………………………………………………… 211
四、照明设计实例——学校教室的照明设计 ……………………………………… 216

第二节　交通道路和生活道路照明及其设计 …………………………………………… 220
一、交通道路与生活道路的特点 …………………………………………………… 220
二、交通道路照明要求及其设计 …………………………………………………… 221
三、生活道路照明要求及其设计 …………………………………………………… 225
四、高杆照明 ………………………………………………………………………… 227
五、栏杆照明 ………………………………………………………………………… 228
六、交通道路和生活道路中照明器材的选择 ……………………………………… 228

第九章　景观照明设计及其工程实例 ……………………………………………………… 230

第一节　景观照明的种类和设计原则与方法 …………………………………………… 230
一、景观照明的范围和种类 ………………………………………………………… 230
二、景观照明设计的基本原则和方法 ……………………………………………… 231
三、景观照明的方式和有关资料 …………………………………………………… 232

第二节　我国景观照明的发展历程及其工程实例 ……………………………………… 233
一、我国景观照明的发展概况 ……………………………………………………… 233
二、深圳泛光照明初期工程 ………………………………………………………… 234

三、深圳泛光照明中期工程 235
　　四、深圳泛光照明鼎盛时期工程 236
　　五、北、上、广、杭与港、澳、台的景观照明工程概述 248
第三节　景观照明工程中应用的光源和灯具举例 250
　　一、景观照明初期的光源和灯具 250
　　二、景观照明发展时期的光源和灯具 251
　　三、景观照明再发展时期的光源和灯具 252
　　四、景观照明发展新时代 LED 光源与灯具 254
　　五、配光组合灯具 259
　　六、舞台灯 260
　　七、激光灯和特种灯 260
第四节　景观照明的控制和多媒体演示系统 261
　　一、多网智能控制系统 261
　　二、108 m 高的三面白玉观音圣像开光大典灯光控制实例 261
　　三、LED 多媒体演示系统 262
　　四、太阳能光伏供电的发展和前景 263
　　五、景观照明的经济性和地域性 264

第十章　绿色照明的节能和技术经济分析 265

第一节　绿色照明 265
　　一、绿色照明工程的启动和意义 265
　　二、我国绿色照明的主要目标 265
　　三、照明节能必需以保证照明的数量和质量为前提 266
第二节　照明节能的范围和办法 266
　　一、选择发光效率高的优质节能电光源 266
　　二、选择效率高的灯具 267
　　三、选择节电的照明电器配件 268
　　四、安装照明系统节电设备 268
　　五、科学与合理的照明设计 269
　　六、良好的维护管理 270
　　七、景观照明工程节电实例 270
第三节　照明节能工程及其技术经济分析 272
　　一、照明设计选择场所、光源与灯具（A1～A14） 272
　　二、计算年用电量（B1～B7） 274
　　三、计算初始投资费（C1～C5） 275
　　四、计算灯具年固定费用（D1～D4） 275

五、计算年用电费(E1～E3) …………………………………………… 275
六、计算年光源费(F1～F5) …………………………………………… 275
七、计算年系统维护费(G1～G7) ……………………………………… 276
八、技术经济计算分析结果(H1～H3) ………………………………… 276
九、照明节能改造工程中的设计与设备用电量的问题 ………………… 276

参考文献 ………………………………………………………………… 277

后　　记 ………………………………………………………………… 280

第一章 光、光源与灯具

第一节 光的概念及其基本量

一、光的本质

"光"这个词,人们的理解是有区别的,它具有很广泛的、纯粹的物理意义。在物理学上它是指所有形式的辐射能量。所以在物理学上有人把辐射能量的科学的总体叫作"光的学说"。我们把对光的感觉,或者确切一点说就是把"亮"(光刺激到眼睛上引起的)叫作光。实际上并不是所有辐射能都能引起人们的这种感觉,而仅仅是整个光谱段上的一部分(可见部分)才能引起这种感觉。因此,在很多情况下,人们所说的"光"或"亮",就是指那一段可见光谱的辐射能。即引起人们视感觉的那一部分辐射能。在这种情况下,红外线和紫外线及其以外的那些辐射能,就都不是"光"的范畴了。然而,就是这段作用到人们眼睛上的可见部分的辐射能,它的效果也是不同的。因为可见光谱段的波长不同,使得视觉器官产生的视感觉程度也不同。有的光谱段的作用较强,使人们产生明显的视感觉;有的光谱段对视觉器官的作用很微弱,几乎让人们察觉不到或很少察觉到。所以人们说看见光,还要深入研究可见光的不同波段的作用程度。

人们说有"光"或"亮",就是说人们有足够强的光感觉。而人们说黑暗,就是说没有引起这种视感觉或者感觉太弱了。对于盲人,那就是说丧失了视觉。无论怎样强的光,也不能引起视感觉,照明对他是无意义的。相反,对于眼睛极好的人,在完全黑暗里,即在没有任何光线的地方,他也什么都看不见。因此可以说,光是有一定种类和数量的,能对健康的视觉器官引起作用的辐射能。人们所说的看见"光"包含了三层意思:一是有可见光;二是有良好的视觉器官;三是二者作用引起视感觉的效果。

一定种类和数量的光,能引起人们丰富的光和色的视感觉。这些光和色能使人们看到周围物体的形状、大小、色彩和位置等特征,使人们有效地判断自己的方位,并且掌握自己的运动和作用。

人们在认识自然和改造自然中,视觉与其他感觉(如听觉、嗅觉、触觉和味觉)相比占重要的地位。当然,所有的其他感觉器官都是有用的,而且是必要的。但是,就其作用来讲都不如视觉。因为视觉的信息不但来得广而且远,例如用眼睛观察星空,研究分子、原子及其构造,这是任何其他感觉器官都望尘莫及的。人们与外界接触所收集到的信息,有 87% 是从视觉而来,而视觉最基本的物理条件就是光。

那么人们看东西,为什么有时候看得见有时候看不见?为什么有时候看得容易有时候看得很难?这都是眼睛和光作用的结果。一是从物体上射出的光到达眼睛过程中的状况,二是接收光的正常眼睛的能力。照明技术工作者的任务就是要深入研究上述问题,并且为人们创造良好的光环境。

我们在上面谈到了光的种种概念,也提示了在观察客观世界、认识宇宙中光的作用,那么光的本质到底是什么?光又有什么属性?

光能够被眼睛感觉到。用辩证唯物主义的观点来看,感觉是对客观物质或现象的反映。首先是物质,而不是感觉。物质是感觉的源泉,物质是第一位的,感觉是第二位的。毫不例外,光也是一种物质。由于光的存在和运动,并作用在视觉器官上,才引起视感觉。"光"作为物质存在,具有微粒性;"光"作为运动状态,具有波动性。20世纪的理论认为光的最小存在单位是光子。光子很小,单个光子是很难看到的,通常我们看到的都是光子的集合。光波也是电磁波的一部分,是能引起视感觉的电磁辐射波,可以从光源向外辐射或传播,所以有时也称光的辐射。

总之,光是能引起视感觉的电磁辐射能,它具有微粒和波动双重属性。光的任何现象都可以用微粒性和波动性来加以解释。

二、光谱光视效率曲线

人们的眼睛能够感知可见光辐射能。但是,可见光谱段内的每一小段光辐射能对眼睛的作用到底有什么不同呢?换句话说,眼睛对可见光谱内的不同波长辐射的响应灵敏度有什么不同呢?这种不同是照明技术中各种光度量和色度量的基础。我们把这种眼睛对不同波长可见光的光谱响应变化用曲线表示出来,就称为光谱光视效率曲线或光谱视见函数曲线。这种曲线是经过实验获得的。

我们知道,电磁波按低频率到高频率划分,一端是无线电波,其波长从数纳米到几十千米长;另一端是X射线和γ射线等,其波长极短,在10^{-10} m以下,都在可见光范围之外。在接近可见光的两侧,在短波方向有紫外线,分为A、B和C段;在长波方向有红外线,也分为A、B和C段,见表1-1、图1-1。

表1-1 紫外线—可见光—红外线的波长范围

波		波长范围
紫外线(UV)	UV-A	315～400 nm
	UV-B	280～315 nm
	UV-C	100～280 nm
可见光(VIS)		380～780 nm
红外线(IR)	IR-A	780～1 400 nm
	IR-B	1 400～3 000 nm
	IR-C	3 000～10^6 nm

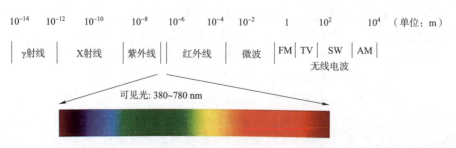

图1-1 可见光在紫外线和红外线之间的色彩波长范围图

光波只占整个电磁波很小的一段而落在它们中间。如果以人们的眼睛能否看得见来衡量可见辐射波(光波)的波长范围的话,则这一范围是无法精准确定下来的。因为人的眼睛对相同波长的辐射反应各人之间是略有不同的,这种不同称为个体差异。通常,在上述整个可见辐射波长范围内,人们可以凭眼睛,随着波长的不同区分出红、橙、黄、绿、青、蓝、紫等颜色,见表1-2。其中可见波长范围的下限为 380~400 nm,上限为 760~780 nm。

表1-2 七色可见光波长表

光色	紫	蓝	青	绿	黄	橙	红
波长	380~424 nm	424~455 nm	455~492 nm	492~565 nm	565~595 nm	595~640 nm	640~780 nm

表1-2中把颜色分成七段是一种习惯上的粗略分法。实际上在整个可见光谱段范围内,光的颜色是按色调由一种向另一种连续过度的,例如,黄和绿中间就包含着无数个黄绿色。颜色的数量是无穷的,人们的眼睛可以区别出一百多种不同的颜色。

在带有多种光谱成分的光源中,如果有一部分特别显著,就呈现出那种显著的颜色。具有一定比例的几种单色光可以合成白色光或称无色光,太阳光就是无色光。光的混合与颜色的混合完全不同。众所周知,一定比例的各种颜料的总和,不是白色,而是呈黑色。

尽管在可见光谱区域内,能区别出不同波长的光有不同的颜色,但是人眼睛对不同颜色的光的敏感程度也不同,就是说,人眼对光能量相同的、波长不同的光所感觉到的明亮程度也不同。例如一个红光和一个绿光,当他们辐射通量相同时,人们会感觉到绿的比红的亮得多。

光谱光视效率曲线也称视见函数,通常简称 $V(\lambda)$ 曲线。由于每个人眼睛的光谱灵敏度不完全相同,为统一起见,国际照明委员会(CIE)于1924年确认并颁布了图1-2中标准人眼光谱灵敏度曲线。经过多年实践发现,这条曲线与实际应用中略有差异,特别是在紫端,其数值低于近年来实验所获得的数值。现在,一些国家的有关部门在进行这方面的研究工作,$V(\lambda)$ 曲线的数值是否进行修改,应由 CIE 来决定。

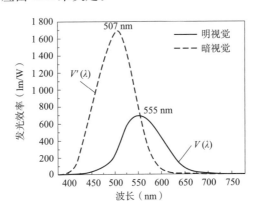

图1-2 视觉 $V(\lambda)$ 曲线(光谱光视效率曲线)

不同的波长有不同的 $V(\lambda)$ 值,按波长 λ 及其相对应的光谱光视效率 $V(\lambda)$ 做出曲线,在明视觉条件下,称为明视觉的光谱光视效率曲线或光谱灵敏度曲线。通过大量的实验证明,在明视觉条件下(高于 3 cd/m² 的亮度水平),眼睛对波长为 555 nm 的光最灵敏。也就是说,波长为 555 nm 处的辐射有最大的效率,称为最大光谱光视效率,其数值为 683 lm/W。在多数情况下,感兴趣的是光谱光视效率的相对值,假定波长 555 nm 处的光谱光效率为1,记为 $V(555)=1$,

而越远离这个波长,眼睛就越不灵敏,发光效率越小于1。在可见光波段(380～780 nm)以外,眼睛失去光的感觉,辐射的发光效率为零。在暗视觉条件下(适应亮度低于 0.05 cd/m²),眼睛的最灵敏度在波长为 507 nm 处,其最大值为 1 699 lm/W,用 $V'(\lambda)$ 曲线表示。

三、光的度量

光度学与色度学分别是研究光和色的科学,它们都是系统的、比较完整的科学。为便于问题的阐述,本节仅就它们的某些量作简单的介绍。

1. 辐射通量(F_e)、辐射功率(P)与光通量(F)

(1)辐射通量(F_e):辐射体以电磁辐射的形式向四面八方辐射能量,即辐射通量,单位为瓦特(W)。辐射通量用 F_e 表示。一个辐射体可能包含着所有各种波长的辐射。辐射体在单位时间内发出的辐射能量,即辐射功率 P,单位为瓦特每秒(W/s)。如果在某一波长 λ,它辐射出的功率为 P,则可记为该辐射体在波长 λ 的辐射功率为 P_λ。

将辐射体的各个波长的辐射通量按波长依次排列起来就称为该辐射体的辐射通量分布或辐射功率分布,用 $P(\lambda)$ 表示。

一个辐射体的辐射通量 F_e 就是该辐射体的各个波长的单色辐射通量的总和,可以由辐射通量分布的积分式表示

$$F_e = \int_{\lambda_1}^{\lambda_2} P(\lambda) d\lambda \tag{1-1}$$

(2)辐射功率(P):即单位时间辐射的能量。

(3)光通量(F):光源的总光通量是光源在空间向所有方向发射出的光通量之和,单位为流明(lm)。光通量是在辐射通量中能被人的眼睛看见的那一部分。当然,在辐射通量中的其他部分是人们看不见的。光通量的表达式为

$$F = K_m \int_{380}^{780} V(\lambda) P(\lambda) d\lambda \tag{1-2}$$

式中　F——光通量,简称光通,单位是流明(lm);

　　　K_m——最大光谱光视效率,对于明视觉说来,其数值为 683 lm/W;

　　　$V(\lambda)$——光谱光视效率函数。

从前述可知,只有波长为 380～780 nm 之间的辐射通量才是可见辐射,例如光源辐射出的可见光通量,如图 1-3 所示。可见辐射光通量,是能够转换成有视感觉作用的光。波长单位的换算见表 1-3。

表 1-3　波长单位换算表

单　位	米(m)	微米(μm)	纳米(nm)	埃米(Å)
米(m)	1	10^6	10^9	10^{10}
微米(μm)	10^{-6}	1	10^3	10^4
纳米(nm)	10^{-9}	10^{-3}	1	10
埃米(Å)	10^{-10}	10^{-4}	0.1	1

2. 发光强度(I)

发光强度简称光强。光源在某一方向的光强就是光源在包括该方向的单位立体角内所发出的光通。若光源包括某一方向的一小立体角为 $d\omega$,它在 $d\omega$ 中发射出光通为 dF,光源在该

方向的发光强度为 I,单位用坎德拉(cd)表示。则光强公式可表示为
$$I = dF/d\omega \tag{1-3}$$

如图 1-4 所示,发光强度是光源在指定方向的单位立体角内发出的光通量,单位为坎德拉(cd),是国际单位制的 7 个基本单位之一。

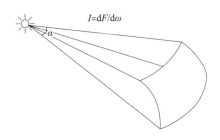

图 1-3　光源向四面八方发出可见光的光通量

图 1-4　光强的示意

若取光通的单位为 lm,立体角的单位为 sr,则光强的单位是 cd。如果所取的立体角足够大,用 ω 表示,则光源在立体角内发射的光通 F 与 ω 的比值称为光源在角 ω 中的平均光强 I_m,可表示为
$$I_m = F/\omega \tag{1-4}$$

光强的定义虽然是由光通引申出来的,但在一般光度测量中,对于某一光源来说,要获得其光强值往往比获得它的光通量更为容易,而光源的光通量就可通过公式计算出来,即
$$F = \int dF = \int I d\omega \tag{1-5}$$

由于一般光源在各个方向的强度是不同的,因此公式(1-5)中的 I 此时就不是一个单一的数值,它是随方向而变的量,就是说它是 ω 的函数。光强分布在一定坐标中做出的曲线叫作光强分布曲线。对于包括控光灯具(灯罩)在内的光源的光强分布曲线也称为其配光曲线。

如果有一光源,它在所有方向的发光强度都同样为 I_0,因为包含某一点(光源)的整个空间是 4π 个单位立体角(4π sr),则此时光源的光通为 $F = 4\pi I_0$。反之,若我们知道某一光源的光通为 F,则可求出其平均光强 I_m 为
$$I_m = F/4\pi \tag{1-6}$$

3. 照度(E)

光源落在包括某一点在内的单位受照面的光通叫作光源在该点所产生的照度,用符号 E 表示。如果光源各方向的光通量不是均匀分布的,则用无限小的受照面上的无限小的光通量表示照度 E 为
$$E = dF/dS \tag{1-7}$$

照度的国际通用单位是勒克斯(lx,1 lx = 1 lm/m^2)。但是由于历史上的原因,形成了其他的照度单位,例如英尺烛光(footcandle,简写为 fc)、辐透(phot,简写为 ph)、毫勒克斯(mlx)等,这些单位在某些文献和书籍上或某些国家仍与勒克斯这一单位同时使用,特别是一些较早期的文献和书籍。现将这些照度单位及他们之间的转换系数列于表 1-4,以供参考。

表 1-4　光照度单位换算表

单位	勒克斯(lx)	辐透(phot)	毫辐透(milliphot)	英尺烛光(footcandle)	流明/面积
1 勒克斯	1	10^{-4}	10^{-1}	9.290×10^{-2}	1 lm/m²
1 辐透	10^4	1	10^3	9.290×10^2	1 lm/cm²
1 毫辐透	10	10^{-3}	1	9.290×10^{-1}	10^3 lm/cm²
1 英尺烛光	1.076×10	1.076×10^{-3}	1.076	1	1 lm/fc²

4. 平方反比定律

假设有一点光源(图 1-5),它在立体角 ω 中的光强为 I,则该光源在立体角 ω 中发出的光通为 $F=\omega \cdot I$。另外同样与 ω 角相对应的,与光源的距离为 r 的平面 S 上也获得相同的光通 F,于是按照度的定义可计算出照度

$$E=F/S=\omega I/\omega r^2=I/r^2 \tag{1-8}$$

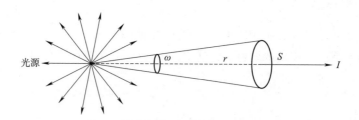

图 1-5　点光源的光强和光通量

由公式(1-8)可以看出,光强为 I 的光源,在与其距离为 r 处的平面上的照度与其光强成正比,而与该点和光源的距离平方成反比,即照度的平方反比定律。

在图 1-6 中,若光源的发光强度为 100 cd,则与其距离为 1 m、2 m 和 3 m 处的三个平面 S_1、S_2 和 S_3 上的照度分别为

$$E_1=\frac{I}{r_1^2}=\frac{100}{1^2}=100 \quad (\text{lx})$$

$$E_2=\frac{I}{r_2^2}=\frac{100}{2^2}=25 \quad (\text{lx})$$

$$E_3=\frac{I}{r_3^2}=\frac{100}{3^2}=11.1 \quad (\text{lx})$$

平方反比定律也可以从光通量的观点得出。假定一组球面与一个单位立体角相对应,其面积 S_1、S_2 和 S_3 分别为 1 m²、2² m² 和 3² m²。如果该立体角的顶端有一个 100 cd 的均匀辐射的点光源,根据光通量的定义 $F=I\omega=100\times1=100$ lm,再根据照度的定义,可以得到

$$E_1=\frac{F}{S_1}=\frac{100}{1}=100 \quad (\text{lx})$$

$$E_2=\frac{F}{S_2}=\frac{100}{2^2}=25 \quad (\text{lx})$$

$$E_3=\frac{F}{S_3}=\frac{100}{3^2}=11.1 \quad (\text{lx})$$

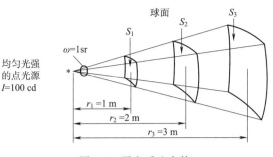

图 1-6　平方反比定律

这个结果与通过光强的概念所获得的结果是一致的。但是,这里应该注意到,光强的概念适用于点光源的照度,而光通量的概念适用于较大面积的情况。如果光通量不是均匀地分布在一个平面上时,照度只能取其平均值。对于点光源来说,当计算点与光源之间的距离大于光源直径的四倍时,平方反比定律就能成立。该方法仅适用于直接照度的计算,如果有数个光源同时存在时,则计算点的照度可用数个光源在该点的算术和求得。

5. 余弦定律

余弦定律说明任何一个平面上的照度随入射角的余弦而变化(入射角即该平面的法线和入射光的方向之间的夹角)。

图 1-7 表示了一个给定的平面上某一点 P 的照度,S 是垂直于光强方向的平面,S' 是与 S 的夹角为 θ 的平面,S' 面上的照度 E_θ 为

$$E_\theta = E_{法} \cos\theta \tag{1-9}$$

式中　$E_{法}$——S 面上的照度。

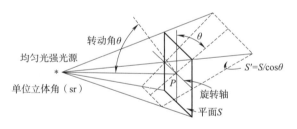

图 1-7　余弦定律

余弦定律可以用光通的概念得出来。设有一个正圆锥体,其顶点的立体角为一球面度角,底面积为 1 m²,锥体的高度为顶点至底面的垂直线(图 1-7),锥顶有一个 100 cd 均匀分布光强的光源,于是该立体角内就有 100 lm 的光通量($F=I\omega$)。这时,底面的平均照度 $E_平$ 为

$$E_平 = \frac{F}{S} = \frac{100}{1} = 100 \quad (\text{lx})$$

当底面 S 转过一个角度 θ 变成 S' 时,因为 $S = S'\cos\theta$,所以 S' 上的平均照度 $E'_平$ 为

$$E'_平 = \frac{F}{S'} = \frac{F}{S}\cos\theta = 100\cos\theta \quad (\text{lx})$$

由于 S 及 S' 是两个平面,不论哪个平面上一点的照度都是不相同的,所以只能用平均照度。

在照明计算中,常常知道灯的光强分布 $I(\theta)$ 是在不同的 θ 方向有不同的 I 值及灯的悬挂

高度 h（图 1-8），因此，可以通过下式计算 P 点的照度

$$E=\frac{I(\theta)}{h^2}\cos^3\theta \quad (1-10)$$

6. 面发光度（R）

发光体上单位面积发出的光通称为该发光体的面发光度。如果光源上某一小面积元 ds 发出的光通为 dF，则面发光度 R 可由数学式表示成

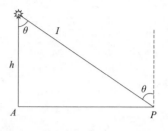

图 1-8 非垂直入射时的亮度计算

$$R=dF/ds \quad (1-11)$$

由式（1-11）可以看出，面发光度与照度有相同的量纲，若光通取 lm 为单位，面积取 m^2 为单位，则面发光度的单位为 lm/m^2。为了区别于照度，通常将面发光度的单位写成 radlux，简写为 rlx。

照度与面发光度虽然有相同的单位，但两者的意义是不同的。前者是指受照面所接收到的光通，而后者则指的是发光体（光源）面上发出的光通。这里指的光源也包括次级光源，即除了本身发光的发光面外，也包括接受外来的光而反射或透射的发光面。

7. 亮度（L）

亮度是把某一正在发射的表面的明亮程度定量表示出来的量。在所有光度量中，它是唯一的能直接引起眼睛视感觉的量。虽然在照明工程中经常用照度和照度分布（均匀度）来衡量照明装置的优劣，但就视觉过程说来，眼睛并不直接接受照射在物体上的照度的作用，而是由于物体的反射（或透射），将一定亮度作用于眼睛。有时照度虽然很高，但由于被照物反射率很低，亮度就不高，可能看不清楚；反之，若反射率很高，尽管照度不高，仍有可能看得清楚，照在桌面上的照度相同时，黑面上的亮度低，而白面上的亮度高。因此，亮度是照明技术研究中，特别是在研究照明的视觉问题中更为重要的量。

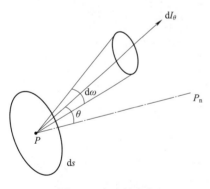

图 1-9 亮度的定义

亮度的定义：表面上一点在给定方向的亮度等于包含该点在内的表面上无限小面积元在该给定方向的发光强度，与该面积元在垂直于给定方向的平面上投影面积的比。在图 1-9 中，设发光面上一点 P 被包围在该面上的无限小面积元 ds 中，该面在 P 点的法线为 P_n，P 点在与 P_n 成夹角 θ 方向处的光强为 dI_θ。由图中看出，ds 在垂直于 dI_θ 方向面上投影为 $ds\cos\theta$。按上述定义可知，发光面上点 P 在光强 dI_θ 方向的亮度 $L(\theta)$ 可列为

$$L(\theta)=K\frac{dI_\theta}{ds\cos\theta} \quad (1-12)$$

式中　K——与所采用的单位有关的常数。

关于光源、光通量、光强、照度、亮度和眼睛的关系如图 1-10 所示。

8. 朗伯定律

从前述可知，亮度 $L(\theta)$ 是与观察方向有关的量，即 $L(\theta)$ 是随方向的角度 θ 而变的。有一类发光体，其亮度不随观察方向改变，即在所有观察方向上其亮度相等，这类发光体我们称之为服从朗伯定律的发光体，简称朗伯光源。

图 1-11 中，在垂直于发光面 S 的方向上的光强为 I_0，在与 I_0 成 θ 角的方向上光强为 I_θ。

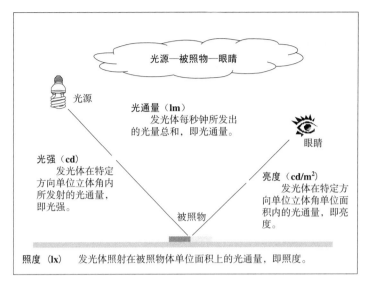

图 1-10　光源、光通量、光强、照度、亮度和眼睛的关系

根据亮度与光强的关系，可知在 θ 角方向上的亮度 L_θ 应该是 θ 方向上单位面积的光强，即

$$L_\theta = \frac{I_\theta}{S\cos\theta} \tag{1-13}$$

发光强度为

$$I_\theta = L_\theta S\cos\theta \tag{1-14}$$

因为该发光体的所有方向亮度相同，L 就与 θ 无关，因此

$$L_\theta S = LS = I_0$$

公式(1-14)可写成

$$I_\theta = I_0 \cos\theta \tag{1-15}$$

这个数学表达式就是朗伯定律公式，也称为朗伯余弦定律。

在图 1-12 中以 I_0 为直径的圆表示了光强 I_θ 与 I_0 之间的关系，以 I_0 为半径的半圆表示了各方向的相同亮度 L。如果面积 $S=1$，则垂直方向的光强与亮度在数值上相同。θ 方向的光强虽然小于 I_0，但其亮度不变，这是因为 θ 方向的投影面积也减小的原因。因此，朗伯发光体是这样一种完全漫射体，即从给定面积上发出的任何方向的光强随着该方向与表面法线的夹角余弦成正比例。在这种情况下，单位投影面积的光强是一个常数，因此各方向的亮度也是一个常数。所以，不管从哪个方向观察这个表面，都会呈现相同的亮度。

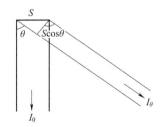

图 1-11　朗伯定律

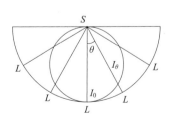

图 1-12　朗伯发光体的亮度和光强的关系

依靠反射或透射而发光的光源(次级光源)中,抛毛的乳白玻璃的反射光或透射光,硫酸钡和氧化镁等粉末材料的涂层和陶瓷板等的反射光都可看作朗伯光源,而发出朗伯光源的这类材料被称为理想漫射材料。对于服从朗伯定律的光源,亮度 L 不随方向角 θ 变化,从亮度与面发光度的定义式,通过简单的数学推导可以获得服从朗伯定律的光源亮度与面发光度有如下关系

$$L=KR/\pi \tag{1-16}$$

即朗伯发光体的亮度是其面发光度的 $1/\pi$。

当 $K=\pi$,R 为 1 lx 时,L 为 1 asb。

因此有的书上称阿熙提(asb)为白底勒克斯。对于服从朗伯定律的反射面(或透射面),其反射率 ρ(或透过率 τ)都与方向无关(此时的反射率或透射率称为漫反射率或漫透射率),其面发光度与其所受的照度 E 成正比,即有

$$R=\rho E(或 \tau E) \tag{1-17}$$

将公式(1-17)代入公式(1-16)可得

$$L=K(1/\pi)\rho E \tag{1-18}$$

或

$$L=K(1/\pi)\tau E$$

这就是服从朗伯定律的光源(次级光源)亮度与其所接受的照度之间的关系。它是一般建立亮度标准、校正亮度计的数学关系式。在进行视觉研究中常常要造成理想的漫射环境,如观察屏幕与视标等,如果我们没有亮度计来对它们的亮度进行测量,则可通过公式(1-18),由照度 E 及反射率而得出其亮度 L。例如,用建筑材料大白粉新粉刷的墙壁上,其平均反射率 $\rho=0.8$,若墙面的照度为 100 lx,则墙面的亮度为

$$L=\rho E/\pi=25.5 \quad (cd/m^2) \tag{1-19}$$

9. 亮度单位换算表

上面提到的朗伯发光面或理想漫反射(或漫透)等概念在进行光的测量、照明及视觉实验和照度计算时常常涉及。

亮度的国际通用单位为坎德拉每平方米(cd/m^2),也称为尼特(nt)。此时上式中光强 I 的单位为 cd,面积单位取 m^2,常数 K 为 1。与照度单位一样,由于历史上的原因,亮度还有其他的表示单位,例如:朗伯(L)、毫朗伯(mL)、英尺朗伯(fL)、熙提(sb)、阿熙提(asb)等。现将这些有关亮度单位及它们的转换系数列于表 1-5。

表 1-5 亮度单位换算表

单位	坎/米^2 (cd/m^2)	尼特 (nt)	熙提 (sb)	阿熙提 (asb)	朗伯 (L)	毫朗伯 (mL)	英尺朗伯 (fL)	烛光/英尺^2 (cd/ft^2)	烛光/英寸^2 (cd/in^2)
1 坎/米^2	1	1	10^{-4}	3.141 6	3.142×10^{-4}	3.142×10^{-1}	2.919×10^{-1}	9.290×10^{-2}	6.450×10^{-4}
1 尼特	1	1	10^{-4}	3.141 6	3.142×10^{-4}	2.142×10^{-1}	2.919×10^{-1}	9.290×10^{-2}	6.450×10^{-4}
1 熙提	10^4	10^4	1	3.142×10^4	3.141 6	3.142×10^3	2.919×10^3	9.290×10^2	6.450
1 阿熙提 ($\frac{1}{\pi}$ 坎/米^2)	3.183×10^{-1}	3.183×10^{-1}	3.183×10^{-5}	1	10^4	10^{-1}	9.290×10^{-2}	2.957×10^{-2}	2.050×10^{-4}

续上表

单位	坎/米² (cd/m²)	尼特 (nt)	熙提 (sb)	阿熙提 (asb)	朗伯 (L)	毫朗伯 (mL)	英尺朗伯 (fL)	烛光/英尺² (cd/ft²)	烛光/英寸² (cd/in²)
1朗伯 ($\frac{1}{\pi}$烛光/厘米²)	3.183×10^3	3.183×10^3	3.183×10^{-5}	10^4	1	10^3	9.290×10^2	2.957×10^2	2.050
1毫朗伯	3.183	3.183	3.183×10^{-1}	10	10^{-3}	1	9.290×10^{-1}	2.057×10^{-1}	2.050×10^{-3}
1英尺朗伯 ($\frac{1}{\pi}$坎/英尺²)	3.426	3.426	3.426×10^{-4}	1.076×10	1.076×10^{-3}	1.076	1	3.183×10^{-1}	2.210×10^{-3}
1烛光/英尺²	1.076×10	1.076×10	1.076×10^{-3}	3.382×10	3.382×10^{-3}	3.382	3.1416	1	6.940×10^{-3}
1烛光/英寸²	1.550×10^3	1.550×10^3	1.550×10^{-1}	4.870×10^3	4.870×10^{-1}	4.870×10^2	4.520×10^2	1.440×10^2	1

四、色彩的度量

颜色问题是较为复杂的问题,因为颜色定量不是一个单纯的物理量,它也包括其他各个方面的含义。什么样的色彩相同或不同?怎样来定量的表示颜色的相同或不同?首先,要靠人们的眼睛。颜色涉及物理光学、生理学、心理学、心理物理学以及人类工效学等学科的理论。其次,发明仪器和方法。表示颜色(光色和物体色)的体系叫作表色系。寻求一种精确地表示颜色的心理属性与物理属性的表色系,是色度学家多年的努力目标。光源可能由其发出的光直接照射我们的眼睛引起颜色感觉,也可能是通过被照物的反射或透射再作用于我们的眼睛而引起色彩感觉。

光源发出的光直接照射我们的眼睛引起颜色的感觉,或是通过被照物的反射或透射作用于我们的眼睛而引起的色彩感觉称为表色系,表色系可分两类,一类是作为直接的心理评价而采用的等感觉尺度的色样序列表示方法,这种表示方法有孟赛尔表色系与奥斯脱瓦特表色系等,是根据人们的生活常识习惯、简单易懂的方法。另一类是用心理物理学方法以光的等色样刺激实验为根据的表示方法,这种方法是CIE的色坐标表色系,是国际上统一使用的更科学的表示方法。

1. 颜色匹配的方法

匹配颜色的视觉实验方法如图1-13所示,观察者的眼睛观看调色箱,用颜色匹配实验来完成。调色箱内正前方有一块白色屏幕,屏幕中间用一个黑色挡板将其分割成上和下两部分。其上方有R红色、G绿色和B蓝色三原色光照射,其下方有配色光C照射。由白色屏幕反射出来的光,通过2°小孔,在视场内看到的如图1-13右下方小图所示。被观察者的眼睛看到的是白板的上下两部分。在观测调色箱的外面右上方还有一束光,照射至小孔周围的

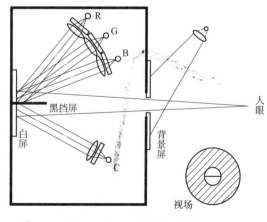

图1-13 匹配颜色的实验图

背景白板上,使视场周围又有一圈色光作为背景。配色光可以通过调节上方三原色的强度进行混合。当视场中的两部分色光相同时,视场中的分界线消失,两部分合为同一视场。这时,就认为待配色光的光色与三原色光的混合光色达到色匹配。

2. 孟赛尔表色系

孟赛尔表色系是用色样以等感觉尺度排列的一个三维空间体系,也称孟氏色空间或色立体,如图1-14~图1-17所示。在这一个色立体中,中轴V是无色的,称为明度轴。明度是表示色样表面明亮程度的指标。在该轴从下方最黑色至上方纯白色被均匀的分成0~10共11个明度等级。而以明度轴为中心,向各个水平方向发展的彩样就有各种明度和各种彩度的多种彩样,这些彩样除了各有自己的明度外,还有各自的色相(或称色调)和不同的色彩浓度(或称色彩饱和度)。

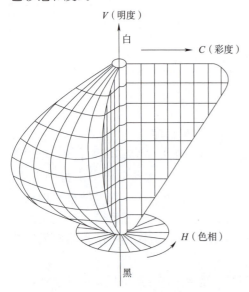

图 1-14 孟氏色立体图(黑白)

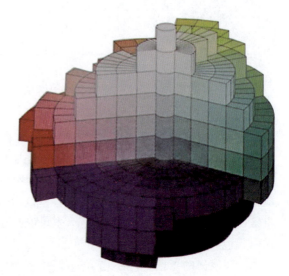

图 1-15 孟氏色立体图(彩色)

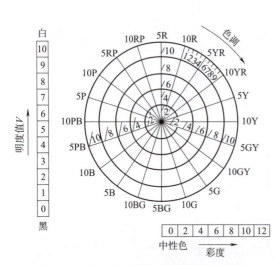

图 1-16 孟氏色立体的水平剖面图(黑白)

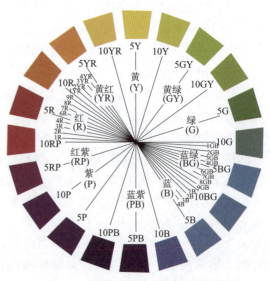

图 1-17 孟氏色立体的水平剖面图(彩色)

因为明度 V 与反射率 ρ 之间有近似的关系,因此它们之间就有近似公式

$$\rho = V(V-1)\% \tag{1-20}$$

如果以色立体的垂直轴为中心,画一个大大的圆柱,这时所有的彩样都可以包括进来。在垂直于中轴的平面上,每一个圆上都有不同的色相(色调)和不同的彩度(色彩饱和度或色彩浓度);但在垂直于中轴的每个平面上,明度是相同的。在垂直于轴的平面上,以中轴为圆心画出一个圆,在圆周上分成若干个等份,每一间隔点代表一种色相,这些色相又分成:红(R)、黄红(YR)、黄(Y)、绿黄(GY)、绿(G)、蓝绿(BG)、蓝(B)、紫蓝(PB)、紫(P)和红紫(RP)等十多个色相,每个色相点和中轴线所构成的半平面上有相同的色相。孟氏表色系中,每一色样可用符号 $H \cdot V/C$(即色相·明度/彩度)表示。例如,5R·6/8 表示色相为 5R、明度为 6、彩度为 8 的色样。对于中性色可用符号 $NV/$(即中性色明度/)表示,例如明度为 5 的灰色可写成 N5/。

由于孟氏表色系具有视知觉上相等感觉尺度的特点,用于目视比较(色匹配)是比较合适的,因此在纺织、印染、印刷、涂料和化学薄膜等工业中的配色命名上常常采用。

3. CIE 1931 的 RGB 光谱三刺激值

1931 年,CIE 选择了 317 位视力正常的观察者即 CIE 1931 标准观察者。他们对 CIE 规定的红、绿、蓝三原色光从 380～780 nm 的等能光谱色进行专门的颜色混合匹配试验,得到的数据称为 CIE 1931RGB 光谱三刺激值。这是一种利用心理物理学的实验方法,这种方法是以光的等色实验为根据的色刺激方法。

实验时,匹配光谱的每一波长为 λ 的等能量光谱色所对应的红、绿、蓝三原色数量,称为光谱三刺激值,记为 $r(\lambda)$、$g(\lambda)$、$b(\lambda)$。当波长(λ)分别为 700.0 nm(红)、546.1 nm(绿)和 435.8 nm(蓝)的光谱色,这个光谱三刺激值是在对等能量光谱色进行匹配时用来表示红、绿、蓝三原色的专用符号,即 1931 年 CIE 规定为 (R)、(G)、(B)。因此,匹配波长为 λ 的等能量光谱色 $C(\lambda)$ 的颜色方程为

$$C(\lambda) = r(\lambda) + g(\lambda) + b(\lambda) \tag{1-21}$$

在颜色匹配实验中,任何一种待配颜色(C)可以由三种独立的颜色按一定比例调配而成。所谓调配,即使后者与前者在视觉上相等,可用 (R)、(G)、(B) 的数学表达。由色度学可知 RGB 色坐标,如果用比率来表示三原色各自在 $R+G+B$ 总量中的相对比例,则它们的比率可分别用 r、g、b 表示它们各自的含量,并且根据色坐标的两个值可以得到第三个值。CIE 色度坐标公式(1-21)就可以表示为

$$C(\lambda) = r(R) + g(G) + b(B) \tag{1-22}$$

$$\left. \begin{array}{l} r = R/(R+G+B) \\ g = G/(R+G+B) \\ b = B/(R+G+B) \end{array} \right\} \tag{1-23}$$

由式(1-23)可知: $\quad r + g + b = 1 \tag{1-24}$

式中,(C)、(R)、(G)、(B) 各自代表某种颜色,r、g 和 b 则代表各种颜色含量的多少,在色度学上称为色刺激量。

若以一个三维直角坐标来分别表示 r、g、b 的大小,则任何一种颜色(C)就可由它在此坐标空间中的点来表示,该点的坐标值 r_c、g_c、b_c 就称为颜色(C)在此空间中的色坐标。由于有 $r+g+b=1$ 的关系,因此一个颜色的坐标只要两个量(r, g)来表示即可。

可根据1931年CIE的表色系为代表色坐标表色系,通常从两方面来表示一个光源的色属性:一是我们直接看到的光源的颜色,也称其表观色,通常用色坐标和色温来表示;另一是照射物体的光源能否真实的反映物体的颜色,不发生色失真,这方面的属性目前用光源的显色性来表示。

4. CIE 1931 的 XYZ 色坐标

在实际应用中发现,按照上述 rgb 坐标来表示颜色,有时会出现负值,这给颜色的表示和计算造成困难。因此,CIE 在 1931 年对上述的 rgb 坐标系进行了转换,提出了新的坐标系统,就是目前通用的 CIE 1931 XYZ 表色系。在此表色系中颜色(C)可表示为

$$C(C) = X(X) + Y(Y) + Z(Z) \tag{1-25}$$

式中(X)、(Y)和(Z)可看成分别代表公式(1-21)中的(红)、(绿)、(蓝)三种颜色。但它们只是三种假想的颜色,只是作为三个尺度而已。方程中系数 X、Y、Z 与 R、G、B 一样代表一定的刺激量。若知道光源的光谱功率分布,其刺激值 X、Y、Z 就可由以下方程求得

$$\left.\begin{aligned} X &= K \sum_{380}^{780} S(\lambda)\beta(\lambda)\bar{X}(\lambda)\Delta\lambda \\ Y &= K \sum_{380}^{780} S(\lambda)\beta(\lambda)\bar{Y}(\lambda)\Delta\lambda \\ Z &= K \sum_{380}^{780} S(\lambda)\beta(\lambda)\bar{Z}(\lambda)\Delta\lambda \end{aligned}\right\} \tag{1-26}$$

$$K = 100 / \sum_{380}^{780} S(\lambda)\bar{Y}(\lambda)\Delta\lambda \tag{1-27}$$

如果为了计算色坐标,则把 K 作为不等于零的常数即可。式中 $S(\lambda)$ 为光源的光谱功率分布,一般通过单色仪等分光仪器测量得到;$\beta(\lambda)$ 为样品的光谱亮度系数(即反射率或透过率),对光源来说,$K=1$,因此 $\beta(\lambda)=1$。$\bar{X}(\lambda)$、$\bar{Y}(\lambda)$、$\bar{Z}(\lambda)$ 称为 CIE 1931 标准观察者光谱的刺激值,它们是由 CIE 规定的,通过心理物理学的实验获得的一组数值,可以在任何一本色度学的书中查到。其中 $\bar{Y}(\lambda)$ 就是前面提到的明视觉光谱光效率 $V(\lambda)$。

在这样一个系统中也应有色坐标

$$\begin{aligned} x &= \frac{X}{X+Y+Z} \\ y &= \frac{Y}{X+Y+Z} \\ z &= \frac{Z}{X+Y+Z} \end{aligned} \tag{1-28}$$

从公式(1-28)可以看出

$$x + y + z = 1 \tag{1-29}$$

对纯光谱色进行色坐标计算,可以得到一舌形曲线,称为光谱色坐标图,简称色坐标图,也称 x-y 色度图,如图 1-18 所示。一切颜色都可以在此图内找到对应的点,都可以用(x,y)值标示出来。不同温度条件下的黑体发光时所呈现的颜色也可以在 x-y 色度图中标出。把这些点连接起来就得到一条连续曲线。这条曲线被称为黑体轨迹或黑体轴,轴上的温度表示相应的

黑体温度。这些黑体温度即各种光源的色温。2 000～3 000 K 是白炽灯光源的色温,其他温度也表示了各种气体放电灯以及 LED 灯等的色温。在黑体轨迹上也标出 A、B、C、D、E 五种光源的坐标数据,如下：

A 光源的色温坐标：$x=0.447\,6$, $y=0.407\,4$；2 856 K 钨丝灯。

B 光源的色温坐标：$x=0.348\,5$, $y=0.351\,7$；荧光灯。

C 光源的色温坐标：$x=0.310\,1$, $y=0.316\,3$；荧光灯。

D 光源的色温坐标：$x=0.312\,7$, $y=0.329\,0$；6 500 K D65 光源。

E 光源的色温坐标：$x=0.333\,3$, $y=0.333\,3$；相应能量的光源。

根据上述的色坐标公式,就可以很容易做出 CIE 1931 色坐标图,如图 1-18 所示。在 CIE 1931 x-y 色坐标图上,不仅能够得到电光源的色温坐标精确的坐标值,而且其他的任何颜色也都可以在图上找到精确的坐标值。关于颜色问题,正是因为有了 CIE 规定及其标准,那些有关颜色的纠纷才能得到公平解决。

在 CIE 19 届大会上提出试用的 CIE $L^*a^*b^*$ 和 CIE $L^*u^*v^*$（1976 年）两个表色系及其色差式,在那时还未找到理想的表色系。但现在已有多种形式的表色系,它们各自都表示了颜色的某些属性,在很多领域中是实用的。

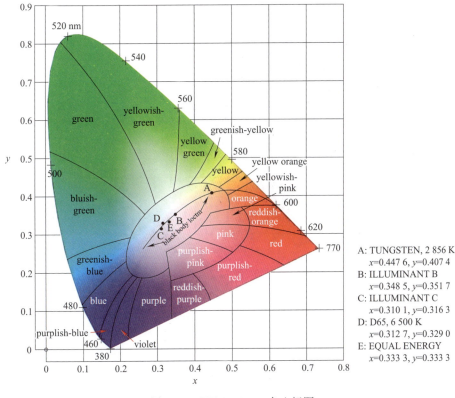

图 1-18　CIE 1931 x-y 色坐标图

5. CIE 1976 的 u'-v' 色坐标

在 CIE 1931 x-y 色坐标图上也有一个严重的缺点,即在图上不同部分的相同间隔,并不对应于人眼睛所感觉到的那种相同的颜色差别,称为色差不均匀现象。为此,CIE 于 1976 年采纳了另一个较好的均匀表色系统。用 U、V、W 代替三刺激值 X、Y、Z，又用 u'-v' 色坐标代替 x-y 坐标。在 u'、v' 与 x、y 以及 X、Y、Z 之间有如下的关系

$$\left.\begin{aligned}u'=\frac{2x}{1.5-x+6y}=\frac{4X}{X+15Y+3Z}\\v'=\frac{3y}{1.5-x+6y}=\frac{6Y}{X+15Y+3Z}\end{aligned}\right\} \quad (1-30)$$

可将 x-y 色坐标图转换成 u'-v' 色坐标图，如图 1-19 所示。在图 1-19 中色距离与色差是较为一致的，即距离的大小可均匀的表示色差的大小，因此可称之为均匀色差坐标图，其彩色图更鲜明易理解也更显示出色彩的均匀性。图 1-20 是光源的色温与相关色温在 CIE 1976 u'-v' 均匀色空间图上的坐标位置。

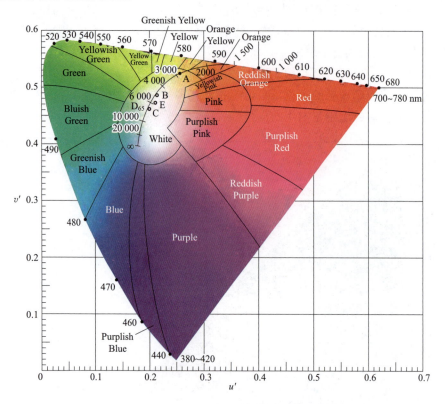

图 1-19　CIE 1976 u'-v' 色坐标图

6. CIE 1931 的 x,y 系统与 CIE 1976 u',v' 系统的转换关系

(1) CIE 1931 色坐标由 X,Y,Z 到 x,y,z 系统的关系如下

$$x=X/(X+Y+Z)$$
$$y=Y/(X+Y+Z)$$
$$z=1-(x+y)$$

(2) 由 CIE 1931 的 x,y 到 CIE 1976 u',v' 系统的关系如下

$$u'=4x/(-2x+12y+3)$$
$$v'=9y/(-2x+12y+3)$$

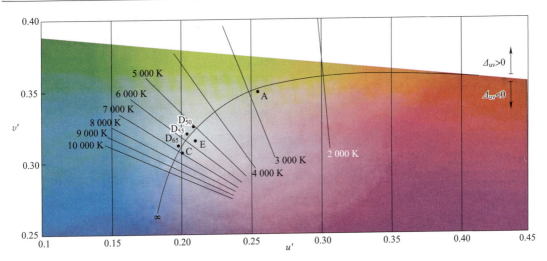

图 1-20 光源的色温与相关色温

(3) 由 CIE 1931 X,Y,Z 到 CIE 1976 u',v' 系统的关系如下

$$u'=4X/(X-15Y+3Z)$$
$$v'=9Y/(X+15Y+3Z)$$

(4) 由 CIE 1976 u',v' 到 CIE 1931 x,y 系统的关系如下

$$x=(27u'/4)/[(9u'/2)-12v'+9]$$
$$y=(3v')/[(9u'/2)-12v'+9]$$

CIE 系统色坐标的色坐标图以及色坐标计算公式的互相换算,让使用者采用任何系统都可以达到目的,方便计算和应用。因此,在实际应用中,要根据具体的需要,确定解决的问题属于哪种色彩范围、在哪个区域或部位、需要的精确度是高或低,再来选择采用哪个系统。

7. 关于 CIE 色彩系统的应用

关于 CIE 的两套表色系统,在国际上得到了广泛的应用,在工业企业、商业经济、军事科技、文化艺术及日常生活中等领域,也都得到了广泛的应用,大大地提高了各行业的技术水平。CIE 1931 x-y 系统应用时间比较长,应用的实例较多些;而 CIE 1976 u'-v' 系统也正在得到广泛欢迎和使用。

人们在生活和工作中经常遇到颜色的问题,有时候很简单,不需要费力就能解决;但有时候又特别复杂。关于颜色问题如果发生纠纷,也有可能造成很大的经济损失。

例如,20 世纪 70 年代,我在编制《工业企业照明设计标准》(TJ 34—1979)之时的全国调研工作中,遇到杭州一印染厂技术人员反映说:"数年前有国外客商来,要求印染一批米黄色西服的上好布料。这是好事,全厂上下员工都高兴! 待全部货物备好后,客商来一看说:'不合格,不要了!'一句话,工厂损失巨大。"原因是颜色不对,最终退货,对工厂造成严重的经济损失。如果在订货时厂方就知道有严谨的 CIE 色坐标数据,并配有检测仪器,这些巨大的经济损失就可以避免。其他方面的例子也很多,不胜枚举。由此可知,色彩在我们的生活和工作中占有重要地位。

第二节 光　源

一、光源的发展及其分类

随着科学技术的发展和生产水平的提高,人类照明所用光源也在不断地发展和完善。总的来看,光源可分为五大类:第一代为燃烧发光;第二代为白炽发光;第三代为气体放电发光;第四代为场致发光和激光;第五代为发光二极管,也就是现在正在广泛应用的 LED 半导体照明光源,光源的分类如图 1-21 所示。燃烧发光虽然最古老,但至今在不同场合还有应用,如彩色蜡烛、汽灯等就是燃烧发光在照明中的应用。然而,在现代照明中,它毕竟不是主要的光源。关于场致发光和激光,在照明中也发展的较快并且大量的应用。发光二极管(简称为 LED),在本书第一版中就有所介绍,那时只是当时的曙光。20 世纪 60 年代就有了发光二极管,在 21 世纪初呈现井喷式发展,现在的 LED 照明已经蓬勃发展起来,并得到了广泛的应用和极大的推广。而且,在 LED 的基础上,又发展出有机发光二极管 OLED,也在显示照明中得到了一些应用和推广。

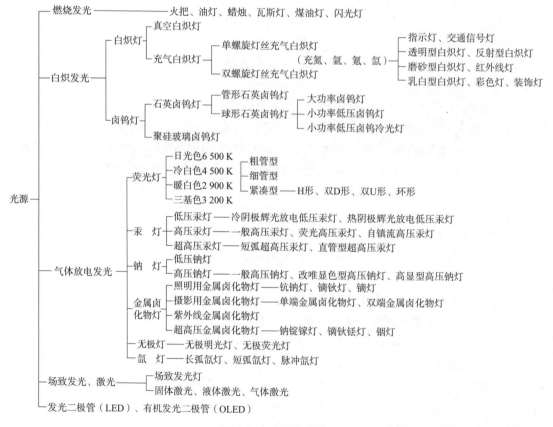

图 1-21　光源的分类

在电气照明中最重要的,也是 20 世纪应用最多的是白炽发光光源和气体放电发光光源。如果按最近时代划分,把白炽灯列为电气照明的第一代光源,而普通荧光灯则可算为第二代光源。除了普通荧光灯以外的其他的气体放电灯,我们就称之为第三代光源。因为这些光源亮度大、光强高,所以也算这些光源为高强度气体放电灯,简称为 HID(High Intensity Discharge)灯。

以上三个时代的光源,现在都各自有新的发展。而20世纪50年代卤钨灯的研制成功是白炽灯的一个重大发展,这时的卤钨灯多为500 W、1 000 W和2 000 W。由于这种灯丝的温度过高,钨分子会从灯丝上蒸发,并附在玻璃壳上使灯管壁发黑,大大缩短了灯的使用寿命。如果灯内充入微量卤化物元素,运用卤钨循环原理,可使被蒸发的钨返回到灯丝上,从而消除玻璃壳上的变黑现象,这样也会延长灯的寿命。卤钨灯的发光效率比同功率的白炽灯高出20%左右,体积也比较小,特别是它的光通维持率性能较好。因此卤钨灯发展较快,迅速扩展到白炽灯的各个领域里。

为了达到节能的目的,在显色指数要求较高的局部照明场所,采用小型低功率的低电压卤钨灯在当时也很受欢迎。在普通电网上应用这种光源时,需要配有变压器。为了方便地使用小功率卤钨灯,当时已经开发了许多体积小、重量轻、损耗低的电子变压器产品,形成组合式的节能卤钨灯。尤其是硬质玻璃卤钨灯,由于具有石英玻璃卤钨灯的性能,并且生产工艺简单、价格低廉,适合于大批量生产,更有利于取代普通白炽灯。

那些年代,改进白炽灯的最新突破是制造小型卤钨冷光灯,它是用小型卤钨灯与一种特制的冷光镜组合而成的。这种冷光镜是现代光学技术的新产品,它是用多层介质薄膜有选择性地反射可见光,使散发大量热能的红外线透出反射冷光镜,从而巧妙地实现光和热的分离,使得需要照明的场所只有光而很少有热。

这种小型冷光卤钨灯除减少了被照面上的发热现象外,最大的优点是显色性好,不会有色失真现象,显色指数 Ra 可接近100,其色温为3 000~5 500 K,发光效率可达到20 lm/W,是普通白炽灯的3~4倍。它体积小、重量轻、光度高、寿命较长,它的寿命是普通白炽灯的2倍以上。

当时国产的小型卤钨冷光灯有10 W、20 W、35 W、50 W、75 W和100 W。电压有6 V和12 V。其反光镜的最大口径有ϕ35 mm和ϕ50 mm。光束分散角度有窄(12°)、中(24°)和宽(38°)。冷光反光镜可以直接制成白色和彩色的,彩色的有红、黄、绿、蓝和紫色。采用中光束20 W的小型卤钨冷光灯,在30 m远处照度可不小于200 lx,50 W的可不小于400 lx。其二分之一照度范围的光斑直径分别为0.6 m(窄光束)、1.2 m(中光束)和2.0 m(宽光束)。

这种小型冷光卤钨灯已在国际上得到广泛应用,它可作为建筑装饰、商店货架、柜台和橱窗等场所的照明,可以应用到宾馆、饭店、酒楼、博展馆、艺术画廊、卡拉OK以及住宅之中。当时它适用于中等高度或低高度天棚条件下一般照明,或是较高天棚场所的局部照明和装饰照明。

荧光灯自问世以来就是室内照明方面发展最快的光源,20世纪70年代三基色稀土荧光粉的试制成功,又大大推进了荧光灯的发展。三基色荧光粉是由γ=450 nm发蓝光的铝酸盐、λ=543 nm发绿光的硼酸盐和λ=611 nm的氧化钇按一定比例混合而成的,它可以实现高光效(80 lm/W)、高显色性($Ra \geq 80$),并且由于三基色荧光粉在近紫外(λ=185 nm)处的辐射轰击能力很大,因此可以使荧光灯管的管径减小,使灯的寿命延长,可以制成各种紧凑型荧光灯。当时这些紧凑型荧光灯有H形、双H形、双U形、双D形和环形,以及双TT形和SL形,管径除环形为25 mm外,其余均可制成10 mm。其功率有5 W、7 W、9 W、11 W、13 W、15 W、18 W、24 W和36 W。小型的其体积接近白炽灯尺寸,而发光效率是白炽灯的4~7倍。当时这些紧凑型荧光灯在国内外已有较好的配套与发展,得到全面推广和应用。

HID灯的发展趋势也是值得注意的,也在分别向小功率和大功率发展。小功率的国内已有35 W、50 W、70 W和100 W,可以逐渐应用到室内照明;大功率的已有2 000 W和3 500 W,是室外照明的好光源。关于光源的发展过程如图1-22所示。

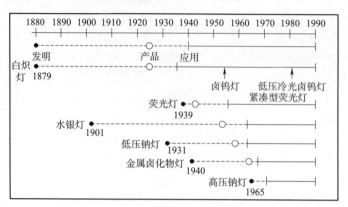

图1-22 光源的发展过程(1880年~1990年)

二、光源的发光效率

光源发出的光通量是以流明(lm)来度量的,而每瓦电能所能发出的光通量就是光源的发光效率,简称光效。光效是光源的主要参数之一,提高光源的发光效率是光源制造者多年追求的目标,照明技术工作者则要求采用光效高的光源。随着年代的变化,各种光源发光效率提高的速度如图1-23所示。当爱迪生发明出白炽灯灯泡时(1897年),光效只有1.4 lm/W,到20世纪20年代白炽灯的光效最高达到13 lm/W,到50年代为止,白炽灯的光效没有明显的提高。有些厂家生产的白炽灯泡,特别是低功率的灯泡,光效还不足10 lm/W。到20世纪50年代有了卤钨灯后,光效才提高到20 lm/W。

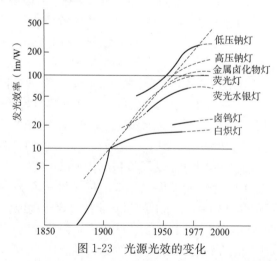

图1-23 光源光效的变化

荧光灯和荧光高压汞灯的光效,从20世纪40年代开始应用时就达到40 lm/W,直到现在也仅仅是50~60 lm/W。当发展到紧凑型荧光灯时,光效可达60~70 lm/W,最好的三基色荧光灯可以达到80 lm/W,但并不是所有的这种光源都能达到这个数值,那时有些紧凑型荧光灯也仅仅达到50~60 lm/W。

荧光灯的光效首先取决于电能转换成波长为 254 nm 紫外线的效率，然后再取决于 254 nm 波长紫外线通过荧光粉转化为可见光的效率。此外还与荧光粉、玻璃管对光的吸收多少以及荧光灯的结构和工作条件有关。40 W 荧光灯在最理想的条件下所产生的可见光如果全是 555 nm 波长的光，并且当紫外线转换成光的利用率为 0.46 时，可得到 0.46×680＝312.8 lm/W 的光效。但是，实际上这是不可能达到的。首先，因为全部电能不可能都转化为光能，汞放电产生波长为 254 nm 紫外线的效率不可能达到最大值；其次，荧光粉的量子效率不可能是 100%；第三，荧光粉的辐射谱也不可能都达到为 555 nm 的可见光。综合这些因素，那时荧光灯的最高光效也只能达到 80 lm/W。40 W 荧光灯的光通量最大为 3 250 lm。

比荧光灯光效还高的光源是金属卤化物灯，光效可达 100 lm/W 以上。光效最高的是钠灯，尤其是低压钠灯，光效可达到 180～200 lm/W，但由于其光色不好，限制了它的应用和发展。光源的光效还与其功率大小有关。一般来讲，同一种类的光源，功率大光效高，光源的光效与功率的关系如图 1-24 所示。由图中可知，各种光源的光效都随功率的提高而提高，尤其是白色荧光灯、高压钠灯和低压钠灯。因此，在实际应用中，如果没有特殊要求，能选择大功率的光源，就不要选择数个小功率的光源来代替。HID 灯的光效也不能无限制的提高，理想情况下的光效是 250 lm/W。

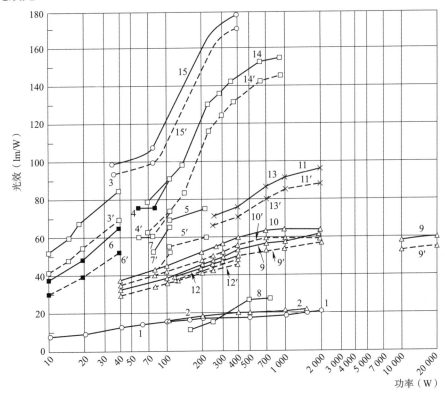

图 1-24 光源的光效和功率的关系

1—白炽灯；2—卤素灯；3—荧光灯（白色）；4—荧光灯（高输出型）；5—荧光灯（超高输出型）；6—高显色荧光灯（白色）；
7—高显色荧光灯（高输出型）；8—自镇流汞灯；9—汞灯；10—荧光汞灯；11—金属卤化物灯；
12—高显色金属卤（充 Sn）；13—高显色金属卤（充 Dy）；14—高压钠灯；15—低压钠灯；
实线—灯光效；虚线—包括启动装置在内的光效

三、光源的亮度

光源的亮度在照明工程中也是一个重要的参数。众所周知,光效高、光通量大的光源,其亮度就可能高。在本章第一节已经介绍过,亮度是单位面积上的光强,光强是某一方向上单位立体角内的光通量。亮度虽然与光强或光通量成正比例,然而与发光面积成反比例。因此,光效和光通量相同的两个光源,由于其发光面积不同,它们的亮度差别可能是很大的。例如,普通荧光灯和高压汞灯,其发光效率接近。但是,荧光灯的光通量均匀地分布在一个长的圆柱体表面上。40 W 荧光灯的亮度约为 5 000 cd/m², 假如有个同样尺寸大小的 400 W 荧光灯, 其亮度值应该是 50 000 cd/m²。而对于 400 W 的高压汞灯,其亮度就应该是 500 000 cd/m² 以上。在 CIE《室内照明指南》No. 29/2(1986)和我国的有关照明设计标准中,都将灯泡的平均亮度分为三个等级:第一级为 20×10^3 cd/m² 以下;第二级为 $20\times10^3 \sim 500\times10^3$ cd/m²;第三级为 500×10^3 cd/m² 以上。第一级通常为普通管形荧光灯的亮度;第二级为带荧光粉的或扩散玻璃罩 HID 灯的表面亮度;第三级为透明玻璃壳的 HID 灯或高功率的白炽灯和碘钨灯的亮度。

20 世纪 60 年代世界上亮度最高的灯是 1965 年苏联[*]报导的 200 kW 电弧灯和 1985 年"吉尼斯世界之最"介绍的 300 kW 加拿大的直流氙弧灯。后者的辐照度可达 500 W/cm², 如果采用反射镜可提高到 3 000 W/cm²。虽然没有直接计算出亮度,但由于是弧光放电,发光面积不大,其亮度肯定远远超过 500×10^3 cd/m²。

由于过亮的光源会引起眩光,在照明工程上要采取措施加以限制(见第六章内容)。因此,采用某种光源时,必须要考虑该光源及其灯具所形成的亮度。

为了方便读者了解,这里将常见光源的亮度表 1-6,不同环境的亮度和照度数量级参考表 1-7,以及辐射度量和光度量的名称和公式对照表 1-8,列于下面,以便于直观了解(不同条件下或不同版本的数据有所不同,仅供参考)。

表 1-6 常见光源的亮度

序号	光源	亮度($\times 10^4$ cd/m²)
1	无月星空	约 1×10^{-8}
2	氖灯	约 0.1
3	通过大气看到的满月	约 0.25
4	蜡烛光	约 0.5
5	煤油灯	约 1.5
6	晴天白天天空	约 1.5
7	钨丝白炽灯	约 0.15×10^4
8	碳弧喷火口	约 1.5×10^4
9	太阳	约 15×10^4
10	高压水银灯	约 4×10^3
11	超高压球形汞灯	约 1.2×10^5
12	溴钨灯	约 4×10^3
13	荧光管	约 $0.1\sim0.6$
14	高压脉冲氙灯	约 1×10^6
15	照度 20 000 lx 的雪地表面(反射比 $\rho=80\%$)	约 0.5

---

[*] 苏联:全称为苏维埃社会主义共和国联盟,1922 年 12 月成立,1991 年 12 月解体。发生在此时期内的事件或研究,本文均称"苏联"。

表 1-7　不同环境的亮度和照度数量级参考

不同场景的照度数量级		不同光源的亮度数量级	
黑夜	$10^{-3} \sim 10^{-2}$ lx	电视机荧光屏	10^2 cd/m²
月夜	$10^{-2} \sim 10^{-1}$ lx	月光(满月)	10^3 cd/m²
阴天室内	$1 \sim 10$ lx	日光灯	$10^3 \sim 10^4$ cd/m²
晴天室内	$10^2 \sim 10^3$ lx	白炽灯	10^6 cd/m²
办公室所需的照度	$10^2 \sim 10^3$ lx	芯片	$10^5 \sim 10^9$ cd/m²
夏季中午太阳光下的照度	约 10^9 lx	太阳	$10^9 \sim 10^{10}$ cd/m²

表 1-8　辐射度量和光度量的名称和公式对照表

项　目	光通量	发光强度	照　度	亮　度
符号	F	I	E	L
公式	$F = I \cdot \omega$	$I = F/\omega$	$E = F/A$	$L = I/A$
单位名称	流[明]	坎[德拉]	勒[克斯]	坎[德拉]每平方米
单位符号	lm	cd	lx	cd/m²
对应辐射度量	F_e	I_e	E_e	L_e
辐射度量的单位	W	W/sr	W/m²	(W/sr)/m²

四、光源的颜色

与光源颜色有关的有以下几个基本量：色表(观)、色温和显色指数。

1. 色表(观)*、色温与相关色温

色表(观)在客观上表示由光源照明的一个真正白色表面的色品度，主观上它表示由光源照明的白色表面的色相。光源的色表(观)也常常用与光源颜色有关的色温(或相关色温)来表示。例如，低色温的光源常被认为有暖的色表(观)，高色温的光源为冷的色表(观)。虽然色表(观)与光源的光谱能量分布有关，但是，它是由眼睛直接来评价的。也就是说，光谱能量分布不同的光源可以有相同的色表(观)。与所研究的光源色品度相同或最接近完全辐射体的温度，用绝对温度表示。图 1-25 为色温 2 700～6 000 K 的各种光源的色温图。

图 1-25　色温表现

用色度坐标把光源的色温系列表示在色度图上，所得到的曲线称为完全辐射体(绝对黑体)色温轨迹(参见本章第一节的图 1-18 CIE 1931 x-y 色坐标图)。如果光源的色度坐标不在完全辐射体轨迹上，但相距很小，且小于人眼对色品的分辨能力时，此时的温度称为该光源的相关色温，相关色温的等色温线如图 1-26 所示。在图 1-27 中表示出了荧光灯的相关色温和色温区域。相关色温越高的光源显出越冷的色表(观)，微红的黄色蜡烛火焰的色温大约为 1 900 K，白炽灯色温为 2 800 K，而冷白色的北方天空光的色温为 6 500 K 以上。

白光 LED 光源的颜色和色温，在色坐标图上可采用 8 个四边形来规范颜色范围，如图 1-26

＊ 色表，英文为 Colour Appearance，称为"色表"易与表格中的"表"字相混淆，故有时后面加一个"观"字，也称为"色表观"。

所示。而图 1-27 是荧光灯等光源的暖色至冷色相关色温区域,传统荧光灯等光源一般采用 6 个 7 步的 MacAdam 椭圆规范光源的颜色。表 1-9 是荧光灯和 LED 光源颜色范围的具体数据表。

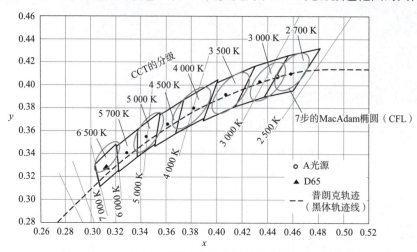

图 1-26 x-y 色坐标系统中各种光源的黑体轨迹和等色温线

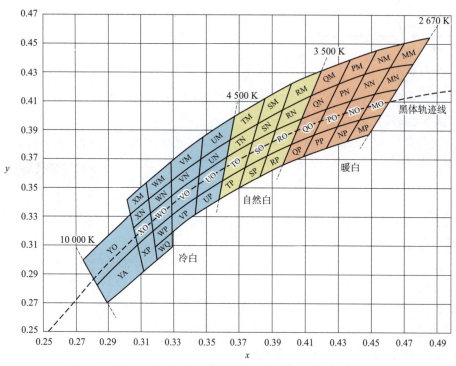

图 1-27 荧光灯由暖至冷的相关色温区域(CIE 1931 x-y 色度图)

表 1-9 荧光灯和 LED 光源的颜色范围

单位:K

光源 \ 颜色	RD	RN	RB	RL	RC	RZ	RM	RR
LED	2 700	3 000	3 500	4 000	4 500	5 000	5 700	6 500
荧光灯	2 720	2 940	3 450	4 040	—	5 000	—	6 430

2. 显色性与显色指数

光源的显色性是光源的光照射到物体上所产生的客观效果和对物体真实色彩的显现程度，是评价照明光源的一个重要指标。光源的光谱分布决定了光源的显色性。光源的显色性影响人们的眼睛观察物体的颜色。对光源的显色性进行定量评价是评价光源质量的一个重要方面。一般的人工照明光源都是用显色指数 Ra 作为显色性的评价指标。光源的显色性完全依赖于其光谱能量分布。当照明光源包含有所需要的以一定比例出现的所有光谱成分时，被照物体才能显现出所要求的颜色。显色性用显色指数定量的表示，显色指数 Ra 的数值范围是 0~100，没有物理单位。一般情况下认为 $Ra \geqslant 80$，光源的显色性优良；$50 \leqslant Ra \leqslant 79$，光源的显色性一般；$Ra \leqslant 50$，光源的显色性较差。图 1-28 是显色指数分别为 60、80、90 时被照物体颜色的表现对比图。

图 1-28　显色指数为 60、80、90 时被照物体颜色的表现对比

CIE 在 1965 年制定了一种评价光源显色性的方法，简称"测色法"。经 1974 年修订，正式推荐在国际上采用。CIE 规定，标准照明体即作为参照照明光源，要根据待测光源的相关色温来选取。一般把普朗克辐射体作为低色温光源（小于 5 000 K）的参考标准。把标准照明体 D（即组合日光）作为高色温光源（大于 5 000 K）的参考标准。CIE 还规定显色指数分为特殊显色指数 R_i 和一般显色指数 Ra。评价时采用一套 14 种特殊规定的颜色中任一种色样品。其中 1~8 号试验色用于一般显色指数的计算，用 Ra 表示。这 8 种色样选自孟赛尔色样，包含着各种有代表性的色调，都具有中等彩度和明度，称为 CIE 的 1~8 号色样。此外，CIE 还补充规定了 6 种计算特殊颜色用于显色指数的标准颜色样品，供给检验光源的某种特殊显色性能选用，它们分别是彩度较高的红、黄、绿、蓝以及叶绿色和欧美人的肤色，这 6 种色样编号分别是 9~14 号。2003 年，中国编制出计算光源显色指数方法的国标《光源显色性评价方法》（GB/T 5702—2003）时，其中也增加了中国女性肤色颜色样品。

CIE 显色指数作为在待测光源下的颜色与在参照光源下的颜色一致程度的度量，参照光源选用日光或白炽灯光，为计算上的一致，CIE 规定采用黑体和标准照明体 D 为参照光源。当被测光源色温低于 5 000 K 时用黑体；当色温高于 5 000 K 时采用标准照明体 D。用特殊显色指数 $R_i(i=1\sim14)$ 表示有关单个色样在被测光源下的显色程度时，前 8 个色样的显色指数（$R_1 \sim R_8$）的平均值称为 CIE 的一般显色指数，用 Ra 表示，其数值范围是 0~100。这个平均值对光源综合显色特性给出了大致的描述。

3. 常用光源的色表（观）、色温以及一般显色指数

（1）荧光灯的一般显色指数和光效的关系

多年前，人们对常用光源的色表（观）、色温以及一般显色指数 Ra 的判断和测量，积累了宝贵的经验和数据。

表 1-10 中给出了各种 40 W 荧光灯的一般显色指数 Ra 与发光效率的关系。从表中可知,最好的显色指数 $Ra=96$,但这时的光效仅仅是 53 lm/W。如果将光效提高到 81 lm/W,则对于白色荧光灯而言最好的显色指数 Ra 为 64。由此可知,荧光灯的一般显色指数越高,发光效率越低。要想得到高的发光效率,就要降低显色指数。

表 1-10　40 W 荧光灯的光色特性

光源种类	色坐标		色温(K)	一般显色指数 Ra	发光效率(lm/W)
	x	y			
白色(W)	0.373	0.384	4 200	64	81
暖白色(WW)	0.418	0.403	3 350	59	75
日光色(D)	0.312	0.345	6 500	77	73
高显色型暖白色(WW-DL)	0.411	0.380	3 300	74	56
高显色型白色(W-DL)	0.371	0.368	4 200	82	69
高显色型白色(W-SDL)	0.345	0.347	5 000	92	53
高显色型白色(W-EDL)	0.349	0.358	4 900	96	50
高显色型昼光色(D-SDL)	0.315	0.328	6 500	96	53

(2)金属卤化物灯的光色特性

表 1-11 中给出了各种金属卤化物灯的光色特性。金属卤化物灯的一般显色指数 Ra 可达到 92,但其光效只有 50 lm/W。如果采用高光效型的钪钠灯,光效可达 80～100 lm/W,但一般显色指数 Ra 只有 60～70。高压钠灯的光效可达 120 lm/W,但一般显色指数 Ra 只有 15～30。高压钠灯可以提高显色指数,有改进显色型高压钠灯和高显色型高压钠灯,但这些光源显色指数的提高均以降低发光效率为代价。气体放电灯的光效是较高的,因此也是节能的光源,但是气体放电灯的颜色却与效率有相反的效果。从一般显色指数 Ra 所表示的光源颜色来看,可以得知,要想得到高显色指数的光源就要损失光源的光效。

表 1-11　金属卤化物灯的光色特性

光源分组	灯的类型和添封物	400 W 灯泡特性		
		发光效率(lm/W)	一般显色指数 Ra	色温(K)
高光效型	钠铊铟灯(Na-Tl-In)	75～80	60～70	5 000
	钪钠灯(Sc-Na)	80～100	60～70	4 000～5 000
高显色高效型	镝铊铟灯(Dy-Tl-In)	80～88	85～90	5 600～6 000
高显色型	锡灯(Sn)	50	92	5 000

(3)高强气体放电灯的一般显色指数和色温

气体放电灯的一般显色指数与色温,严格说起来并没有什么有规律性的关系。但是色温也是很重要的一个参数,它可以作为色表(观)的定量评价值。因此,在选择光源的显色性时也要参照光源的色温。图 1-29 中给出了各种光源的色温与一般显色指数的关系,可供在照明设计中选择光源时参考。

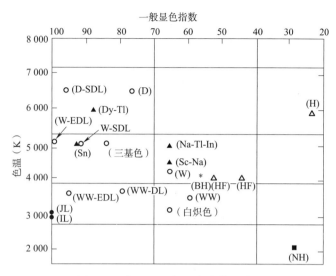

图 1-29　色温和一般显色指数的关系

- ●(IL)白炽灯
- ●(JL)卤钨灯
- ○(D、W、WW、D-SDL、W-DL、W-SDL、W-EDL、WW-DL)荧光灯
- ○白炽色即白炽灯色、三基色
- △汞灯(H—透明；HF—荧光型)
- ＊自镇流汞灯(BH)
- ▲金属卤化物灯
- ■高压钠灯(NH)

4. LED 光源的光色及其国内外研究动向

关于 LED 光源光色，可以是包括所有光源的光色。在 CIE 的色坐标图上，不论是 x-y 色坐标系统或是 u-v 色坐标系统，其色温由 2 700～6 500 K 有很多位置。具体的 8 个 LED 四边形色坐标边界见表 1-12，其具体图形如图 1-26 所示。该图在 CIE 色坐标图上的黑体轨迹及其宽度坐标点的范围也较宽，即 LED 的色温很明确。但是，LED 的一般显色指数 Ra 以及特殊显色指数 R_i 还没有最好定论。

表 1-12　LED 四边形色坐标边界表

色温	2 700 K		3 000 K		3 500 K		4 000 K		4 500 K		5 000 K		5 700 K		6 500 K	
色坐标	x	y	x	y	x	y	x	y	x	y	x	y	x	y	x	y
中心点	0.4578	0.4101	0.4338	0.4030	0.4073	0.3917	0.3818	0.3797	0.3611	0.3658	0.3447	0.3553	0.3287	0.3417	0.3123	0.3282
色坐标的四角边界	0.4813	0.4319	0.4562	0.4260	0.4299	0.4165	0.4006	0.4044	0.3736	0.3874	0.3551	0.3760	0.3376	0.3616	0.3205	0.3481
	0.4562	0.4260	0.4299	0.4165	0.3996	0.4015	0.3736	0.3874	0.3548	0.3736	0.3376	0.3616	0.3207	0.3462	0.3028	0.3304
	0.4373	0.3893	0.4147	0.3814	0.3889	0.3690	0.3670	0.3578	0.3512	0.3465	0.3366	0.3369	0.3222	0.3243	0.3068	0.3113
	0.4593	0.3944	0.4373	0.3893	0.4147	0.3814	0.3898	0.3716	0.3670	0.3578	0.3515	0.3487	0.3366	0.3369	0.3221	0.3261

在日常生活中，常听老人说"灯下不观色"。女人们时常报怨："在百货大楼内买了件色彩满意的衣服，出来后就不满意了。"原来是荧光灯下的衣服色彩偏蓝，而在阳光下的色彩大大的偏红，这就是灯光的显色性骗了购买者。关于显色指数的计算方法比较繁琐复杂，这里不再叙述。

关于不同光源显色性的评价数据，应该感谢大连工业大学光子学研究所李德胜等人的实验结果，以及复旦大学点光源研究所程雯婷等人的研究结果，均可供参考。前者的实验条件和方法是：选取 6 种光源，见表 1-13，白炽灯 1 个、荧光灯 2 个、LED 灯 3 个，在暗室内分别用 6 种不同的光源对同一种仿真花束进行照明，挑选 20～25 岁的视力正常的学生 20 人(男女各半)，分别在6种光源照明条件下评价被照明花束的色彩效果。评价尺度分为5个等级:很好、较好、一般、较差和很差。评价的技术参数见表1-13,评价结果见表1-14。

表1-13 实验用光源相关信息

光源类型	标称色温(K)	实测色温(K)	一般显色指数Ra	9种色样显色指数
白炽灯	无	2 437	99.6	98.9
荧光灯	2 700	2 803	80.8	−7.9
荧光灯	6 500	7 326	84.1	48.5
LED球形灯	3 000	2 976	82.2	27.1
LED球形灯	3 000	3 006	73.6	−13.56
LED球形灯	3 000	2 949	82.4	28.1

表1-14 显色能力主观评价结果

光源	很好	较好	一般	较差	很差
1号	20				
2号		15	5		
3号	2	18			
4号		15	5		
5号		14	6		
6号		10	10		

在表1-13中可知6种光源对9种色样的显色指数(已经采用了CIE的一般显色指数公式$Ra=1/8\sum R_i$计算,i为1,2,3,…,8),可见白炽灯的显色性最好,而其他5种光源下会产生过大的偏差。也说明CIE的显色指数评价方法不适合评价白炽灯以外的其他光源的显色指数,特别是LED灯。在表1-14中也可以看到,在白炽灯光源下,评价"很好"的人数最多,达到100%(即20人的全部),其他光源的满意度都不够好。

其后者的实验中选择5种光源见表1-15,实验方法与前者基本相似。其结论如下:(1)显色指数(CRI)无法反映光源显色性(即对被照物体的颜色还原性)的实际情况,更不能用以评价人们的偏好度。(2)针对本次测试样品,色质指数(CQS)与显色指数(CRI)计算值接近,在评价光源颜色质量的准确性上,与CRI相比未见优势,仍有待进一步的完善,提高其普适性。(3)光源的颜色质量是一项综合性的评价,需考虑显色性、偏好度等多种因素。

表1-15 实验用光源的相关信息

光源编号	标称相关色温(K)	实测相关色温(K)	一般显色指数Ra	光源类型	简　　称
1	6 500	6 558	90	卤素灯	Halogen
2	6 500	6 438	78	荧光粉LED	LED
3	6 500	6 080	84	紧凑型荧光灯	CFL
4	5 300	5 200	92	卤素灯	Halogen
5	5 000	5 010	71	荧光粉LED	LED

5. 关于光源的显色指数(CRI)和色质指数(CQS)国内外研究动向

实验表明用CIE的显色指数(Color Rendering Index,简称CRI)评价传统白炽光源的显色性是比较完美的,也是国际公认的评定光源显色性的方法。但是,用来评价的白光 LED 光源的显色性时,就明显的存在问题。美国国家标准与技术研究院(NIST)正在进行研究制定一种新的评价光源显色性的方法——色质指数(Color Quality Scale,简称 CQS)。CQS 选取的是 15 种饱和色,它们平均分布于整个可见光光谱中。目前 NIST 正致力于 CQS 的测试与开发,并希望将该方法推荐应用到 LED 照明行业中。但是也有研究指出,色质指数(CQS)在评价颜色质量的准确性上,与 CIE 的显色指数(CRI)相比并未体现出明显优势。因此,要针对白光 LED 光源制定一个更好的显色质量测试评价方法,还需要一个长期的研究和发展过程。

图 1-30 是 CIE 评定显色指数(CRI)时采用的 14 个标准色样,该标准色样可用来检测在被测光源下与在同色温的参考光源下物体颜色与该标准色样相符合的程度。

图 1-30　CIE 在评定显色指数(CRI)时的 14 个标准色样

图 1-31 是美国国家标准与技术研究院(NIST)在评定色质指数(CQS)时提出的 15 个标准色样,是用来检测被测光源下与在同色温的参考光源下物体颜色与该标准色样相符合的程度。

图 1-31　美国国家标准与技术研究院(NIST)在评定色质指数(CQS)时的 15 个标准色样

五、新光源发光二极管(LED)和有机发光二极管(OLED)

关于发光二极管(LED)和有机发光二极管(OLED),本文只是从应用的角度进行简介。

1. 发光二极管(LED)

(1)发光原理

半导体固态照明的发光二极管(Light Emitting Diode),简称 LED。当某几种半导体化学元素按特定的结构组合成一个整体就可以是半导体固态发光器件,其核心部分称为芯片。LED 芯片的制作是在 LED 的衬底上通过各种外延方法(液相外延、气相外延和分子束外延)生长外延层,再通过芯片制作工艺流程,做出各种光电参数合格的芯片。芯片再封装后就可以成为一个小的 LED 灯,由此再组合成各种各样的 LED 灯光源。

芯片是经过机械装配、热调控、透镜等光学系统设计而成。当电流通过半导体芯片时,半导体内的电子和空穴发生跃迁复合时就会产生光和热,也称电致发光(或光致发光)。电流通过芯片时也会激发荧光粉。当激发蓝光和紫光荧光粉时就有了蓝光和紫光。部分蓝光激发黄光和绿光荧光粉,使荧光粉发出黄光和绿光,部分蓝光透过荧光粉发射出来,这些蓝光和黄光与绿光用 RGB 匹配原理就组成白光。封装好的 LED 把这些光收集起来,就可以成为一个照明灯。图 1-32 表示了通过蓝光 LED 芯片和三基色荧光粉获得白光的实例。

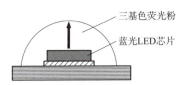

图 1-32　用蓝光 LED 芯片和三基色荧光粉获得白光

与光同时发出的热量不会和光一起射出,但是热量必须通过引线等封装设备把热量引出,否则就会使LED发光失效。其可见波段的光没有红外线和紫外线。再就是利用LED发出的紫光作为基本光源,激发三基色荧光粉,荧光粉再发出白光。这些白光由三基色荧光粉决定。也可以由LED发出的红、绿、蓝三色光用RGB三原色匹配组成白光。

LED光源的光色,根据不同的半导体材料可有不同的光色。LED的原料有硼、铝、硅、锗等十多种,例如氮化镓(GaN)用于发蓝光,GaAlInP用于发红光,GaInN用于发绿光等。冷白色LED光其色温为5 500 K,暖白色LED光其色温为3 200 K,白光特别符合人眼光谱视见函数$V(\lambda)$曲线。这些半导体材料能组合成白光的LED光源,应用在室内外照明领域,更受到了照明界的高度重视。

(2)白光LED的发光效率和寿命

将红光、绿光、蓝光LED转变成白光LED在提高发光效率方面,发展迅速,时时都有新的数据出现。据保守的数据统计,西欧等国家的企业,21世纪初LED发光效率已达到25~30 lm/W;中国台湾可达到50 lm/W;日本报道可达到30~60 lm/W;美国报道2007年达到75 lm/W,2012年可达到150 lm/W。图1-33给出了我国LED发光效率在2000年~2009年10年内的发展。同时也列出了T5荧光灯和高压钠灯的发光效率。根据当时的水平,我国各大专业院校和科研院所以及相关企业报道,预测LED最高的发光效率可接近200 lm/W。之后LED发展更为迅速,其芯片质量提升,成本大幅降低。LED的稳定性、可靠性和寿命大大提高了。

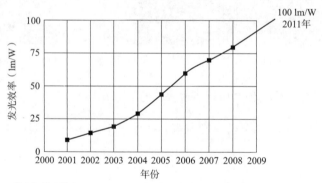

T5荧光灯发光效率:80~95 lm/W　　高压钠灯发光效率:100~130 lm/W

图1-33　LED发光效率在10年内的发展速度

白光LED的寿命问题是一个复杂的问题,据近几年的研究报道,生产企业将数种LED芯片集成封装在专门设计的基板上,制成特定要求的中、小功率的白光LED光源。提高了芯片的组合精度,严格控制光的参数组合,适合于室内各种场合照明,其光效快速提高到70~120 lm/W。LED的光效与很多因素有关:LED芯片发光的内量子效率和外量子效率,短波向长波转换时的平均量子损失,以及荧光粉所造成的量子损失等。白光LED的寿命还与光谱能量分布有关,例如LED芯片发射中心波长为470 nm的蓝光光谱带[图1-34(a)],光效为113.42 lm/W;而高光效型白光LED的光谱[图1-34(b)]中心波长为450 nm的蓝光光谱带(面积约占25%),其余光谱带的能量均在视觉敏感的光谱中心波长带555 nm绿黄色光附近(面积约占75%),如果光源的能效达到100%,其光谱光效为330.66 lm/W。

LED的寿命长,是因为LED没有灯丝。但是LED发出的光也会随着时间的推移而有少许减弱。LED的发光颜色和材料不同也会使光衰的变化不同,其光衰要经过数千小时后才会被察觉。LED的寿命应该像其他光源一样,规定光衰到初始光通量的某一个百分数时的时数

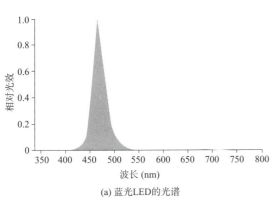
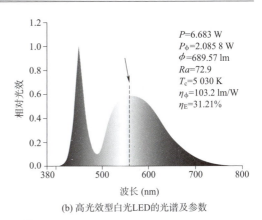

(a) 蓝光LED的光谱　　　　　　　　(b) 高光效型白光LED的光谱及参数

图 1-34　LED 光谱

定义为其"寿命"。LED 在较好的使用条件下光衰到 70% 初始光通量时为 5 万 h。最好每个生产厂家都应该为产品提供一种光衰曲线,即光通量百分数与时间的关系曲线,国际上再确认一个光通量的百分比,即可以定出真正的寿命时间。电致发光在这种发光过程中,绝大部分辐射能转化为光能,理论发光效率可高达 300 lm/W,超过以前的传统光源。

(3) LED 的优点及其应用

LED 有着广泛的发展前途,被应用到各种场所,其优点是:功率小,可用 0.01 W 来计算;寿命长,理论上可达到 10 万 h;体积小,其发光面积约为 0.7 mm²;发热量低,应用上不会像上述高强气体放电光源那样发出影响环境的大量的热量;点灯(启动)速度快,用作应急最好;坚固耐用,无灯丝不怕碰撞与振动;色彩丰富,可制成所需要的各种颜色,不需要滤光片,其色温和显色指数均较好;可配各种形状和型式的灯具;灯具防尘防水较容易,不像 HID 灯那样大、重、笨;集光性好,方向性强;光源不含水银,不污染环境;无红外线和紫外线,是单纯可见光;冷启动,可在低至 -40 ℃ 下点燃;可低电压直流运行,安全性较高;无频闪;节能效果好。

LED 的产品种类繁多,由于本身具有多种优点,因此在各种应用场所都可制成相应的灯具,至今出现的产品有台灯、应急灯、工矿灯、交通信号灯、射灯、筒灯、壁灯、吊灯、路灯、汽车用灯、护栏灯、钥匙扣手电、验钞手电、小夜灯、洗墙灯、灯带、水底灯、地埋灯、地砖灯、台阶灯、建筑物轮廓灯、景观照明用泛光灯、手机屏幕灯、各种多媒体显示屏等(具体样灯详见第九章第三节)。

2. 有机发光二极管(OLED)

(1) OLED 的特点

① OLED(Organic Light Emitting Diode)是以有机化合物薄膜组成的电致发光层的发光二极管,简称有机发光二极管,是电流驱动型器件。固态机构,没有液体物质,因此抗振性能更好,不怕摔;厚度可以小于 1 mm,光源是平面光源,超薄、质轻、柔软、耐用,能够在不同材质的基板上制造,可以做成能弯曲的柔软显示器。相对于 LED 有较少的插入元件,有可大规模生产、价廉、抗振能力强等一系列的优点,因此它被专家称为未来的理想显示器。OLED 如图 1-35 所示。

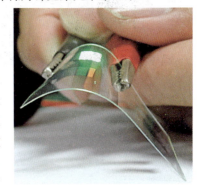

图 1-35　可弯曲的 OLED 片

② 工作温度范围宽,低温特性好,在 -40 ℃ 时仍能正常显示。工作电压很低,仅为 3~5 V。响应时间短,无噪声。

③光线明亮、少阴影、发射舒适的白光,可以像窗户一样透明或像镜子一样能反射。其亮度可调,并能达到 10 000 cd/m² 的动态范围。光线均匀明亮而不眩目。几乎没有可视角度的问题,即使在很大的视角下观看,画面仍然不失真。

④它能调节发光为任何颜色,可调节色调的深浅和强弱。具有良好的色坐标,显色指数高,能从冷色到暖色调节白光。其显色指数接近 100。OLED 红、绿、蓝三色材料的发光效率和发光寿命均基本满足实用化需求。从以上数据看来,OLED 在 500 cd/m² 以下能模仿出大多数白色或太阳光色。

⑤OLED 光源使用寿命长,由于相关材料元件结构的开发和应用,预计白色 OLED 照明的使用寿命将可延长到 70 万 h 左右。

(2)OLED 的应用

①由于 OLED 可以沉积到任何衬底上,如可用作玻璃、陶瓷、金属、薄塑料板及其他相适应材料的衬底,并且能够制成任何形状和样式,从根本上产生出新的照明技术和文化。可用于居住和商业建筑的平面照明灯,也可用于博物馆或艺术展览照明灯。

②用 OLED 壁纸可制作成大型广告牌和标志板,面积可达到 30 m²。

③家庭和办公室的变色平板灯,大面积壁灯和天花板灯。

④OLED 照明不需要做成复杂和昂贵的灯具,可在医学上用作高亮度、长寿命无影灯,塑料医疗和安全器件,如 X 射线探测器的集成电路板。

⑤从可编程的光强、光色、光束方向等性能中得到更多有益应用。

⑥聚合物传感器(包括环境传感器、指印传感器、生物传感器、基因检测器、化学和工业传感器等)。

应用实例如图 1-36~图 1-38 所示。

图 1-36 可弯曲的 OLED 屏幕

图 1-37 OLED 视屏

图 1-38 全磷光发光 OLED 产品及其参数
基本技术参数:长与宽 74 mm×74 mm,厚度 1.9 mm;光效 45 lm/W;相关色温 2 800 K;电压 3.6 V;寿命 8 000 h

第三节 灯 具

由于光源发光体的形状不同,它所发出的光线强度在空间的分布也不同。因此,散布在空间的光通量,通常是得不到合理利用的。为了适应各种照明环境的要求,需要采用反射器或透射器将光源的光线加以控制、调整和进行重新分配。这种控制和调整光通量的器具与光源一起组成照明器,也称为一个完整的灯体或简称灯。灯具是为光源服务的,那么灯具与光源的关系是什么?灯具应该是光源的服装,没有能发光的光源时灯具是没有用的。服装有简装、工装和时装,灯具也一样,也有"简装""工装"和"时装"。"简装"和"工装"通常称为功能性灯具,而像"时装"一样那些多考虑艺术效果的灯具,通常称为装饰性灯具。根据光源和灯具的科学技术要求分类,灯具主要有以下几种。

一、灯具的分类

1. 根据光源分类

灯具离不开光源。因此,可以根据光源的种类对灯具进行分类。其中有白炽灯灯具、荧光灯灯具、高压汞灯灯具、高压钠灯灯具、金属卤化物灯灯具、高频无极灯灯具、21世纪发展起来的各式各样的LED灯具等。

白炽灯灯具尺寸小、重量轻,因此配光容易控制,造型上也可以制造的多种多样。直管荧光灯灯具尺寸比较长,加上有镇流器等,重量也比较大,不易在配光上做较大的改变,其艺术造型也受到一定的限制。高压汞灯、高压钠灯和金属卤化物灯灯具等,尺寸不算太大,但镇流器的重量很大,虽然配光的控制还比较容易,但造型很少有工艺上的变化,由于它们的功率大、光通量多,往往做成功能性灯具,很少做成装饰性灯具。这种分类方法虽然很容易理解,但因有时在同一种灯罩内,既可以装进高压汞灯又可以装进高压钠灯,因此这种分类方法不能真实地反映灯具的分类。

2. 根据使用场所目的和使用方式分类

灯具的生产厂家往往根据不同的使用场所和使用目的生产灯具,这样就分出许多种灯具,例如室内灯具、室外灯具、建筑灯具、民用建筑灯具、工业建筑灯具、工矿灯具、学校灯具、船用灯具、水下灯具、医疗灯具、舞台灯具、摄影灯具、展览灯具、商业灯具、住宅灯具、应急灯具、诱导灯具、庭院灯具和路灯灯具等,更具体些的如黑板灯具、书写灯具。此外还有手灯、行灯、台灯、落地灯等灯具。根据使用方式有固定式灯具、可移动灯具等。随着使用目的的增多和使用场所的更具体,分类方法也就越来越多。

3. 根据安装方式分类

为了使灯具的设计与建筑的设计相一致,较好的分类方法是根据灯具在建筑物上的安装方式进行分类,可分为下列几种:

(1)暗装灯具(嵌入式灯具)。这种灯具常常暗装在室内顶棚上,适合于低矮顶棚的房间,容易保持建筑物室内装修的美观。由于灯具小并且暗装在顶棚上,只露出灯具的出光口,所以顶棚上表现出没有阻力的感觉,可以得到光线的多样性变化,例如形成某种特殊需要的阴影效果等,可以给人以安静的气氛。如果采用调光装置就更富于气氛的调节和变化。由于正常视线看不到光源,因此眩光极小,适合于对眩光要求严格限制的场所。这种灯具光线的利用率不高、经济效果较差。

(2)吸顶灯具。这种灯具多数情况下用于一般照明,使整个房间感到明亮。安装时不必在顶棚上留有凹进去的建筑空间,但是它在顶棚上容易产生阴影,所以最好采用侧面也发光的灯罩。因为灯具发光面往往裸露在外面,空间亮度高,相应也带来较高眩光,如果采用乳白玻璃或磨砂玻璃罩时,能减少室内眩光,但却降低了灯具的效率,使室内照度不高。这种灯具适合于低矮空间并且要求空间亮度高的场所。

(3)悬吊灯具。这种灯具是用管、链或软线将灯具从屋顶上垂吊下来,适用于局部照明或提高照度的分区一般照明,有时也称为高灯低挂。采用这种灯具可以形成一个从灯具的发光中心平面到顶棚之间的顶棚空间。这种灯具可调节灯具至工作面的距离,因此可以根据工作面照度的需要来决定灯具的悬吊高度。灯具的结构可以灵活多变,可在三维空间内组合灯具。有些灯具可以将开关设在灯具上,使用和安装都很方便。这种灯具也包括具有多支灯具组装成各种图案的枝形花吊灯。这种吊灯灯具往往以装饰为主,在大型建筑的厅堂、饭店旅馆的门厅、宴会厅等场所形成艺术照明。小型花吊灯也常常在高水准的住宅和宾馆客房应用。这些灯具除注重艺术效果外,也应注重其光效和维修问题。

(4)墙壁灯具。这种灯具可根据需要安装在墙壁的不同地方,在墙面上可以得到美丽的光分布艺术效果。设计安装时可以与室内一般照明统一考虑。为了避免眩光,壁灯最好采用小功率的光源。在博物馆或美术馆照射壁上展品时,宜用特殊的投光器,使光线投送到合适的位置。

(5)台灯具。台灯具又可分为台面灯和落地式台灯灯具。由于台灯具接近视线,要有防止眩光的灯罩,最好灯罩上方也有些微量光线。台灯可以随时移动,可将光线的重点放室内的任意地方。在室内一般照明形成的气氛下,用台灯可以创造一个局部安静的明亮小区,满足视觉上的要求。如果设有调光装置,可以调节和变换照度,形成不同的气氛。

4. 根据防止进入异物和防水的保护程度分类

在 IEC 529-598 中规定,灯具防止异物和水进入的程度用 IP(Ingress Protection)符号表示。在 IP 符号后面紧跟两个数字,第一个数字表示防止手指、工具以及尘埃进入灯具的程度;第二个数字表示防止水进入的程度。防止异物进入为第一特征,共分七级:0、1、2、3、4、5、6;防止水浸入为第二特征,共分九级:0、1、2、3、4、5、6、7、8,其防止的程度分别见表 1-16 和表 1-17。例如 IP23 灯具,2 表示防止 12 mm 的硬物体进入,3 表示可防止 60°角方向来的水滴,因此可以说是防雨的灯具。

表 1-16 灯具 IP 分类防异物等级和程度

特征等级	防 护 程 度	
	简 述	防 护 细 节
0	无防护	无特殊防护要求
1	防止大于 50 mm 硬物体进入	防止大面积的物体进入,例如手掌等
2	防止大于 12 mm 硬物体进入	防止手指等物体进入
3	防止大于 2.5 mm 硬物体进入	防止工具、导线等进入
4	防止大于 1.0 mm 硬物体进入	防止导线、条带等进入
5	防尘	不严格防止,但不允许过量的尘埃进入以致使设备不能满意的工作
6	密封防尘	不让尘埃进入

表 1-17 灯具 IP 分类防水等级和程度

特征等级	防 护 程 度	
	简 述	防 护 细 节
0	无防护	无特殊防护要求
1	防止水滴进入	垂直下滴水滴应无害
2	防止斜倾 15°的水滴	灯具外在正常位置和直到倾斜 15°角时垂直下滴水滴应无害
3	防止喷水进入	与垂直成 60°角处喷下的水应无害

续上表

特征等级	防护程度	
	简　述	防护细节
4	防止泼水进入	任意方向对灯具封闭体泼水应无害
5	防止喷射水进入	任意方向对灯具封闭体喷水应无害
6	防止海水进入	防止强力喷射的海水或进入量不损害灯具
7	防护浸渍	以一定压力和时间将灯具浸渍在水中时,进入水量不有害于灯具
8	防护淹没水中	在规定的条件下灯具能适合于连续淹没在水中

5. 根据防止触电程度分类

在我国和国际上都有标准规定,灯具按防止触电的程度分为四级:0、Ⅰ、Ⅱ和Ⅲ级。Ⅰ级灯具不仅依赖于基本绝缘材料来防止触电,而且还有附加接地的安全装置,一旦带电部件基本绝缘材料失效后可使灯具不带电。Ⅱ级灯具虽然不用接地设备,但除基本绝缘材料以外,还有附加绝缘材料,形成双层绝缘或外层绝缘的灯具。Ⅲ级灯具用安全超低压(SELV)电源防止触电,或在电源中有不会产生高于对人体有危害的电压装置,人接触这种带电部件没有电击的危险。

6. 根据其他保护措施和安全分类

在煤气、酸、碱、盐类等危险场所使用的灯具,分为防爆灯具、隔爆灯具、耐压灯具、耐腐蚀灯具和耐盐灯具等。根据使用场所不同选用适当类型。防爆灯具采用高强度透光罩和灯具外壳,将光源和危险环境严密隔离,它将灯具使用时可能产生火花的部件完全密封在安全盒内,并使周围环境中可能产生爆炸的气体不能进入这个安全盒内。隔爆灯具不只是靠密封防爆的,它的透光罩与灯座之间用一种特殊材料连接,形成一个隔爆间隙,当灯内部发生爆炸时,产生的气体可经过隔爆间隙逸出,高温气体可被充分冷却,从而不会引起外部易爆气体发生爆炸,灯的透光罩和外壳也是用高强度的材料制成的,不会因内爆压力过大而损坏。

7. 根据灯具的光分布特性分类

照明就是要知道灯的特性,灯的特性主要是灯的光学特性。灯具是将光源的光通按使用的需要重新在空间进行分配的设备。由于光通量重新分配,所以在空间的光强分布也重新划分,光通或光强的分布情况是灯具的主要光学特性。因此,根据灯具的光分布特性进行分类是最科学的灯具分类法。

二、灯具的光分布及其分类

灯具按光分布特性进行分类,基本上分为两大类。一类是以 CIE 灯具分类法为代表的光通分类法;另一类是以英国 CIBS(Chartered Institution of Building Services)为代表的灯具 BZ 分类法,也即光强分类法。

1. 灯具的光通分类法

这种分类法是以灯具的上半球光通和下半球光通的百分比来划分的。这种分类法把灯具分为五种,即直接照明型灯具、半直接照明型灯具、直接—间接照明型灯具(也称漫射照明型灯具)、半间接照明型灯具和间接照明型灯具,如图 1-39 所示。图 1-40 给出了五种光强分布曲线图。

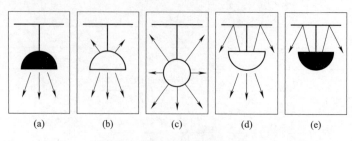

图 1-39 按光通分类的灯具

(a)直接照明型;(b)半直接照明型;(c)直接—间接照明型(漫射照明型);(d)半间接照明型;(e)间接照明型

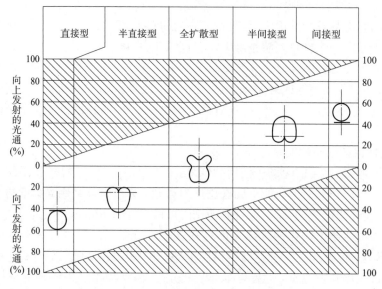

图 1-40 CIE 灯具光通分类的光通比

(1)直接照明型灯具

这种灯具的效率很高,可以使灯具光通量的绝大部分充分利用,光损失较少,一般情况下灯具的效率可达 80% 以上。这种灯具又能把灯具光通量的 90%～100% 射向下方,直接照在工作面上。但是光通量从灯具有限的面积内直接下射的越多,则阴影和眩光也就越严重,还可能形成较强的反射眩光。

(2)半直接照明型灯具

这种灯具有 60%～90% 的灯具光通量射向下方的工作面上,可获得较高的效率;10%～40% 的灯具光通量射向上方,以增加顶棚的漫射光,降低顶棚与灯具之间的亮度比。

(3)直接—间接照明型(均匀漫射型)灯具

这种灯具向上照射和向下照射的光能量大致相等,均在灯具光通量的 40%～60% 范围内。工作面上的光线主要来自向下照射的直射光通量,向上照射的光通量增加了开棚的反射和室内空间亮度,在近水平方向上的光线较少。这种灯具使整个室内有较好的亮度分布,并减小了室内的眩光现象。

(4)半间接照明型灯具

这种灯具有 60%～90% 的灯具光通量射向上方,向下光通量只有 10%～40%。这种灯具的照明使顶棚作为主要照射面,室内的光环境给人以高处明亮宽敞之感,室内眩光很小。但室内照度往往不够高。

(5)间接照明型灯具

这种灯具有90%~100%的灯具光通量射向上方,只有不到10%的灯具光通量射向下方。所以室内顶棚和上半部墙壁比较明亮,给人以秋高气爽之感,顶棚和墙面又将光线射下来,使室内光线柔和,没有眩光。为了很好地利用光线,房间的表面装修很重要,要采用反射系数高的漫射材料,并且要有很好的维护,以保证反射系数不下降或下降的很慢。

由于这种照明型灯具的光线漫射性较好,因此阴影很弱,如果设计合理,不但没有直接眩光,而且光幕反射也几乎没有。这种灯具安装时要离顶棚有足够的距离,以防止灯具正上方的顶棚过亮,使整个顶棚的亮度不均匀。当照度很高时,要对顶棚的亮度加以检测,看其是否会造成眩光。

上述任何一种类型的灯具,都不能排除其他类型而成为唯一的照明形式。因为每种灯具都有自己的特点,这种特点可能满足,也可能不能满足某一特定用途的要求。要对某种灯具做出恰当的评价,首先应看其是否能有效的满足视觉的基本要求,是否能形成舒适的视觉环境。

2. 灯具的光强分类法

光强分类法主要是以英国CIBS照明技术委员会提出的BZ(British Zonal)法为依据。此方法将灯具的下配光曲线分为十种,从BZ1到BZ10。并且给出了十种计算光强分布的公式,如图1-41所示。其他类型配光曲线看它接近哪一条光强曲线就算是哪一类型的灯具。尽管如此,仍然有许多不能包括在内的配光形式的灯具。因此按光强曲线进行分类又派生出另一种,即用文字来描述其光强的形状,例如特宽配光、较宽配光、中间型配光、较窄型配光和特窄型配光。中间型配光即余弦配光,它与BZ5配光是相同的。其实宽与窄是相对的,只要在BZ分类中再多增加一些不同形状的配光曲线就可以把这宽宽窄窄配光分类均包括进去。此外再增加一些特殊要求的配光,例如蝙蝠翼配光、斜扫帚型配光等,然后再给出相应的经验计算公式,这样就可以使按光强分布的灯具分类法更完善。

对于斜配光曲线就难以用公式表示和计算其光强。但是只要取某一方向为中心轴,就可以找出其近似的曲线和计算公式。可以把所要求的主光强方向作为0°(灯具光中心下垂线$\theta=0°$)找出经验公式来,也可以用两条曲线或两个经验公式相加组成一个新的配光曲线和计算公式。例如BZ5为正比例于余弦的曲线,而将此曲线转过90°,或将计算公式中的θ角变为θ的互补角,就可以得到BZ10的与正弦成正比例的曲线和计算公式。尽管我国在灯具分类中尚无统一规定,但是上述两类分类法均有可取之处,可以作为统一规定我国的灯具分类的参考。

3. 我国灯具的光通光强分类法

我国灯具的光学分类法详见表1-18,摘自中国工程建设标准化协会1994年批准的《室内灯具光分布分类和照明设计参数标准(CECS 56:94)》中附录(A)室内灯具5型21类分类图表。

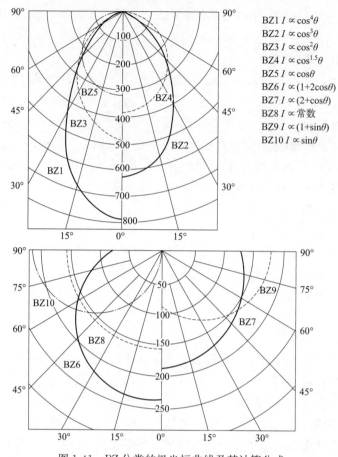

图 1-41 BZ 分类的极坐标曲线及其计算公式

表 1-18 室内灯具 5 型 21 类分类图表

灯具型号	光强分布	区号	角度	光通比(%)		分类	编号
A. 直接照明型 向上 0~10% 向下 100%~90%		6	150°~180°	0		A 1 S/Hm:0.94	No. 1
		5	120°~150°	0	0		
		4	90°~120°	0	↑		
		3	60°~90°	0	↓		
		2	30°~60°	45	100		
		1	0°~30°	55			
		6	150°~180°	0		A 2 S/Hm:1.03	No. 2
		5	120°~150°	0	0		
		4	90°~120°	0	↑		
		3	60°~90°	5	↓		
		2	30°~60°	50	100		
		1	0°~30°	45			

续上表

灯具型号	光强分布	区号	角 度	光通比(%)		分 类	编号
A. 直接照明型 向上 0~10% 向下 100%~90%	60 120 180 240 300	6	150°~180°	0		A 3 S/Hm:1.14	No.3
		5	120°~150°	0	0		
		4	90°~120°	0	↑		
		3	60°~90°	10	↓		
		2	30°~60°	55	100		
		1	0°~30°	35			
	50 100 150 200 250 300	6	150°~180°	0		A 4 S/Hm:1.2	No.4
		5	120°~150°	0	0		
		4	90°~120°	0	↑		
		3	60°~90°	20	↓		
		2	30°~60°	50	100		
		1	0°~30°	30			
	40 80 120 160 200 240	6	150°~180°	0		A 5 S/Hm:1.29	No.5
		5	120°~150°	0	0		
		4	90°~120°	0	↑		
		3	60°~90°	25	↓		
		2	30°~60°	50	100		
		1	0°~30°	25			
	30 60 90 120 150 210	6	150°~180°	0		A 6 S/Hm:1.36	No.6
		5	120°~150°	0	0		
		4	90°~120°	0	↑		
		3	60°~90°	40	↓		
		2	30°~60°	40	100		
		1	0°~30°	20			
	24 48 72 96 120 144 168	6	150°~180°	0		A 7 S/Hm:1.44	No.7
		5	120°~150°	0	0		
		4	90°~120°	0	↑		
		3	60°~90°	40	↓		
		2	30°~60°	40	100		
		1	0°~30°	20			

续上表

灯具型号	光强分布	区号	角　度	光通比(%)		分　类	编号
A. 直接照明型 向上 0~10% 向下 100%~90%		6	150°~180°	0		A　8 S/Hm:1.54	No. 8
		5	120°~150°	0	0		
		4	90°~120°	0	↑		
		3	60°~90°	50	↓		
		2	30°~60°	35	100		
		1	0°~30°	15			
		6	150°~180°	0		A　9 S/Hm:2.3	No. 9
		5	120°~150°	0	0		
		4	90°~120°	0	↑		
		3	60°~90°	55	↓		
		2	30°~60°	35	100		
		1	0°~30°	10			
		6	150°~180°	0		A　10 S/Hm:/	No. 10
		5	120°~150°	0	0		
		4	90°~120°	0	↑		
		3	60°~90°	60	↓		
		2	30°~60°	35	100		
		1	0°~30°	5			
B. 半直接照明型 向上 10%~40% 向下 90%~60%	B1	6	150°~180°	5		B1	No. 11
		5	120°~150°	15	40		
		4	90°~120°	20	↑		
		3	60°~90°	20	↓		
		2	30°~60°	20	60		
		1	0°~30°	20			
	B2	6	150°~180°	2		B2	No. 12
		5	120°~150°	3	20		
		4	90°~120°	15	↑		
		3	60°~90°	30	↓		
		2	30°~60°	30	80		
		1	0°~30°	20			
	B3	6	150°~180°	3		B3	No. 13
		5	120°~150°	7	30		
		4	90°~120°	20	↑		
		3	60°~90°	30	↓		
		2	30°~60°	25	70		
		1	0°~30°	15			

续上表

灯具型号	光强分布		区号	角　　度	光通比(%)		分　　类	编号
C. 一般扩散照明型 向上40%~60% 向下60%~40%	C1		6	150°~180°	15		C1	No. 14
			5	120°~150°	20	50		
			4	90°~120°	15	↑		
			3	60°~90°	15	↓		
			2	30°~60°	20	50		
			1	0°~30°	15			
	C2		6	150°~180°	5		C2	No. 15
			5	120°~150°	10	40		
			4	90°~120°	25	↑		
			3	60°~90°	30	↓		
			2	30°~60°	20	60		
			1	0°~30°	10			
	C3		6	150°~180°	5		C3	No. 16
			5	120°~150°	15	40		
			4	90°~120°	20	↑		
			3	60°~90°	30	↓		
			2	30°~60°	20	60		
			1	0°~30°	10			
D. 半间接照明型 向上60%~90% 向下40%~10%	D1		6	150°~180°	15		D1	No. 17
			5	120°~150°	25	70		
			4	90°~120°	30	↑		
			3	60°~90°	10	↓		
			2	30°~60°	15	30		
			1	0°~30°	5			
	D2		6	150°~180°	10		D2	No. 18
			5	120°~150°	30	75		
			4	90°~120°	35	↑		
			3	60°~90°	5	↓		
			2	30°~60°	15	25		
			1	0°~30°	5			
	D3		6	150°~180°	10		D3	No. 19
			5	120°~150°	20	60		
			4	90°~120°	30	↑		
			3	60°~90°	15	↓		
			2	30°~60°	15	40		
			1	0°~30°	10			
E. 间接照明型 向上90%~100% 向下10%~0	E1		6	150°~180°	20		E1	No. 20
			5	120°~150°	50	100		
			4	90°~120°	30	↑		
			3	60°~90°	0	↓		
			2	30°~60°	0	0		
			1	0°~30°	0			

续上表

灯具型号	光强分布	区号	角度	光通比(%)		分类	编号
E. 间接照明型 E2 向上90%~100% 向下10%~0	(图示)	6 5 4 3 2 1	150°~180° 120°~150° 90°~120° 60°~90° 30°~60° 0°~30°	10 40 50 0 0 0	100 ↑ ↓ 0	E2	No. 21

■:不透明　▩:深的半透明　▨:浅的半透明或透明,磨花玻璃,滚花玻璃

三、灯具的光学特性

评价一个灯具,首先要了解它的光学特性,否则无法评价其照明效果的好坏,如果盲目利用照明设备,会造成经济上和能源上的浪费。下面将从几个方面分别描述灯具的光学特性。

1. 灯具的光强分布及其表示方法

任何一定大小的灯具,都可以被看作一个点光源。代表这个点光源的中心位置称为该灯具的光中心。通过光中心的下垂线称为光轴。通过光轴的任何垂直面称为方位面,用方位角 φ 表示,如图 1-42 所示。在某一个方位面上,有表示方向的 θ 角,这样,用方位角 φ 和方向角 θ 就可以把从光中心发出的光线全部表示出来。如果将灯具发出的光强作为第三个量引进来,就可以形成一个光强分布曲面,在某个方位面上形成一个曲线。一般情况下,只需要几个方位上的曲线即可满足计算上的要求,这些曲线又称光强分布曲线,也称配光曲线。灯具的光强分布曲线很重要,不但可以判断这个灯具是否达到了设计要求,而且可以利用它计算各种照明条件下的照度值和照度分布。

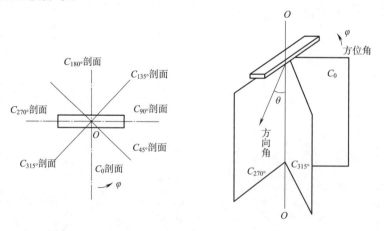

图 1-42　灯具术语

由于灯具的用途不同,对光强分布曲线的形状要求也不同,因而也就有不同的表示方法。灯具的光强分布曲线有三种表示方法,即极坐标表示法、直角坐标表示法和表格表示法。

(1)极坐标表示法

这种方法常用于具有旋转对称(轴对称)配光的灯具。它很形象地以极坐标的原点表示灯

具的光中心,以一定方向的矢量表示光强的大小,以极坐标的角度表示光强矢量与光轴之间的夹角 θ。将这些光强矢量的端点连成曲线,就是该灯具的光强分布曲线。图 1-43 表示了蝙蝠翼式荧光灯的光强极坐标分布曲线,图中的原点 O 既是极坐标的原点也是灯具的光中心,图中的角 θ 表示某个方位面上的方向角,曲线 B 表示 $C_{0-180°}$ 方位上的配光曲线,曲线 A 表示 $C_{90°-270°}$ 方位上的配光曲线,极坐标上的圆圈半径表示光强 I 值的大小。这个灯具是非旋转对称的,这里给出了其中两个方位面的光强分布曲线。如果是旋转对称的灯具,则任意方位上的光强分布曲线都是相同的,因此只给出一个方位面上的配光即可。对于非旋转对称的灯具,如果要满足逐点计算法或利用系数法,还需要多给出几个方位面上的配光曲线才能得到较好的计算结果。一般情况下给出七个面,即每隔 15°角给出一个配光曲线,这样就可以满足计算上的要求。

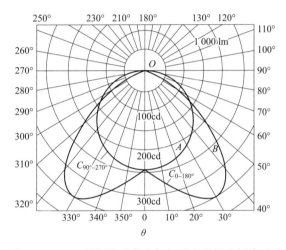

图 1-43 40 W 蝙蝠翼式荧光灯灯具光强极坐标表示法

(2)直角坐标表示法

用直角坐标的原点表示光中心,用横坐标表示方向角 θ,用纵坐标表示光强 $I(\theta)$,把这种 θ 角下的光强值连成曲线就成为直角坐标系中表示两个或者更多的方位面上的光强分布曲线。图 1-44 是一个非对称的投光灯的光强分布曲线的直角坐标表示法。如果是旋转对称的灯具,则只要一个方位面上的配光曲线即可,这种表示方法适合于投光类的灯具。当光强都集中到很小的 θ 角范围内时,用极坐标就很难表示出来。而用直角坐标系就可以把这一 θ 角范围很清楚地表示出来。如果光强值很高时,则表示光强的纵坐标可以采用对数的形式表示。

(3)表格表示法

光强分布曲线的表格表示法很简单,就是把各不同方位面上的方向角 θ 与其所对应的光强值列成表格表示。表 1-19 是蝙蝠翼式荧光灯的两个方位面上的光强值。这种表示方法的优点在于能把光强值准确地记录下来,不会像在曲线上因查估光强值而增加误差。

光强分布曲线上的每一点,表示了灯具在该方向的光强大小。要计算相对于灯具某个方向角 θ 位置的照度,就可以查到该方向的光强,利用逐点计算法,计算照度及其分布。为了使用方便,通常光强分布曲线均按光源发出光通量为 1 000 lm 来绘制,实际光源发出的光通量并不正好是 1 000 lm,因此当查出光强之后,还要乘上该光源的光通量与 1 000 的比值。

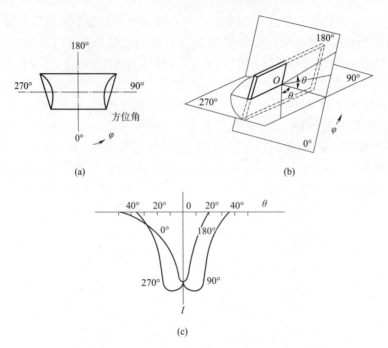

图 1-44 直角坐标表示法

(a)灯具的两个主要方位面；(b)θ角与方位面的关系；(c)两个不同方位面上直角坐标系中的相对光强分布曲线

表 1-19 蝙蝠翼式荧光灯具光强分布表 单位：cd

θ	0°	5°	10°	15°	20°	25°	30°	35°	40°	45°	50°	55°	60°	65°	70°	75°	80°	85°	90°
$C_{0°\text{-}180°}$平面	138	245	265	290	312	333	346	333	293	248	185	120	80	43	26	13	6	3	0
$C_{90°\text{-}270°}$平面	138	235	232	227	221	209	198	184	169	152	134	115	94	75	56	38	23	10	0

2. 灯具安装的距高比和半光强角

在一个房间内均匀地布置一些灯具，可以使室内工作面上得到均匀的照度，为此就要对灯具的安装距离和高度提出要求。灯具的距高比用 λ 表示为

$$\lambda = d/h \tag{1-31}$$

式中 h——安装高度(灯具中心至工作面的距离)；

d——灯具之间的距离。

为使照度均匀就要确定灯具的半照度角，当一个灯具的光强分布曲线确定之后，其半照度角就很容易确定。一个灯具在某一个 θ 角方向上达到水平工作面上的照度大约等于该灯具正下方水平工作面上照度的一半时，则该 θ 角为半照度角

$$\arctan\theta = \frac{d}{2h} \tag{1-32}$$

3. 平面等照度曲线与空间等照度曲线

在灯具的技术参数中常常给出平面等照度曲线。图 1-45 是蝙蝠翼式荧光灯具的平面等照度曲线，图中 h 表示灯具的安装高度，d 表示两个相邻灯具之间的距离。$\varphi=0°$时是方位角为 0°时的方位，$\varphi=90°$时是方位角为 90°时的方位。前者为垂直灯管的方位，后者是平行灯管的方位(见图 1-42)。图 1-45 中给出的方位角 φ 从 0°～90°的平面上的相等度的连线，称为平

面等照度曲线。

平面等照度曲线可以用来计算该灯具下方的任何高度和任何大小面积上的直射照度值。例如图 1-45 中,当 $h=1$ m, $d=2$ m 在 $\varphi=0°$ 或 $\varphi=90°$ 方位上照度均可达到 10 lx。这是 1 000 lm 光通量时的照度,当光通量为 22 000 lm 时,则照度为 $10×2.2=22$ lx。式中 2.2 为光通量 F 与 1 000 lm 之比,即 2 200 lm÷1 000 lm=2.2。由于方位角 0°的光强高于方位角 90°的光强,故 $\varphi=0°$ 方位的距高比大于 $\varphi=90°$ 方位的距高比。

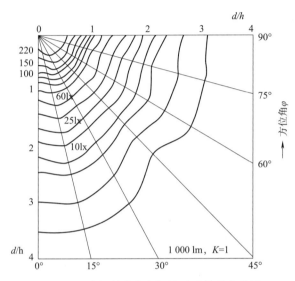

图 1-45 蝙蝠翼式荧光灯具平面等照度曲线

灯具技术参数中有时也给出灯具的空间等照度曲线。图 1-46 是 400 W 高压汞灯深照型工厂灯具的空间等照度曲线,纵坐标 h 表示灯具的安装高度,横坐标 d 表示两灯之间的距离,图中曲线表示在某个垂直面上的等照度曲线,称为空间等照度曲线。在空间等照度曲线上可以确定距高比,例如灯具正下方达到照度为 1 lx 的高度为 13 m 时,灯间距 d 处应保证达到 0.5 lx,在图上查得 $d=8.6$ m,此时的距高比为 $d/h=8.6/13=0.66$。

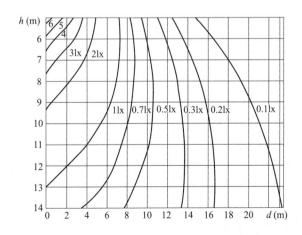

图 1-46 400 W 高压汞灯深照型工厂灯具空间等照度曲线(1 000 lm, $K=1$)

4. 灯具的效率

灯具的效率是灯具的重要光参数。通过灯具的光线都有某种损失,从一个灯具发出的光通量 F 与其中的光源发出的光通量 F_0 之比称为该灯具的效率 η。即

$$\eta = \frac{F}{F_0} \tag{1-33}$$

如果灯具发出的光通量 F 分为直射光通量 F_d、反射光通量 F_ρ 和透过光通量 F_τ,则

$$F = F_d + F_\rho + F_\tau \tag{1-34}$$

对于金属部分透过率 $\tau=0$,所以 $F_\tau=0$。对于乳白玻璃罩或一般玻璃罩以上三种分量都有。对于封闭的玻璃球灯具,则没有直射成分和反射成分,即 $F_d=0, F_\rho=0$。

灯具的效率与其形状和所用的材料有关。被材料吸收的光不仅造成光的损失,降低效率,而且还会引起灯具的温度上升,缩短灯具寿命。常用灯具的效率范围一般在 0.3~0.8 之间。

具有反射罩的直射截光型灯具,如广照型灯具及中照型灯具的效率等均在 0.70 以上;窄照型搪瓷灯具由于光源凹入灯具内较深,效率略低,约为 0.6~0.7;特广照型灯具效率则在 0.80 以上。

建筑用乳白玻璃灯具,如球形、碗形、橄榄形、棱形、扁圆形等漫射型灯具,吊下式安装的效率在 0.8 以上。

建筑灯具中乳白玻璃吸顶式,如半圆吸顶式、扁圆吸顶式、棱形吸顶式等,其上半球的光线多被灯具或顶棚所吸收,因此效率较低,一般只有 0.5 左右。

做装饰照明使用的嵌入式向下投射型白炽灯具,如浅半圆吸顶灯、圆格栅吸顶灯、圆筒形灯等,其效率只有 0.3~0.5 左右,因此只适用于组合照明中作装饰用。

截光型荧光灯具的效率在 0.8 以上。

灯具的效率又可分为上半球的效率 $\eta_上$ 和下半球的效率 $\eta_下$,即

$$\eta_上 = \frac{F_上}{F} \tag{1-35}$$

$$\eta_下 = \frac{F_下}{F} \tag{1-36}$$

这时灯具的总效率为

$$\eta = \eta_上 + \eta_下 = \frac{F_上 + F_下}{F} \tag{1-37}$$

式中　$F_上$、$F_下$——上半球和下半球的光通量(lm);
　　　F——灯具中光源的总光通量(lm)。

光强(光强分布)、效率和光能量是一个灯具最基本的三个参数。

确定灯具的效率可以用两种方法,一种是用仪器通过实验的方法测出光源的光通量和灯具的光通求得;另一种是根据灯具的光强分布曲线计算出灯具的效率。现在的自动灯具光强分布测量仪中,有排好的计算机程序,只要测定灯具的光强分布就可以得到灯具的效率。

5. 灯具概算图表

在灯具技术参数中均给出灯具概算图表。图 1-47 是图 1-43 40W 蝙蝠翼式荧光灯具的概算图表,图中纵坐标 A 表示所设计照明房间的面积(m^2),横坐标为灯具的个数 N,曲线上的 h 表示灯具的安装高度。在进行照明的初设计时,可以先估算一下采用这种灯具时需安装灯

具的数目,然后用利用系数等方法计算后再进行验证(参见第八章设计实例)。

6. 灯具的利用系数和亮度系数

在特定的室内照明设计中,对于一般照明所用灯具的综合效率可以用利用系数表示。它表达了达到工作面上的光通占灯具总光通的百分比,常用 u 表示,以小数值给出。每种灯具的利用系数与其效率、光强分布、安装间距、房间尺寸和房间表面反射率有关。每种灯具的利用系数表,在灯具生产厂家给出的技术资料中可以查到。采用利用系数法进行照度计算时,必须具备利用系数表。表 1-20 为 40 W 蝙蝠翼式荧光灯具的利用系数表,表中的 ρ_c、ρ_w 和 ρ_f 分别表示房间的顶棚、墙面和地面的反射系数,RCR 表示室空间比。RCR 是一种由房间的几何尺寸所决定的数值(详细计算见第八章)。

在缺乏测试手段或者设计精度要求不高时,可采用通用的固有利用系数表和灯具的效率近似地求得利用系数值

$$u = u_{固} \cdot \eta \tag{1-38}$$

式中　u——利用系数;
　　　$u_{固}$——固有利用系数;
　　　η——灯具效率。

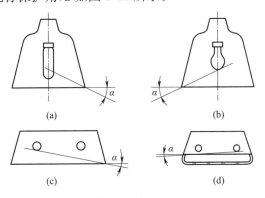

图 1-47　40 W 蝙蝠翼式荧光灯具概算图表

灯具的亮度系数和利用系数一样,是在测量灯具的光学参数时,就一并计算出来的(从略)。亮度系数是计算室内顶棚、墙面的平均亮度时采用的一组系数。当需要对室内空间亮度进行计算时它是很有必要的,可以保证室内的照明质量和亮度分布。

7. 灯具的遮光角

光源在灯具内,其亮度也进行了再分配。由于人眼对亮度的接受能力不同,因此对灯具的亮度要有所限制,关于灯具亮度的限制将在眩光一章中论述,这里仅就灯具的遮光角概念加以描述。灯具的遮光角(也称保护角)α 如图 1-48 所示。

图 1-48　灯具的遮光角

(a)透明灯泡;(b)乳白灯泡;(c)双管乳白灯泡;(d)双管乳白灯泡下口透明玻璃罩

遮光角 α 是灯罩边沿和灯泡发光体的边沿之连线与水平面所成的夹角,不同灯泡的发光体边沿不同,如图 1-48 所示。如果灯具的安装高度足够高,使得灯具和眼睛的连线与水平之间的夹角大于灯具的遮光角时,由于灯具的亮度在视觉的非眩光区,尽管亮度较高,也不会产生严重的眩光。如果灯具的安装高度较低,眩光源的亮度恰好在眩光区,则应该按眩光限制曲线的要求控制灯具的亮度值。

表 1-20　40 W 蝙蝠翼式荧光灯具的利用系数表

ρ_c	80				70				50				30				10				0
ρ_w	70	50	30	10	70	50	30	10	70	50	30	10	70	50	30	10	70	50	30	10	0
ρ_f \ RCR	20																				
0	0.91	0.91	0.91	0.91	0.89	0.89	0.89	0.89	0.85	0.85	0.85	0.85	0.82	0.82	0.82	0.82	0.78	0.78	0.78	0.78	0.77
1	0.85	0.82	0.79	0.77	0.83	0.80	0.78	0.76	0.79	0.77	0.75	0.73	0.76	0.74	0.73	0.71	0.73	0.72	0.70	0.69	0.68
2	0.79	0.73	0.69	0.65	0.77	0.72	0.68	0.65	0.73	0.69	0.66	0.63	0.70	0.67	0.64	0.62	0.76	0.65	0.62	0.60	0.59
3	0.73	0.66	0.60	0.56	0.71	0.65	0.60	0.56	0.68	0.62	0.58	0.55	0.65	0.60	0.57	0.54	0.62	0.58	0.55	0.53	0.51
4	0.67	0.59	0.53	0.48	0.65	0.58	0.52	0.48	0.62	0.56	0.51	0.47	0.60	0.54	0.50	0.47	0.57	0.53	0.49	0.46	0.45
5	0.61	0.52	0.46	0.41	0.60	0.51	0.45	0.41	0.57	0.50	0.45	0.41	0.54	0.48	0.44	0.40	0.52	0.47	0.43	0.40	0.38
6	0.57	0.47	0.40	0.36	0.55	0.46	0.40	0.36	0.53	0.45	0.39	0.35	0.50	0.44	0.39	0.35	0.48	0.42	0.38	0.35	0.33
7	0.52	0.42	0.36	0.31	0.51	0.42	0.35	0.31	0.48	0.40	0.35	0.31	0.46	0.39	0.34	0.31	0.44	0.38	0.34	0.30	0.29
8	0.48	0.38	0.31	0.27	0.47	0.37	0.31	0.27	0.44	0.36	0.31	0.27	0.42	0.35	0.30	0.27	0.41	0.34	0.30	0.26	0.25
9	0.44	0.34	0.27	0.23	0.43	0.33	0.27	0.23	0.41	0.32	0.27	0.23	0.39	0.32	0.26	0.23	0.37	0.31	0.26	0.23	0.21
10	0.41	0.31	0.24	0.20	0.40	0.30	0.24	0.20	0.38	0.29	0.24	0.20	0.36	0.29	0.24	0.20	0.35	0.28	0.23	0.20	0.19

四、LED 灯具

自进入 21 世纪就开始了 LED 照明新时代,也引发了新的照明技术革命。在照明领域陆续出现了各式各样的 LED 照明产品。LED 是半导体固态照明(SSL)领域,照明行业也必须扩展到这个高新技术领域,因此各行各业都可以在照明领域做出贡献。随着技术的发展该产品也越来越多,人们在照明方面的视觉要求也逐渐提高。LED 灯具是改善、提高照明数量和质量特别是视觉效果的一个内容。

1. LED 灯具的组成

形成 LED 灯具要有以下四步:

(1)LED 封装工序:灯包括一个或多个 LED 晶片的组片,可带有光学元件,还有热学、机械和焊线或电气接口等,但是这些不包括电源盒灯头,还不能与线路直接连接。

(2)LED 阵列或模块工序:在印刷线路板上组装。

(3)LED 光引擎:驱动器以及发光、散热、机械和电气元件。

(4)整体式 LED 灯:包括以上三步后再连接到标准灯头和灯座接入线路,这就是 LED 灯。

LED 仅仅是发光部分,它可以有设定的分配光的功能。如果需要 LED 发光还需要配上LED 驱动器,并且与电路的分支机构连接,驱动器才能使 LED 工作。

2. LED灯具的性能

(1) LED灯具的寿命和耐用性能。LED灯具的寿命与LED灯珠本身的寿命不同,其寿命关系到驱动器以及灯具提供给LED的环境等诸多因素,再加上LED灯具的形式品种繁多,除了带标准灯头的LED灯以外,其他灯之间不具备互换性。因此,其寿命只能通过相关寿命的评价来确定。

(2) 由于LED灯具是由多个小型LED灯珠组成,因此与传统的单个发光体不同,其单个发光珠之间存在着颜色差异,需要使用色空间均匀度来评价LED灯具颜色的空间分布情况。

(3) LED灯具可以利用的光通量与传统的光通量不同。传统照明灯具用灯具效率来评价,而LED灯具只能用其使用发光效率来评价。

(4) LED灯具不像传统照明光源那样可以单独进行光度测试,可以使用相对法。因其对温度极其敏感,故不宜将LED光源从灯具内分离出来单独测试。

(5) LED灯具中的光学系统是灯具的灵魂,应根据选定的光源特性进行光学设计,以便符合具体照明要求的灯具光学系统。由于一些LED灯珠具有2π发光的光度特性,灯具的光度系统与传统光源的灯是有很大区别的。

关于LED灯具的技术问题,可参考国内外有关标准:
① 国内LED灯具标准;
② 国际电工委员会(IEC)相关标准;
③ 美国能源之星(Energy Star)相关标准;
④ 北美照明学会(IESNA)相关标准。

五、我国灯具标准

1. 安全标准

灯具安全标准由等同采用IEC的标准和我国自主制定的标准组成,灯具安全国家标准及其适用的光源见表1-21。

表1-21 灯具安全国家标准及其适用的光源

序号	标准范围中识别的光源	标准编号与标准名称
1	电光源或LED	GB 7000.1—2015 灯具 第1部分:一般要求与试验
2		GB 7000.201—2008 灯具 第2-1部分:特殊要求 固定式通用灯具
3		GB 7000.202—2008 灯具 第2-2部分:特殊要求 嵌入式灯具
4		GB 7000.203—2013 灯具 第2-3部分:特殊要求 道路与街路照明灯具
5		GB 7000.204—2008 灯具 第2-4部分:特殊要求 可移式通用灯具
6		GB 7000.207—2008 灯具 第2-7部分:特殊要求 庭园用可移式灯具
7		GB 7000.208—2008 灯具 第2-8部分:特殊要求 手提灯
8		GB 7000.211—2008 灯具 第2-11部分:特殊要求 水族箱灯具
9		GB 7000.212—2008 灯具 第2-12部分:特殊要求 电源插座安装的夜灯
10		GB 7000.213—2008 灯具 第2-13部分:特殊要求 地面嵌入式灯具
11		GB 7000.217—2008 灯具 第2-17部分:特殊要求 舞台灯光、电视、电影及摄影场所(室内外)用灯具

续上表

序号	标准范围中识别的光源	标准编号与标准名称
12	电光源或 LED	GB 7000.2—2008　灯具　第 2-22 部分:特殊要求　应急照明灯具
13		GB 7000.17—2003　限制表面温度灯具安全要求
14		GB 7000.218—2008　灯具　第 2-18 部分:特殊要求　游泳池和类似场所用灯具
15	钨丝灯、管形荧光灯和气体放电灯	GB 7000.7—2005　投光灯具安全要求
16		GB 7000.225—2008　灯具　第 2-25 部分:特殊要求　医院和康复大楼诊所用灯具
17	钨丝灯	GB 7000.6—2008　灯具　第 2-6 部分:特殊要求　带内装式钨丝灯变压器或转换器的灯具
18	钨丝灯	GB 7000.19—2005　照相和电影用灯具(非专业用)安全要求
19	钨丝灯、单端荧光灯	GB 7000.4—2007　灯具　第 2-10 部分:特殊要求　儿童用可移式灯具
20	管形荧光灯	GB 7000.219—2008　灯具　第 2-9 部分:特殊要求　通风式灯具
21	白炽灯	GB 7000.225—2008　灯具　第 2-20 部分:特殊要求　灯串
22	钨丝灯	GB 7000.18—2003　钨丝灯用特低电压照明系统安全要求
23	管形荧光灯和 LED	GB 24461—2009　洁净室用灯具技术要求

2. 性能标准

以下 5 项灯具性能国家标准(表 1-22)均为我国自主制定,均适用于 LED 光源的灯具。

表 1-22　已经发布或报批的灯具性能标准

序号	适用光源	标准编号与标准名称
1	钨丝灯、荧光灯	GB/T 9473—2017　读写作业台灯性能要求
2	气体放电灯及 LED	GB/T 24827—2015　道路与街路照明灯具性能要求
3	钨丝灯、LED	GB/T 7256—2015　民用机场灯具一般要求
4	LED	GB/T 29294—2012　LED 筒灯性能要求
5	LED	GB/T 30413—2013　嵌入式 LED 灯具性能要求

3. 方法标准

以下 3 项灯具测量方法国家标准(表 1-23)均适用于 LED 灯具。

表 1-23　已经发布的灯具试验方法标准

序号	适用光源	标准编号与标准名称
1	无限制	GB/T 9468—2008　灯具分布光度测量的一般要求
2		GB/T 7002—2008　投光照明灯具光度测度
3	LED	GB/T 29293—2012　LED 筒灯性能测量方法

第二章 视觉特性

第一节 眼睛的视觉机构与视觉阈

一、视觉机构与视觉过程

眼睛是光的接收器,其构造如图 2-1 所示。它像一个小型照相机,当受到足够的光线刺激时,人们便看到了外界事物。

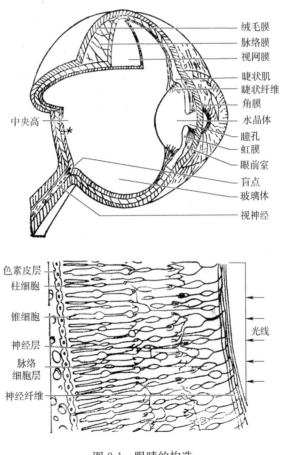

图 2-1 眼睛的构造

光线进入眼睛后达到视网膜上。视网膜的构造类似大脑皮层,其厚度不超过 0.4 mm。视网膜是眼睛的光程末端,也是神经的开始,视神经系统终止于大脑调节视觉部分的视皮层。视网膜约占眼球内面的三分之二,视网膜上有两种类型的感光细胞,按其形状分别称为锥细胞和柱细胞。整个视网膜上约有 1.3 亿个这种细胞,而锥细胞约有 700 万个。这两种细胞组成感光层,感光层上带有色素上皮层,色素皮层本身带有暗色素,即是视紫质。视紫质充满了感光细胞的空间,吸收落在视网膜上的光子。因此,它可以防止高亮度照射时引起锥细胞和柱细胞的过分刺激。

视网膜上的感光细胞分布是不均匀的。在视网膜中心锥细胞的密度最大处形成一个椭圆形区称为黄斑,它稍稍靠近颞侧处。在黄斑中心部位的视网膜最薄,形成一个直径为 0.4 mm 的凹窝,约为 1.3°,称为中央窝。这是由于视网膜各层厚度急剧变薄而形成的,这里充满了特殊形状的锥细胞,感光细胞的表面密度达到了 15 万个/mm²。锥细胞有最小的长度和最大的直径,它离中心窝越远,锥细胞密度越小,在离中心 0.5°~1°的地方,开始出现柱细胞。在整个与视轴成 2.5°的区域内,出现柱细胞密度增加、锥细胞密度减少的趋势,这个部位确定了中心窝处的边缘。在大约离视中心 20°的地方,柱细胞密度增至最大,约为 16 万个/mm²,锥细胞的密度则减到最少,约为 0.5 万个/mm²,如图 2-2 所示。

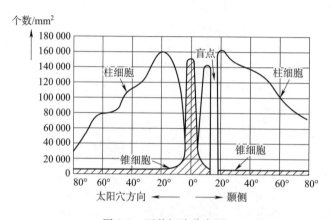

图 2-2 两种细胞分布图

感光细胞与大脑皮层的神经纤维连接。神经纤维是由 7×10^5~8×10^5 个独立的神经束组成,向颞侧集中。在离视中心 15°的地方与视乳头相连。在视网膜的视神经入口处,没有感光细胞,这个区域不感光,因此叫盲点。盲点的大小,在水平方向约为 6°,垂直方向约为 8°。视网膜有三个神经单元,它们在每个单元间的神经突触处会合。神经突触处保证了光信号由感光细胞到大脑皮层的单向传导,也保证了神经纤维刺激状态的积累作用。在神经突触处向大脑皮层传播的脉冲电流使人们产生视觉,即视觉系统(Vision System)。科学发展到 2002 年,美国布朗大学 David Berson 教授发现了一种新的感光细胞。它是视网膜上的神经结细胞,与锥细胞和柱细胞相似。这种视网膜神经结细胞对不同波长的光有不同的感光灵敏度,它的光谱灵敏度曲线峰值波长是 460 nm 的蓝光附近,但是,它与前两种感光细胞不同。这第三种感光细胞,与视觉并无关系,它不是连接到大脑皮层,而是直接连接到下丘脑的松果体,亦即人体的生物钟,从而影响到人的生物功能,这就是司晨视觉系统,它的发现被列为当年的十大发现之一,因此眼睛接收到的光就有两个通道,即视觉成像系统和视觉非成像系统(司晨视觉系统)。

在视觉过程中,还有视网膜电位、视神经放电过程、光化学作用及立体感形成过程等,详细研究这些过程对定量地测量视觉现象和视疲劳等都很重要。据一些眼科学工作者反映,对观察者的视见过程和结果不能客观地掌握,将有碍于对视觉问题的深入研究和发展,甚至于有时由于只听观察者的主诉而人为造成一些错误的判断。所以,从发展角度来说,必将要求而且能够对视见过程和视见结果进行客观的测量。当然,有些问题的深入研究不是照明科技工作者的任务。但是,作为照明科技工作者,对于视觉与照明的关系应该有所了解并应深入研究,应能正确地利用视觉的客观测量和评价,客观和正确的判断照明的数量和质量的视觉效果,也是著作这本《视觉与照明》的目的。图 2-3 所示为照明和睡眠与健康的大脑仿真。

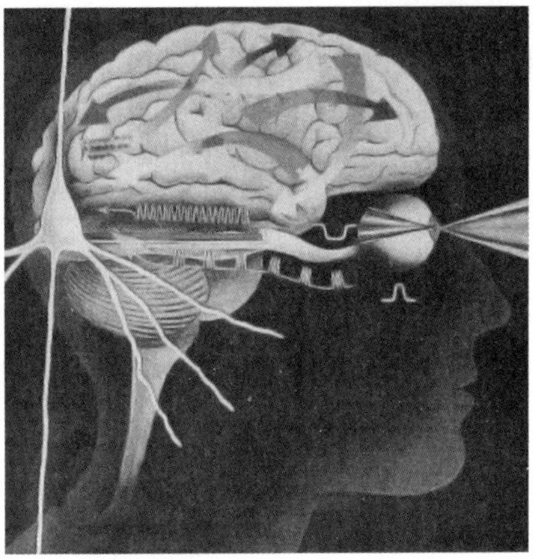

图 2-3 照明和睡眠与健康的大脑仿真

二、光的视感觉和视觉偏移规律

前面已经提过,对不同波长的光,眼睛的灵敏度是不同的。而且,眼睛所适应的亮度 B(Brightness,主观亮度)不同时光谱灵敏度也不同。前面只提到明视觉和暗视觉,其实,在明视觉到暗视觉过程中,还有中间视觉。视觉之间眼睛的光谱灵敏度是逐渐变化的。当适应亮度不同时,眼睛分光灵敏度特性的相对光谱灵敏度曲线是不同的。当适应亮度逐渐由明到暗时,光谱灵敏度曲线逐渐移向短波方向,如图 2-4 所示,这种现象称为视觉偏移规律或普尔金效应。

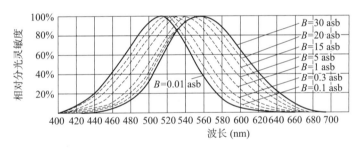

图 2-4 视觉偏移规律

产生上述现象是因柱细胞和锥细胞对各种波长的单色光亮度接收的灵敏度不同所致,即对不同色光而言,两种感光细胞要获得相同的视觉水平(例如阈值)需要接收的光子数不同,而在不同的亮度下,是由两种细胞起作用的数目比例不同所致,见表 2-1。有人将此称为光接收器官的二重性理论,这种理论认为锥细胞是明适应条件下的接收器,它对光和色都有反应;柱细胞是暗适应条件的光接收器,它主要对光的数量起作用。

为了对上述观点加以说明,现对感光器官的作用过程作一简单描述。感光细胞中有视紫质,它在光的作用下分解成视黄醛和蛋白质的离子,当视网膜与色素皮层接触时,这种分解作用就开始复原,而复原是在暗的条件下进行的。视网膜上照度越大,视紫质的分解就越多,但复原的速度则随照度的提高而下降,因此没有分解的视紫质的数目随照度增加而减小。当视场亮度大于 1 msb(毫熙提)时,落在网膜上的照度使柱细胞的分解作用完全停止,而全由锥细胞进行工作。

克里斯通过实验得出在各种亮度下两种光感细胞作用的比例,见表 2-1。

表 2-1 柱细胞和锥细胞的工作区域

表面亮度(msb)	1.0	0.48	0.16	0.032	9.5×10^{-3}	3.2×10^{-4}
柱细胞部分	18%	27%	38%	60%	82%	92%
锥细胞部分	82%	73%	62%	40%	18%	8%

克里斯指出,在离视中心 8°以外的区域,这种数值没有多大变化,当接近视中心时锥细胞部分就明显地提高。克里斯还指出,当亮度等于或大于 1 msb 时几乎完全停止,当亮度由 $3\times10^{-4}\sim1$ msb 时两种细胞共同起作用。

在照明技术中,常把锥细胞叫作明视觉器官,把柱细胞叫作暗视觉器官,把亮度也相应地分成明视觉范围和暗视觉范围。把亮度由 $3\times10^{-4}\sim1$ msb 之间的范围称为中间视觉(有人称为黄昏视觉)范围。明视觉和暗视觉相对光谱灵敏的峰值分别为 $\lambda_{明}$ 为 555 nm 和 $\lambda_{暗}$ 为 508 nm,就是因为锥细胞和柱细胞吸收不同波长的光时,所引起的两种细胞内感光物质的最大分解机率不同所致。在中间视觉中,光谱灵敏度的峰值随亮度的变化,正是反映了不同亮度下两种细胞作用比例的变化。

三、中间视觉的国际最新进展

中间视觉、明视觉和暗视觉的光谱光视效率函数曲线如图 2-5(a)所示。这是继第一章图 1-2 光视效率函数的发展。图中给出了中间视觉、明视觉和暗视觉光视效率的关系,三者的亮度范围、光通量和最大光谱光效能见表 2-2。

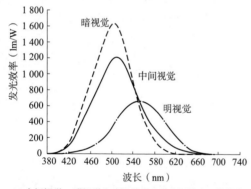
(a) 中间视觉、明视觉和暗视觉的光谱光视效率函数曲线

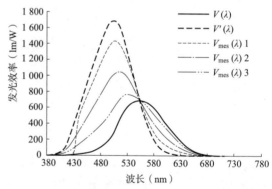
(b) CIE 21世纪新的中间视觉光谱视见函数曲线

图 2-5 中间视觉

表 2-2 中间视觉、明视觉和暗视觉的亮度范围、光通量和最大光谱光效能

项 目	亮度范围	光 通 量	最大光谱光效能
明视觉	>3 cd/m²	$F=K_m\int_0^\infty V(\lambda)F_e(\lambda)d\lambda$	$K_m=683$ lm/W
中间视觉	$0.001\sim3$ cd/m²	$F=K_{mm}\int_0^\infty V_m(\lambda)F_e(\lambda)d\lambda$	$K_{mm}(L_b)=935.25-254.25\lg L_b$ L_b 为人眼适应水平
暗视觉	<0.001 cd/m²	$F=K'_m\int_0^\infty V'(\lambda)F_e(\lambda)d\lambda$	$K'_m=1\,700$ lm/W

锥细胞吸收波长 λ 为 555 nm 的光时,能以最小的光子数量引起最大的感光物质的分解,所以这一波长的发光效率为明视觉最大发光效率,其他波长的发光效率都小于这数值。柱细胞则对于波长 λ 为 508 nm 的光最敏感,其他波长的光,对柱细胞的发光效率均小于这种情况下的数值。

普尔金效应可以用来解释在明适应下看起来亮度相同的两种颜色,当在暗适应条件时,比较起来红橙色有些发暗,而蓝绿色反而有些变亮的现象。

对于一个固定光谱成分的光,在不同适应亮度条件下,其感觉亮度与实际亮度不同,或者在同一亮度条件下,不同光谱成分的光,其亮度感觉也不同,即客观的(计量)亮度与感觉到的亮度之间是有差异的。为此,有人引进一个"主观亮度"的概念,并提出了主观亮度和客观亮度之间关系的实验方法和计算公式。关于这方面的研究工作,一些学者正在进行中。有朝一日,这方面的研究可能会使照明测量技术产生很大的变革。

此外,视觉非成像系统(司晨视觉系统)与照明更有着密切的关系。视觉非成像系统对照明工程的要求更高,因为照明还可以直接影响到人们的心理感觉,形成气氛照明。气氛照明属于大脑仿真图的照明质量范畴。

国际照明委员会(CIE)对明视觉和暗视觉的光谱光视效率都有明确的规定,但对中间视觉下的光谱光视效率仍在进一步研究之中。中间视觉下,光视效率曲线向短波方向移动。由于 LED 光谱在短波部分的功率分布较大,因此,基于明视觉条件下的 LED 光度量可能会被低估。这一说法还有待于今后学者的深入研究。图 2-6 是 LED 等光源的光谱分布在短波部分与视见函数的比较。

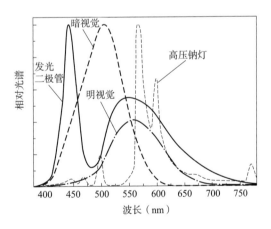

图 2-6 光谱分布在短波部分与视见函数的比较

进入 21 世纪初,国际照明委员会(CIE)有了新的进展,中间视觉范围内的视觉功效的研究有了新的结果,如图 2-5(b)所示。在中间视觉区域,人们眼睛的视觉系统光谱灵敏度不是一成不变的,而是随着亮度的变化而改变。这是由视网膜上起作用的杆状细胞和锥状细胞的数量变化而引起的。故只根据一个中间视觉光谱灵敏度函数是不够的,而是需要一系列的函数,以及在光度测量中使用该系列函数的详细说明。新的中间视觉系统中所描述的光谱灵敏度函数 $V_{mes}(\lambda)1$、$V_{mes}(\lambda)2$、$V_{mes}(\lambda)3$,是明视觉系统光谱灵敏度函数 $V(\lambda)$ 和暗视觉系统光谱灵敏度函数 $V'(\lambda)$ 的线性组合。应用中间视觉光度学时,需要背景亮度和从光源光谱数据中

得出的 S/P 值作为输入量，S/P 值是暗视觉系统光输出量与明视觉系统光输出量的比值。光源的 S/P 值越高，在中间视觉设计中的光效就越高。

利用中间视觉系统进行度量时，将改变灯的光度输出，进而改变灯的光效等级。目前，多数应用于道路照明的"白光"光源的 S/P 值约在 0.65（如高压钠灯）～2.5（如一些金卤灯）之间，暖白光 LED 的 S/P 值约为 1.15，冷白光的 S/P 值约为 2.15。在不同的环境亮度下，使用新的中间视觉系统计算这些白光光源时，其视在光效会发生明显的变化。例如，明视觉亮度为 1 cd/m^2 时，S/P 值在 0.5～2.5 之间的灯使用推荐的中间视觉光度系统的变化量在 5%～15% 之间，而在明视觉亮度为 0.3 cd/m^2 时的变化量在 −10%～+30% 之间。

随着 LED 产业的迅速发展，LED 已经大量进入照明市场。特别是通过 LED 可以制造出各种各样的光谱特性光源，为多元化的中间视觉应用提供了新的解决方案。同时，由于 CIE 中间视觉光度学系统的到来，也为 LED 制造商提供了理论依据，能开发出低亮度照明工程中应用的 LED 新产品，丰富了市场中 LED 的品种。中间视觉光度学依赖于高 S/P 值的 LED 白光源，用中间视觉设计照明工程，还能获得很好的显色性，有望为白光 LED 应用到室外照明领域进一步打好市场基础。

四、光子理论的新旧观点

光是什么？光有波动和微粒二重性，在第一章第一节已经提到了。光是物理学中最重要的内容之一，它有许多现象，例如在光的波动学说中，有光的干涉现象以及衍射现象；在光的微粒学说中，光子有动量、能量，光是物质。符合几何光学的三大定律，有光的透射、反射和折射现象等，都是众所周知的现象。但是，还有一个重要的现象却少有人看见，即偏振现象。因为在第七章要用到，故在本节提一下。

有时用光子的概念（光的微粒性）来解释一些视觉现象，比用波动学说来解释可能更容易理解。

为什么眼睛的相对光谱灵敏度的峰值在波长为 555 nm 处呢？光的本质有两种学说，一是光的"波动学说"，二是光的"微粒学说"。这可根据瓦维洛夫《光的微观结构》一书中用视觉方法的微粒学说研究光的粒子起伏得到的实验结果来证实，如图 2-7 所示。由图 2-7 可知，在视觉阈限情况下，视网膜上光子平均数 $\bar{n}_0$ 在波长为 500～600 nm 处，光子数量最少。这正是第一章介绍的光谱光视效率曲线的峰值所在的位置。而在其他光谱波段，则必须有更多的光子数才能引起视觉感觉。

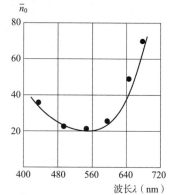

图 2-7　平均光子数与波长的关系
（Вавилов，1950）

Hecht 氏等测量过眼睛有光感觉时（暗视觉）所需的最少能量，推断出在波长为 510 nm 时光子数为 54～148 个，考虑到角膜、晶状体的吸收和散射以及视网膜的吸收等，能使视网膜引起兴奋的最少光子数约为 5～14 个。

关于光子的认识，直到 2016 年科学家们又有了新的发现。下面节录至此，示给读者。怎能说今后不会有青年学者会用光子学、量子学或密码学的新理论来解释人眼睛接收光子后的视觉现象。爱尔兰科学家近期的研究发现了光子的奇异性质，他认为这种奇异特性可能正在颠覆量子力学的基础。但到目前为止,关于其深层意义方面仍然在进行研究。如图2-8所示。

新浪科技讯2016年6月2日消息,据国外媒体报道,光的一种奇异现象可能正在颠覆量子力学的基础。光子是构成光的粒子,它们构成了一个基于光的莫比乌斯环,其中表现出的动量特征是此前科学家认为不可能出现的。这项发现可能会动摇量子力学的一些基本假设,后者是描述亚原子粒子世界的经典理论。

这项研究的合作者之一,爱尔兰都柏林圣三一学院的物理学家保罗·埃萨姆(Paul Eastham)指出:"这是光的一种基本性质,我们证明了其和人们此前设想的不太一样。"

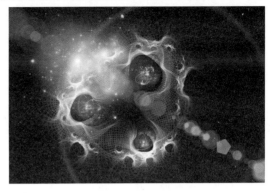

图2-8 爱尔兰科学家研究的光子图

"空心"的光

这项研究的最早渊源还要追溯到200多年前,当时的爱尔兰物理学家和天文学家威廉·汉密尔顿(William Hamilton)和他的合作者汉弗莱·劳埃德(Humphrey Lloyd)预言,具备某种特定内部原子结构的晶体将能够产生中空的"光管路",前提条件是入射光线照射到晶体表面的角度合适。

为了向这一200多年前的伟大发现致敬,埃萨姆与合作者决定深入探查这一现象背后的理论基础。首先他想到的是,这样一种中空形态的光线对于光子的角动量究竟意味着什么。随着在数学运算方面的深入进行,他突然意识到一些奇怪的事情:在这一中空光线中的光子将具备的角动量约为1.5倍的普朗克常数,后者是描述能量与波长之间关系的基本物理学常数。

但这样的情况是令人难以相信的,因为量子力学原理限定了光子的角动量必须是普朗克常数的整数倍,比如2倍,-3倍等,而不能出现0.5倍这样的情况。

自旋为半的光子

为了检验他们计算结果是否的确在现实中存在,他们决定对这一理论进行实验验证。他们将一束激光以精确的特定角度射向一块晶体,随后使用一种被称作干涉仪的光学部件对这束激光进行分束,并按照其自旋特征进行分离。

非常明确的实验结果就是,在测量时,这些光子的角动量值分别显示约为1.5倍普朗克常数和-1.5倍普朗克常数。研究组已经将相关研究结果发表在4月29日出版的在线版《科学进展》杂志上。

这项研究的另外一位合作者,同样来自爱尔兰都柏林圣三一学院的物理学家凯勒·巴兰汀(Kyle Ballantine)表示,这项发现非常有趣,因为其暗示光子的行为可能与我们此前对其作出的预测不符合。他说:"所有粒子都可以被分为两大类,第一类叫玻色子,其中就包括光子,这类粒子的特点是它们都有整数角动量(自旋量子数是整数),另一类粒子叫费米子,比如电子,这类粒子的自旋量子数就不是整数。这样的区别非常重要,因为这会导致非常不同的量子行为。而我们此次研究的结果显示,我们能够创造出一束光子流,其行为类似费米子,这两者是完全不同的。"

不过,这项研究也并不会就此削弱普朗克常数的重要性,或是颠覆整个亚原子物理学大厦的根基。埃萨姆表示:"我们并未打破量子力学。"

当然,不管如何,这项研究得到的结果仍然非常新颖,它深层的意义目前仍然不甚明确。但其中一项至少是明确的:这项发现将对量子计算和密码学研究产生影响,这两个领域的研究都是基于亚原子粒子的相关性质,而关于这一方面,我们可能需要修正一些原先的观点。

五、绝对光阈与绝对灵敏度

在视觉研究中,把背景亮度 $B_b \approx 0$ 时眼睛所能识别的临界亮度叫作视觉的绝对光阈。实验证明,当所识别的目标的视角增大时,这个临界亮度值就下降,当视角 $\geq 50°$ 时才不再下降。所以通常把 $\alpha = 50°$ 时的临界亮度叫作视觉的绝对光阈,或绝对阈限,视觉绝对阈限的倒数叫作视觉的绝对灵敏度。绝对阈限越小,绝对灵敏度就越大。

许多研究者从实验获得了这种临界亮度与视角的关系曲线 $B_{临} = f(\alpha)$,如图 2-9 所示。对于连续光谱的白光,绝对光阈约为 10^{-6} cd/m²。Moon 和 Spencer 还给出了他们的关系曲线的经验公式

$$B_{临\omega} = B_{50}(0.047 + \bar{\omega})^2 \tag{2-1}$$

式中　$B_{临\omega}$——具有 ω 立体角的圆亮盘的临界亮度;

B_{50}——视觉绝对光阈,在数值上等于 $\omega \geq 50°$ 时的临界亮度。

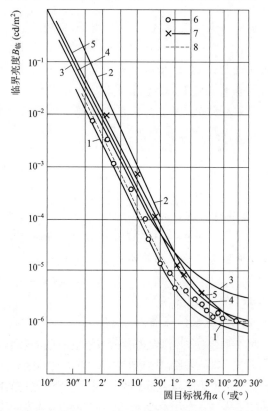

图 2-9　临界亮度与视角的关系(Мещков,1960)

1—阿氏,1935～1939;2—格氏,1919;3—鲍氏,1939;4—沙氏,1946;5—巴氏,1940～1942;
6—瓦氏,1946;7—里氏;8—Moon 和 Spencer 方程式计算曲线

临界亮度与光的颜色（或光谱成分）也有关系，如图 2-10 所示。在相同视角下，对青蓝光的临界亮度值低，而对红、黄光的临界亮度值就较高。这是因为在暗视觉时，柱细胞的光谱灵敏度向短波方向偏移的缘故。

六、临界亮度对比度与对比灵敏度

日常观察物体时，通常背景不会是绝对黑暗的，总会有一定亮度。

若被观察的物体的亮度为 B_t，而其背景亮度为 B_b，当它们之间的亮度差 $\Delta B_临 = B_t - B_b$ 是刚刚可见时，称为临界亮度差。临界亮度差与背景亮度的关系如图 2-11 所示。

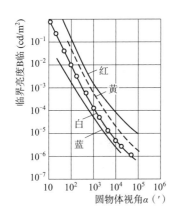

图 2-10　颜色对临界亮度的影响
（Мещков，1960）

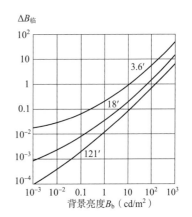

图 2-11　临界亮度差与背景亮度的关系
（Мещков，1960）

若物体与其背景之间的亮度差为 $\Delta B \geqslant B_临$，这个物体就能被发现，亮度差越大，越容易看见。

物体与其背景之间的亮度差 ΔB 与背景亮度 B_b 之比，称为亮度对比度，用 C 表示

$$C = \frac{B_t - B_b}{B_b} = \frac{\Delta B}{B_b} \tag{2-2}$$

物体与其背景之间的临界亮度差 $\Delta B_临$，与背景亮度 B_b 之比称为临界亮度对比度，简称临界对比度，其倒数称为对比灵敏度。

从公式(2-2)知，若物体比背景亮则对比度 $C>0$，为正对比，可用 $0\sim\infty$ 的数值表示（因对比度等于 ∞ 是无意义的，所以只要不用 ∞ 这一点就是合理的）；若背景比物体亮，即 $B_b>B_t$，则为负对比，实用上常取绝对值，用 $0\sim 1$ 之间的数值来表示。

关于对比度的概念是较混乱的，各种资料中常出现不同的概念，并按其自己的方式进行解释，在 CIE 技术词典中就给出了三种表达公式。但在近年来的研究工作中，如 Blackwell 和 Мещков 等人以至于 CIE 第 19 号出版物中，均逐渐统一采用公式(2-2)。

这里再强调一下，一个物体要能够被看见一定要满足：$\Delta B \geqslant B_临$ 或 $\Delta C \geqslant C_临$ 的条件。但是临界亮度差或临界对比度不是固定不变的，它与一定的观察条件，特别是与物体的视角和背景亮度的大小有关。Мещков 曾经实验总结出如下的经验公式

$$\Delta B_临 = \frac{B_b^a}{b} \tag{2-3}$$

$$C_{临} = \frac{1}{bB_b^{(1-a)}} \tag{2-4}$$

式中　B_b——背景亮度；

　　　a,b——与视角、背景亮度及对比度等有关的参数。

七、视网膜周围生理抑制效应

前面提到的临界对比度或对比灵敏度指的是目标及其相邻的对比。如果目标是 $1'$ 或者 $4'$ 视角的视标，则指的是与大于 $1'$ 或大于 $4'$ 的背景之间所形成的对比度。但是，如果被视目标是一个较大的圆盘，这个圆盘的视角就要用几度（$60'$）或几十度（$600'$）来表示，如果将这一被观察的圆盘分别置于较亮的背景上和较暗的背景上，那么它们的视觉效果就不相同了。

现在我们观察以下这样一个实验事实：

在一个被注视的试验圆盘周围放置一个环形的可以调节亮度的诱导视野，另外用一个同样大小和同样亮度的被注视的比较圆盘，其周围放置一个较暗的背景。试验圆盘和比较圆盘可以改变各种亮度，当两个圆盘都固定为某一亮度值时，改变诱导视野的亮度。将比较圆盘周围的背景从黑暗条件下逐渐增加亮度，直至与圆盘亮度相同时为止。当诱导视野的亮度逐渐增加时，开始看见那个比较圆盘的亮度也存在些微小的增加。但是，当试验圆盘的诱导视野的亮度与试验圆盘的亮度相同时，则观察者就感觉到试验圆盘的亮度在急剧变小，实验结果如图 2-12 所示。这一实验可以得出如下的结论：圆盘周围的亮度较高时与圆盘周围亮度较低时相比，眼睛感觉到前者比后者暗，这一现象被称为视网膜周围的生理抑制效应，在室内照明设计时应当给予注意。

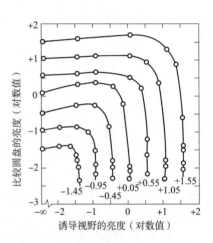

图 2-12　视网膜周围生理抑制效应
（Heinemann,1955）

第二节　视角、视力和照度

一、视角、视力与视力的限度

在视场中发现物体是简单的视觉过程。但是，如果不仅要发现物体，还要仔细地辨认物体的形状和细节，以及它们之间的比例关系，这就较为复杂了。

眼睛辨认物体的能力，可用视角 α 或视角的倒数（视力）来表示。

视力（V_A）由视角表示成

$$V_A = 1/\alpha_{临} \tag{2-5}$$

式中　$\alpha_{临}$——临界视角，是眼睛能辨别的最小视角，因人而异。

视力表示了视觉系统分辨细小物体的能力。国际眼科学会于 1909 年采用白底黑郎道尔环为标准视标。环的外径为 7.5 mm，以外径的 1/5 作为环宽度，环上有一与宽度相同的开口。在观察距离为 5 m 时视角为 $1'$，若在这种情况下能看清开口的方向，则视力为 1.0（图 2-1）。若能识别 $0.5'$ 时视力为 2.0。

视角与视距有关。当视距变小时,视角增大,在视网膜上被感光的细胞就增多。因此,物体越近越容易辨认。视角可用下式表示

$$\alpha = \frac{180 \times 60}{\pi R} l \quad (') \tag{2-6}$$

式中　　R——观察距离(mm);
　　　　l——物体尺寸(mm)。

通常读书、写字的视距约为 1/3 m,这时视角与物体尺寸在数值上近似有 $\alpha=10l$ 的关系,即 0.1 mm 的识别尺寸,视角为 $\alpha \approx 0.1 \times 10 = 1'$。

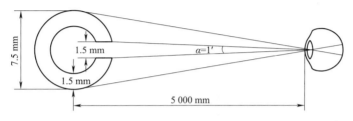

图 2-13　视力为 1.0 时的条件

眼睛的最大视力是在视网膜的中央窝处。随物像离开中央窝的距离越远,视力越急剧下降,在离中央窝大约视轴成为 20°的地方,只能识别 10′视角的目标,因此视力最大值只有 0.1。

眼睛能识别的最小尺寸决定于视网膜的构造。如果要辨认的两点在视网膜上成像后,只引起视网膜上的一个细胞感光,那么眼睛就分辨不出它的形状来,以至于将该物看成一个点。当然此两点之间的其他细节就更无法辨认了。如果要把两点分辨清楚,则它们在视网膜上的像必须分别落在两个细胞上,并且它们之间至少要有一个不受(或很少受)到光刺激的细胞将之分隔开来。有资料指出,锥细胞的直径为 0.004 mm,这就限定了能辨认的两点在网膜上成像距离,从而也就限定了物体的最小可辨认尺寸。

在有关视觉研究资料中通常记载的最小视角为 1′,个别有出现 0.5′的。当然,物体的形状与照明条件不同,能观察的最小视角也有所变化。例如,在良好照明条件下两根平行相对放置的细针,其分开缝隙角只要有 10″(即 $\frac{1}{6}$′),眼睛就能分辨出来,若视距为 100 mm,则此缝隙只有 0.005 mm。

我国电子、仪表等工业系统中,有许多工件的细节尺寸极小,接近上述的数值。只有年轻的、视力好的工人,可以调节眼睛的近点为 100 mm 左右,才勉强可以看见。但是若长时间的坚持这种视觉作业是极费力的,若照明不好,就更会影响视力健康。

我国年轻人视力较好,但为保护视力,应该从卫生的角度提出一个最小的视角。小于这个极限角的工作,应该借助光学仪器或改进工序流程,不能要求人们长期、勉强的坚持这种视觉作业。最小视角的提出要靠各有关学科,特别是生理学及卫生学工作者的共同研究决定。

二、视角、视力与照度的关系

在制定照度标准中,用视角进行视觉工作分等。在研究制定照度标准的方法中,也有的根据视力和相对视力规定照度标准。因此,进一步研究视角与照度的关系,或视力与照度的关系很有必要。实验得到视角与照度的关系曲线,如图 2-14 和图 2-15 所示。把图 2-14 和图 2-15

换算成视力与亮度的关系曲线,如图 2-16 和图 2-17 所示。图 2-15 是我国成年人组(18～30岁,20 人)的实验结果,其中有大对比度和小对比度两种视标。图 2-14 是我国少儿组(9 岁,20人)只有大对比度的实验结果。图中的 ρ 表示背景的反射率。

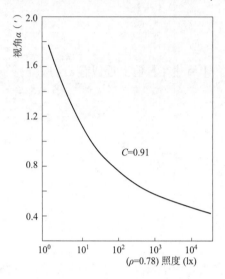
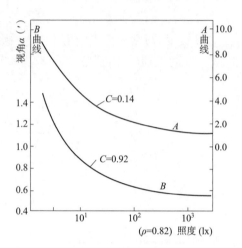

图 2-14　我国少儿视角与照度的关系(1984)　　图 2-15　我国成年人视角与照度的关系(1974)

从图 2-16 中可知,我们得到的大对比度($C=0.92$)的实验结果与其他六位学者的大对比度($C=0.96$)的曲线是很一致的。从图 2-17 中可知,我们得到的小对比度($C=0.14$)的实验结果与伊藤、中根等人的小对比度曲线($C=0.20$)是很一致的。上述两个图中都用 Moon、Spencer 的计算曲线来比较,所以该两图的结果也是一致的。

从图 2-16 与图 2-17 可知,视力随着背景亮度的增加而增加。当背景亮度在 $0.1\sim100\ \text{cd/m}^2$ 范围内时,视力随背景亮度的对数值成正比例增加。

关于视力与背景亮度的关系,Le Grand. J 以及 Moon、Spencer 还给出了经验计算公式。

Le Grand. J 的公式用 V_A 表示视力

$$V_A = \alpha + 0.49 \lg B_b \tag{2-7}$$

式中　α——与物体形状有关的常数,对于郎道尔环 $\alpha=1.1$;

B_b——背景亮度。

Moon、Spencer 公式为

$$V_A = V_{A\cdot\max} \cdot B_b(0.28 + \sqrt[3]{B_b})^{-3} \tag{2-8}$$

式中　$V_{A\cdot\max}$——所观察结果的最大视力值。

公式(2-7)和(2-8)的计算值如图 2-16 与图 2-17 所示,从图可知计算值与实验值在 $0.1\sim10^3\ \text{cd/m}^2$ 时是很一致的。

当对比度不同时,对视力有很大的影响。在图 2-17 中给出了我们实验得到的对比度为 0.92 和 0.14 的两种实验结果,同时也给出了伊藤、中根的对比度在 $0.01\sim0.9$ 范围内七种对比度的实验曲线,以供比较。当背景亮度相同时,由于对比度的不同,视力也大大地受到影响。在图 2-18 中还给出了 Раутин 的临界对比度与视力的关系,从该图可知只有临界对比度 $C_\text{临} \geqslant 0.15$ 时,视力和临界对比度的线性关系才成立。当印刷视力表或研究观察浅对比度的目标时，必须注意到这些问题。

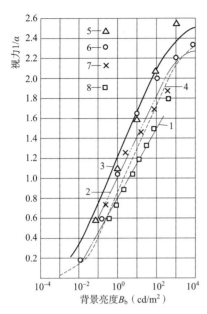

图 2-16 视力与背景亮度的关系（大对比度）
1—Koδδ—Mocc(1928)；2—Le Grand.J 实验(1929—1932)；
3—H. Siedentopf(1941)；4—Ikeda，Noda(日本)(1980)；
5—Le Grand.J 公式计算；6—Moon、Spencer 公式计算；
7—我国(1979，青年)；8—我国(1984，儿童)

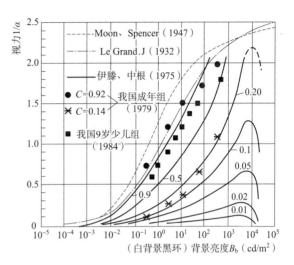

图 2-17 视力与背景亮度的关系
（大对比度和小对比度）

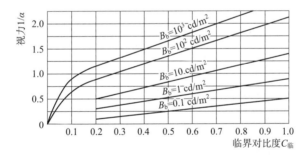

图 2-18 视力与临界对比度的关系（Г. Н. Раугин，1936）

从图 2-14～图 2-18 可以看到成年人和儿童的视力实验结果是有差异的。在相同的观察条件下，正在发育的儿童，其视力低于成年人的视力。

在图 2-19～图 2-22 中给出了日本学者大江谦一、中根芳一和伊藤克三的研究结果。从图中可以看出，随着年龄的增长，人的视力也在不断地提高。在幼儿园内，5 岁组视力高于 3 岁组的。在学校，14 岁至 19 岁的中学生和大学生视力最好。成年人的视力则是 20 岁至 29 岁年龄组视力最好。以后，随着年龄的增加视力则逐渐下降。中根芳一和伊藤克三的研究结果认为 12 岁至 19 岁的视力最佳。

从上述这些实验研究结果可以了解到人眼睛视力的规律。关于这些规律，对不同民族和不同国度的影响尚显示不出来。

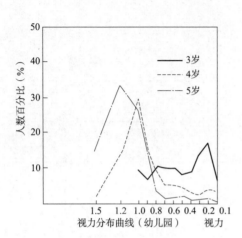

图 2-19　幼儿视力分布曲线(大江谦一,1963)

3～4 岁统计 160 名;4～5 岁统计 649 名;

5～6 岁统计 1 039 名

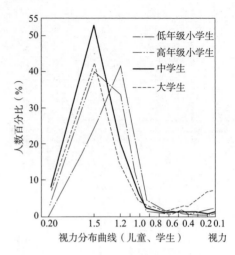

图 2-20　学生视力分布曲线(大江谦一,1963)

小学低年级统计 2 234 眼(6～8 岁);

小学高年级统计 2 810 眼(9～11 岁);

中学生统计 5 029 眼(12～14 岁);

大学生统计 4 550 眼(15～19 岁)

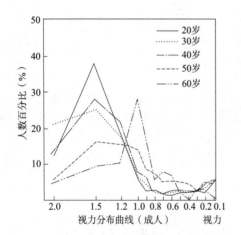

图 2-21　成年人视力分布曲线(大江谦一,1963)

20～29 岁职员 1 296 眼;30～39 岁职员 1 798 眼;

40～49 岁职员 700 眼;50～59 岁职员 364 眼;

60 岁以上职员 84 眼

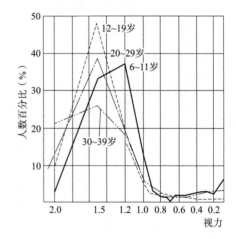

图 2-22　不同年龄组视力变化比较

(中根芳一、伊藤克三,1965)

三、检查视力的照度标准值

视力与照度的对数值成正比例地变化,因此,在检查视力时应该有照度标准值。否则,因为在不同场所检查视力的结果不同,往往引起被检查者与检查者的矛盾,给工作带来麻烦。此项工作在 20 世纪 60 年代就引起一些国家和学者的重视,纷纷提出一定的照度面发光度或亮度标准值,见表 2-3。当然,这些标准值与其本国的建筑照明设计标准值有关,也与本国的经济水平和照明技术水平有关。从表 2-3 中可知,日本曾经例行用过 100～300 lx 的照度,而英国和美国则认为采用 1 250 lx 左右为宜,其他的均在此照度范围之间。

表 2-3　检查视力照度标准值比较表

著　者	提出的范围	相对应的照度(lx)
日本例行	(200±100) lx	100~300
大塚、直江	300~500 lx	300~500
大岛	500 lx~500 rlx	500~625(ρ=0.8 时)
桑原	白炽灯 500 lx	500
	荧光灯 850 lx	850
益田	1 000 lx	1 000
Sloan Lippmann(美)	120~180 rlx	150~225(ρ=0.8 时)
Ten Doesschate	200 lx	200
Emilenko	700 lx	700
Duke Elder(英)	20 fc 以上	215 以上
	100 fc 较好	1 076 较好
Busch Polatest	1 000 asb	1 250(ρ=0.8 时)

注：1 fc＝10.76 lx。

我国人民卫生出版社出版的标准视力表，从 1951 年的第一版第一次印刷到 1980 年左右的视力表中，均没有对照度作过明确的规定。调查过几个大医院和体检站，多年来也没有统一规定，照明方式也各行其是。因此，在当时很有必要提出我国检查视力照明的照度标准值。在尚没有国标的情况下，宜采用 500~1 000 lx 为好。

四、照度标准值等级的划分

在制定照度标准时，必须首先对照度值进行统一的分级。有了统一的分级，才能使设计人员在设计时选取统一的照度标准值，当在特殊的情况下需提高一级时，才有统一的提高数量。

从视力与背景亮度(或照度)的关系图 2-14、图 2-15 中可以看到，在通常的照度范围内，视力与背景亮度(或照度)的对数值成正比例。这一规律也符合心理物理学的 Weber－Fishner 定律。

该定律属于人类工效学范畴，也可称呼人机工学、人间工学。主要是人类与物理条件之间关于人们的工作效率的定量问题。例如，一位被试者闭上眼睛，两只手各捧一斤重量的砂粒时，他说重量相同。主试者少量逐渐增加一只手上的砂粒，当被试者感觉到这边比那边重了时，主试者记下这边的重量。再在该处继续增加，继续记录。最后发现，每次感觉到的增量是按着数量的对数(或幂指数)的量级增加的。人们的眼睛对于光的感觉以及耳朵对于声音的感觉也是如此。

因此我们采用 La Grand. J 的视力计算公式。当背景亮度(或照度)的增加约为 1.5~2.0 倍时，视力的变化为均匀的变化。例如在照度值分别为 10 lx、20 lx、30 lx、50 lx、75 lx 和 100 lx 时，其对数值相应为 1.0、1.30、1.50、1.70、1.88 和 2.0。平均每一级的增量为 0.2。因此国家标准《建筑照明设计标准》(GB 50034—2013)的照度值等级为 0.5 lx、1 lx、2 lx、3 lx、5 lx、10 lx、15 lx、20 lx、30 lx、50 lx、75 lx、100 lx、150 lx、200 lx、300 lx、500 lx、750 lx、1 000 lx、

1 500 lx、2 000 lx、3 000 lx 和 5000 lx。这个理论划分的照度标准值，也指导着其他国家的照度标准值。

第三节　视觉的识别和适应

一、识别机率、识别时间和识别速度

识别机率是一种视觉生理阈限的量度，是正确识别的次数与识别总次数的比率。例如，在相同的识别条件下，呈现 10 次郎道尔环的标准视标时，正确识别的次数为 5，则这时的识别机率用 P 表示为

$$P=\frac{5}{10}=50\% \tag{2-9}$$

在确定视觉辨认的阈限时，一般采用 $P=50\%$，但有人采用 $P=70\%$（Шайкевич），也有采用 $P=99\%$（Blackwell），当然采用 $P=95\%$ 也是可以的。不管如何大家都不采用 $P=100\%$，这是因为在 $P=100\%$ 时可能包含着辨认的潜在能力，它无法用大于 100% 的量表示。采取 0 也不可取，可能会包含许多未知。所以识别机率取在大于 0 小于 100% 的任何数都是可以的，只是有一点点的系统误差而已。

上面提到了决定视觉过程的三个基本参数：对比度 C，视角 α 和背景亮度 B_b。若固定其中的一个量，就可通过实验做出另外两个量的关系曲线，图 2-23 是机率 $P=50\%$ 时的关系曲线。图中以 $P=50\%$ 为阈限，曲线上面的识别机率 $P>50\%$，下面的识别机率 $P<50\%$。

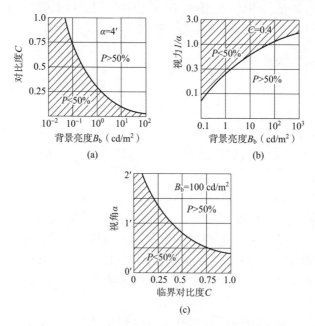

图 2-23　识别机率相同时任意两个视觉参数的关系
(a) α 一定时，对比度与背景亮度的关系；(b) C 一定时，视角与背景亮度的关系；(c) B_b 一定时，视角与对比度的关系

以上的关系曲线，是在不限定时间条件下的结果，是稳定的视觉过程。如果引进第四个视觉参数——识别时间 t，则成为非稳定的视觉过程。当然，如果给定的辨认时间足够长，则可

能与稳定的视觉过程一样,但若限定的辨认时间较短,要保证视觉效果就得提高其他识别条件,例如加大对比度或视角或提高背景亮度等,否则视觉辨认效果将下降,识别机率就要变小。

简单地说识别时间,就是将物体辨认清楚所需的最短时间,识别时间的倒数称为识别速度。图 2-24 和图 2-25 是 Blackwell 等得到的识别速度与对比度、视角和背景亮度的关系曲线。由图 2-24 看出,在保持视觉效果相同时,识别速度随背景亮度的增加而增加。图 2-25 则说明识别时间随对比的增加而减小,即识别速度随对比的增大而增大。同样可以看出,当其他条件相同时,视角越大,识别速度就越高。

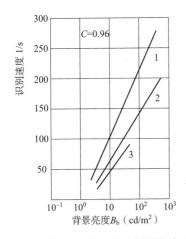
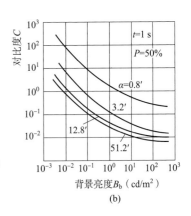

图 2-24 识别速度与背景亮度的关系
1—费里·蓝得(1928),$\alpha=1'$郎道尔环;
2—考比(1924),$\alpha=2.4'$圆盘;
3—考比(1924),$\alpha=1.8'$白背景上的两条黑条纹

图 2-25 识别时间对视觉的影响(Blackwell,1955)
(a)对比度与识别时间的关系;
(b)对比度与背景亮度的关系

上述视觉参数之间关系还可用一定照度下视力和识别时间的关系曲线表示,如图 2-26 所示。

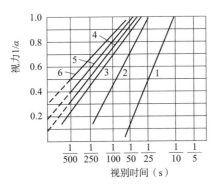

图 2-26 视力、照度和时间的关系
1—20 lx;2—75 lx;3—250 lx;4—350 lx;5—550 lx;6—1 000 lx

А.С.Шайкевич 于 1958 年由实验得出了对上述四个视角参量的关系解析图,如图 2-27 所示。该图是以识别机率 $P=0.7$ 的要求做出的。从该图看出,在照度 $E_b=300$ lx($B_b \approx 60$ cd/m²)条件下,识别一个视角 $\alpha=2'$ 的视标,若不限定时间,其临界对比度 C_0 可达 0.08,如果限定识别速度为 40(1/s)要保证有同样的识别机率($P=0.7$),则对比度必须为 0.3。

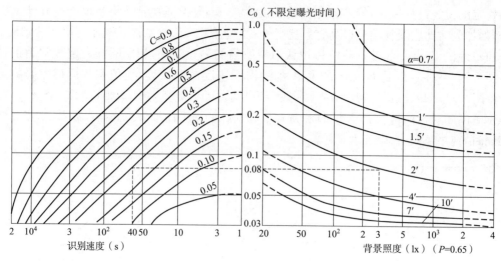

图 2-27　视角、对比度、亮度和识别速度解析图
(А. С. Шайкевич, 1958)

二、视野和视场与视觉适应

当观察者观察正前方时,其头和眼睛都保持不动,观察者所能察觉到的空间范围称为视野。视野分为单眼视野和双眼视野。

当观察者的头部不动,而眼睛可以转动时,观察者所能察觉到的空间范围称视场。视场也有单眼视场和双眼视场之分。

视觉过程除与视角、对比度、识别时间、照度四个参量有关外,还与视觉的适应状态有关。前面所列的各种视觉特性的关系,通常都是在适应了实验的视场条件后所获得的结果。

视觉适应是指眼睛由一种光刺激到另一种光刺激的适应过程,它是眼睛为适应新环境连续变化的过程,这种过程所需的时间称为适应时间,适应时间与视场变化前后的状况,特别是现场亮度有关。

视觉适应可分为暗适应、明适应及色适应。对眼睛来说,适应过程是一个生理光学过程,也是一个光化学过程。开始是瞳孔大小的变化,在暗处瞳孔张大,直径可达 2～8 mm,以使更多的光线通过它到达网膜,而在亮处瞳孔则收缩,变得很小,经过瞳孔的光线随瞳孔的变化而变化,其变化程度可达 10～20 倍,继之是视网膜上的光化学反应过程。我们已提过,明视觉是网膜中心锥细胞为主的视觉,而暗视觉则是以边缘的柱细胞的作用为主。适应也就包含着这两种细胞工作的转化过程。

暗适应是眼睛从明到暗的适应过程。眼睛从明到暗处,开始灵敏度很低,然后逐渐增加,最后达到稳定和清晰。暗适应在最初 15 min 中视觉灵敏度变化很快,以后就较为缓慢,半小时后灵敏度可提高到 10 万倍,但要达到完全适应需 35 min～1 h。

明适应是眼睛从暗到明的适应过程,这一过程较短,约有 2～3 min。图 2-28 给出了亮度适应的变化过程。

色适应的问题较为复杂,这里只举出一种现象作简单的说明。当眼睛处在一种颜色视场之下,受到该种颜色的色刺激使感受细胞疲劳之后将眼睛移向白色表面,则眼睛将呈现出该种颜色刺激的互补色。例如原来的视场色为绿色,此时将呈现粉红色。要使眼睛色觉正常,也要

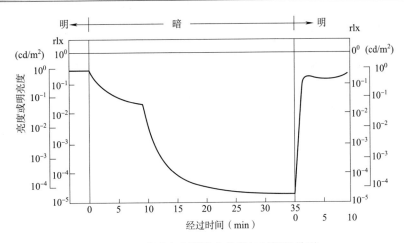

图 2-28 暗适应和明适应亮度与时间的关系

有一个适应的过程。

通常提到视觉适应,多数是指亮(明亮)度适应。

三、视觉适应在隧道照明设计中的应用

视觉适应问题,尤其是亮度适应问题,在日常生活中和工程设计中是非常重要的,像地下工程的引洞、瞻仰大厅的过渡走廊、隧道的入口和出口等处。例如在隧道照明设计中对隧道口亮度的考虑,当汽车在阳光下行走,突然进入隧道后,司机眼睛一时失明,容易发生危险,为此隧道内须设置过渡(或缓和)照明,以使眼睛对亮度的变化逐渐适应。白天在隧道入口处增设过渡照明,夜晚在出口处也要适当的增设过渡照明。

视觉适应的实验结果为工程设计提供了依据。图 2-29 给出了浦山久夫的为保持必要视力时适应亮度与适应时间的关系,图中还给出了在相应的适应时间内,一定速度的汽车或行人所走过的距离,为设置隧道过渡照明的范围提供了参考。

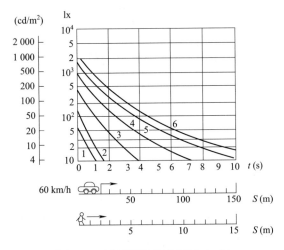

图 2-29 过渡照明曲线(浦山久夫)

适应亮度:1—25 cd/m²;2—64 cd/m²;3—130 cd/m²;4—250 cd/m²;5—750 cd/m²;6—1 500 cd/m²

Schreuder 根据实验提出了计算隧道亮度的经验公式

$$\lg L_2 = -0.27 + 0.51 L_A^{0.2} \tag{2-10}$$

式中 L_2——隧道内亮度(cd/m^2)；
L_A——适应亮度(cd/m^2)。

例如白天路面照度为 2×10^4 lx，路面反射系数 $\rho=0.3$，根据漫反射面亮度和照度的关系式 $L=\rho E/\pi$，这时路面亮度也就是司机的适应亮度 L_A，约为 1 910 cd/m^2，根据上式，要求隧道内亮度 L_2 约为 109 cd/m^2，如图 2-30 所示。

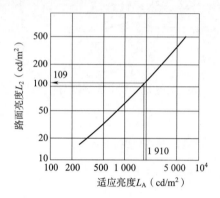

图 2-30　隧道口内路面亮度与适应亮度的关系(Schreuder,1964)

同时还给出了隧道口内路面亮度 L_2 与隧道内注视时间 t 的关系式

$$L_2 = 7.12 + 91.3\times10^{-0.048t} \tag{2-11}$$

如果汽车车速为 60 km/h，走完该隧道需 4 s，则要求路面亮度为 $L_2\approx 65$ cd/m^2，如图 2-31 所示。

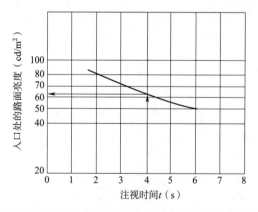

图 2-31　隧道内注视时间与隧道入口处路面亮度的关系(Schreuder,1964)

根据视觉适应要求，在做电影院和百货商店照明设计时，也应对视觉适应问题作相应的考虑。电影开映时，使厅内的亮度慢慢地暗下来就显得舒服，不要骤然变暗；百货大楼的第一层设计得亮些，对顾客观看商品、保持视觉舒适都大有好处。

第三章 视度和视功效

第一节 视度和相对视度

一、视度

人们看物体的清楚程度,除了与人们的视力条件有关以外,主要与该物体的物理条件及其所处的物理环境有关。为了定量的表示这种清楚程度,引进视度的概念。视度也称可见度或能见度。

一个物体之所以能够被看见,它要有一定的大小(视角)、一定的照度以及一定的对比度*(物体与其背景之间的亮度对比的度量)。当上述条件之一恶化到一定程度,使该物体达到刚刚能被看见又刚刚看不见时,称物体的临界可见条件,如图3-1所示。一个可以看清楚的物体的可见条件,一定要高于其临界可见条件,而且高出的程度越大,视度越大。

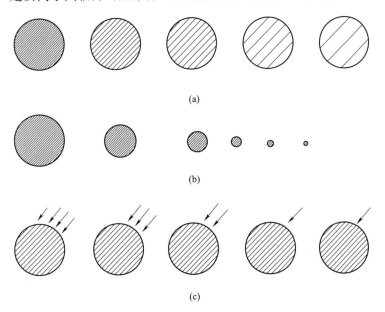

图 3-1 物体的视度

(a)照度及大小相同,对比度不同;(b)照度及对比度相同,视角大小不同;(c)大小及对比度相同,照度不同

当物体的大小和照度一定时,对比度越大越看得清楚。物体刚刚能被看见的对比度称临对比度。某物体的实际对比度 C 相对于其临界对比度 C_0 的倍数被称为视度 V。因此,视度可用公式写成

---

* Contrast(对比),为了区别于动词,本书称为"对比度"。

$$V=\frac{C}{C_0} \tag{3-1}$$

当物体的大小和照度一定时,该物体的临界对比度是一定的,如果该物体实际对比度越大,则视度越大。反之,实际对比度越小则视度越小。当实际对比度等于临界对比度时,视度等于1,即达到临界可见条件。

临界对比度随背景亮度的增加而减小,也随视角 α 的增大而减小。根据视度的定义,视度与临界对比度成反比,所以视度随背景亮度的增加而增加,也随视角的增大而增大。因此,视度定义虽表面上只与对比度有关,而实际上是与视角、对比度以及背景亮度三个参数都有关,所以说视度是这三个量的函数 $V=f(\alpha,C,B_b)$。只要这三个变量之一有较明显的变化时,视度值就有相应的变化,如图 3-2 所示。

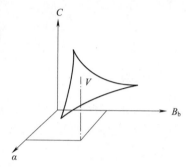

图 3-2 视度与视角、对比度及背景亮度的函数关系

图 3-2 中给出的是等视度曲面。凡是该面上的点都保持着相同的视度值,当视度值为 1 时,该曲面即是视觉阈限曲面。当三个基本条件改善后,可以提高视度值,可以形成视度值大于 1 的各种数值的等视度曲面。

图 3-2 中的视角 α 可以通过测量所观察的目标的尺寸以及观察距离而确定;背景亮度 B_b 可以用照度计测量,目标与其背景的亮度对比度 C 实际上也可以通过测量和计算获得。这三个量其实都是物理量。视度值 V 是一个视觉方面的心理物理量。是人们对客观物理量的主观视感觉。以前人们看目标时,只能定性的说"看得清"或"看不清",不能定量的说出看清的结果。有一种仪器,采用光学的原理,可以定量的度量人们看目标的清楚程度,是心理物理学的视觉光学仪器,称为视度仪(关于视度仪详见第七章)。根据视度的定义,视度值是目标的实际对比度高于临界对比度的倍数。那么临界对比度该怎样获得呢?下一节我们将介绍视功效特性曲线的获得和视度的实际测量与应用。

二、相对视度及其物理意义

视度是一个心理物理量,为了计算上的方便和更有规律性,这里引进相对视度的概念,并用 v_R 表示。相对视度的定义是一定视角的目标在某个照度条件下的视度(V)对数值与最佳照度条件下的最大视度(V_{max})对数值之比值。

$$v_R=\lg V/\lg V_{max} \tag{3-2}$$

根据公式(3-1)可将公式(3-2)写成

$$v_R=\lg\frac{C}{C_0}/\lg\frac{C}{\xi_\alpha} \tag{3-3}$$

式中 C——某一定照度下物体与其背景的对比度;

C_0——某一定照度下物体与其背景的临界对比度;

ξ_α——在最佳照度条件下该物体的最小临界对比度。

从公式(3-3)可以看出相对视度的意义如下:

当 $C<C_0$ 时,相对视度 $v_R<0$,看不见;

当 $C=C_0$ 时,相对视度 $v_R=0$,刚刚看得见或刚刚看不见,即视觉阈值;

当 $C>C_0$ 时,相对视度 $v_R>0$,看得清楚;

当 $C>C_0$ 且 $C_0=\xi_a$ 时,相对视度 $v_R=1$,看得最清楚。

相对视度 v_R 是 0~1 之间的数值,v_R 的大小表示着物体的相对可见程度。

第二节 视功效的实验研究及其与国际比较

上一节在论述视度时,提到了目标与其背景的临界对比度,临界对比度在视觉上非常重要,这个量是通过裸眼的视觉实验获得的。临界对比度、视角与照度(或亮度)的关系称为视功效,这三个量之间的关系曲线称为视功效特性曲线。为了编制我国的《工业企业照明设计标准》(TJ 34—1979)《中小学校教室采光和照明卫生标准》(GB 7793—1987)《中小学校建筑设计规范》(GBJ 99—1986)和《民用建筑照明设计标准》(GBJ 133—1990),我们进行了中国人视功率特性的实验研究,实验结果作为这些国家标准的视觉基础。

一、实验设备和方法

在一个大的实验室内安装一个可以控制照度的小房间,房间的设备和条件如图 3-3 所示。小房间的各面和视标所在的观察屏均为漫反射的白墙面,其反射系数在 0.80 以上。小屋顶安装有若干个白炽灯和荧光灯,用分路开关可分别控制室内的照度,观察面的照度可在 0~5 000 lx 内变化。在白背景上呈现黑色的郎道尔环为观察的目标,目标的视角大小可在 0.5′~10′ 范围内取若干个,目标与其背景亮度对比度为 0.005~0.92。郎道尔环的开口方向呈上、下、左、右四个方向,采用 0.25 s 的曝光时间。

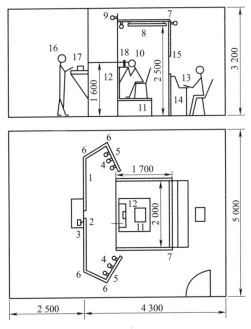

图 3-3 实验装置示意图

1—屏;2—视标;3—控制器;4—背景照明灯;5—可动背景;6—活动轴;7—小室;8—室内照明灯;9—室前照明灯;10—观察者;11—观察台;12—支架;13—主试者;14—操作者;15—窗孔;16—操作者;17—控制台;18—视度仪

选请了 20 名成年人(18 岁～35 岁)和 20 名少儿(9 岁)作为观察者,男女各半,视力正常,实验前对每一观察者进行训练。实验开始首先让每个观察者进行充分的视觉适应,然后坐在室中观察者位置上,将下颚放在支架上,以便固定视距。让观察者注视正前方的视标,主试者随机呈现不同方向的郎道尔环开口方向,每一方向呈现三次,每个实验方案呈现十二次,要求观察者回答所看到的开口方向。实验结果排除 1/4 的偶然正确机率,统计出识别机率为 50% 和 95% 条件下的视角、对比度和照度的关系曲线。这一组曲线是视觉阈限条件下的曲线,所以这时的对比度是阈对比度,也称临界对比度。

视觉阈限条件,即从看不见到看得见的一个临界条件。从看不见到看得见并不是很严格的一条线,也不是一个很准确的某个极短的时间。它是一个过程,也是一个范围。如果用识别机率 P 表示,这个值应该是 $0<P<100\%$。因此,在选取识别机率时,可以根据研究者的目的而选取不同的数值,也均属合理。从严格的概念来说,视觉阈限时应取识别机率 $P=50\%$ 更合理,苏联视觉理论学者 В. В. Мешков 选取 $P=70\%$,美国视觉理论学者 Blackwell 选取 $P=95\%$。但无论如何不能选取 $P=0$ 或 $P=100\%$。这是因为前者包含着低于 0 的识别机率,后者包含着大于 100% 的识别机率。尽管选取的识别机率 P 不同,但它们之间仅仅是在取阈值时在 0~100% 之间相差一个常数,因此它不会影响视功效特性的总规律和总趋势。所以 CIE 的文件也允许有不同被试组之间的个体差异。

二、我国成年人的视功效特性曲线

将成年人的实验结果分别按 $P=50\%$ 和 $P=95\%$ 进行统计,实验结果如图 3-4、图 3-5 所示。从实验结果可以得知,在相同的实验条件下,识别机率 $P=95\%$ 时的临界对比度值约是 $P=50\%$ 时的 2 倍。从图 3-5 还可以进一步得到图 3-6 的完整视功效特性曲线。从图 3-6 可知,当视角一定时,临界对比度与背景亮度的关系可以用曲线 $C_0=f(B_b)$ 表示。

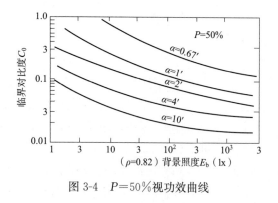

图 3-4 $P=50\%$ 视功效曲线

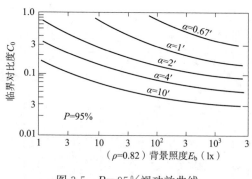

图 3-5 $P=95\%$ 视功效曲线

分析这些曲线可以得到以下结论:

(1)临界对比度随着背景亮度(照度)的提高而下降,当背景亮度(照度)增加到一定值时这个值不再下降。这时的临界对比度就是最小临界对比度 ξ_α。

(2)最小临界对比度与视角和背景亮度(照度)的关系见表 3-1。图 3-6 的详细数值可从表 3-2 得到。

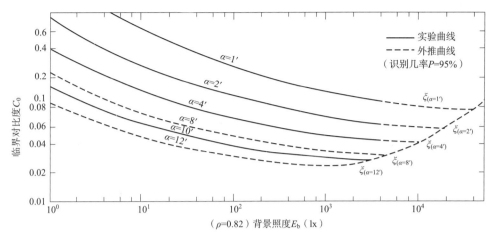

图 3-6　$P=95\%$ 完整视功效曲线

表 3-1　最小临界对比度与视角和背景亮度(照度)的关系

视角 α	1′	2′	4′	8′	10′	12′
背景照度(lx)	4×10^4	2×10^4	1×10^4	4×10^4	2 500	4 500
最小临界对比度 ξ_α	0.098	0.06	0.044	0.033	0.028	0.026

表 3-2　我国成年人视功效特性曲线值

C_0　$B_b(cd/m^2)$　$E_b(lx)$　α	0.26 / 1	1 / 3.8	2.6 / 10	10 / 38	26 / 100	100 / 383	261 / 10^3	392 / 1 500	653 / 2 500	1 045 / 4 000	2 610 / 10^4	5 220 / 2×10^4	10 440 / 4×10^4
1′	—	—	0.700 0	0.370 0	0.250 0	0.170 0	0.132 0	0.120 0	0.115 0	0.110 0	0.104 0	0.100 0	0.098
2′	—	0.470 0	0.270 0	0.170 0	0.130 0	0.094 0	0.080 0	0.075 0	0.070 0	0.066 0	0.063 0	0.060 0	—
4′	0.390 0	0.195 0	0.130 0	0.084 0	0.056 0	0.053 0	0.048 0	0.046 0	0.045 0	0.044 5	0.044 0	—	—
8′	0.220 0	0.115 0	0.077 0	0.051 0	0.043 0	0.037 0	0.035 0	0.034 0	0.033 5	0.030 0	—	—	—
10′	0.160 0	0.086 0	0.060 0	0.043 0	0.036 0	0.031 0	0.030 0	0.029 0	0.028 0	—	—	—	—
12′	0.120 0	0.066 0	0.047 0	0.035 0	0.031 0	0.028 0	0.027 0	0.026 0	—	—	—	—	—

三、SD 型视度仪获得的我国成年人视功效特性曲线

在进行裸眼的视功效特性实验时选用了大量的观察者,并进行了大量的实验后才统计出结果。能否将这些由平面的标准视标获得的视功效曲线与实际工作中形形色色的、凸凹不平的、大小不同的观察目标建立起科学的联系,用一个简单的办法或较少数据得到视功效特性曲线呢?为了解决这个问题,多年来有人使用了视度仪。下面将介绍如何用 SD 型视度仪获得视功效曲线。

使用视度仪用不着很多人,我们实验中只选用了两名观察者,其实验结果就很有规律了。测量中采用 $\alpha=4′$,其对比度分别为 0.92、0.50、0.45、0.34、0.22 和 0.14。在不同的照度下用 SD-2 型双目视度仪(详见第七章)测量各视标的视度值,测量结果如图 3-7 所示。从图中可知,对比度相同,视度随照度的增加而增大;当照度相同时,视度随对比度的增加而增大。对于其他视角也有类似的结果。

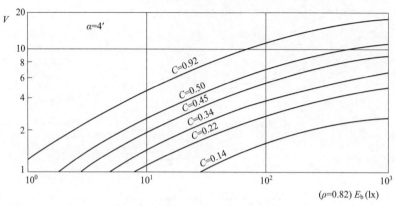

图 3-7 视度与照度关系曲线

根据视度定义,当视度等于1时,实际对比度就等于临界对比度。为此,可以采取两种方法求得临界对比度。

(1)将实验测得结果代入视度定义公式(3-1),计算出临界对比度。例如当照度为 60 lx 时,通过视度仪(透过率 $\tau=0.40$)后的照度为 24 lx,视标对比度 $C=0.92$,测得的视度 $V=6.1$。用视度定义公式计算出的临界对比度 $C_0=0.92\div 6.1=0.15$。用同样的方法可以得到各种照度条件下的临界对比度。

(2)用作图法在图 3-7 中取视度 $V=1$,这时的对比度就是这种照度(与横轴相交的)条件下的临界对比度。例如,在 $V=1$ 的时候,即在横坐标上的各交点,当 $C=0.14$ 时 $E=30$ lx;当 $C=0.22$ 时 $E=8$ lx,依此类推。

将上述两种方法得到的对比度与照度的关系画出曲线就是视功效特性曲线。图 3-8 中给出的 $\alpha=4'$,$V=1$ 的曲线就是用实验方法得到的,用同样的方法也可以得到 $V=2,3,4,\cdots$的等视度曲线。为了便于比较,将图 3-6 中 $\alpha=4'$ 的曲线移到图 3-8 中,结果发现它们之间是很一致的。同样,通过实验也可以得到其他各种视角的视功效曲线。

关于透过率 $\tau=0.40$ 的来历:在本次实验中发现,为什么用仪器所得到的曲线都与人眼直接观测得到的曲线之间总是相似,且似乎只差一个常数? 测试者之间经过讨论之后一致认为是经过仪器后的照度值全部偏低,即测试时经过仪器后眼睛看到的照度降低了的结果。经过光度室在光轨上进行测量后,得出视度仪的光透过率为 $\tau=0.40$。将曲线在照度的坐标轴上向左移动(照度减少 40%),即可得到很一致的两条曲线。

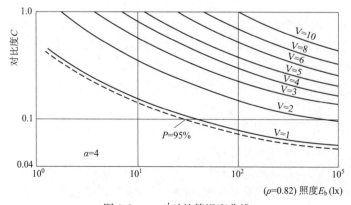

图 3-8 $\alpha=4'$时的等视度曲线

从理论上讲,不同对比度的相同视角的视标,在一定照度下其临界对比度是一定的。但是,由于测量误差往往有些差异,尤其是视感觉量的测量更容易产生误差。但是,采用平均临界对比度 C_0 后,仍然是很有规律的结果。由此可以得出结论:用视度仪测量获得的视功效曲线与裸眼观察得到的是一致的。因此可以进一步证明:视度的理论和公式是符合实际的,视度仪的原理和构造是合理的,用视度制定照度标准值和解释各种视觉现象是科学的。

四、SD 型视度仪获得的我国少年儿童的视功效特性曲线

在同样的条件下采用同样的方法,也采用 SD 型视度仪,选请 20 名 9 岁少儿再做 $\alpha=4'$ 视标的视度测量,测量结果如图 3-9 所示。将图 3-9 中的双对数坐标变换成单对数坐标,得到图 3-10。从图 3-10 可知,作为一个心理物理量的视度值,其均匀变化与物理量照度的对数变化成线性关系。这个结果正符合心理物理学上的 Weder-Fishner 定律。其间的关系可以用数学公式表示

$$V=a+b\lg E \qquad (反射率 \rho=0.78) \qquad (3-4)$$

式中 a、b——常数。

这个规律也应该符合成年人的视觉特性。对于 9 岁的少儿情况,我们得到 $a=0.083$,$b=5.384$。

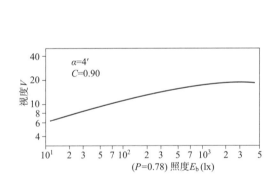

图 3-9 少儿视度与照度的关系(双对数坐标)

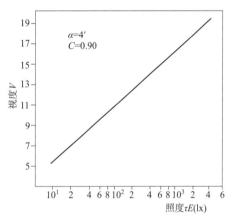

图 3-10 少儿视度与照度的关系(单对数坐标)

同样用视度定义的公式(3-1)进行计算也可以得到少儿的视功效曲线,如图 3-11 所示。图 3-11 中已将照度换算成亮度,为了便于比较,该图中还引进了图 3-7 中成年人的曲线。从两种年龄组曲线比较结果可知,少儿组的临界对比度高于成年组 18%。也就是说,少儿组的对比灵敏度低于成年组 18%。这一实验结果与第二章中少儿的视力低于成年人的结果也是符合的。从这些实验结果可知,正在成长发育的少儿所需要的照度应高于成年人的照度。

五、复旦大学获得的我国成年人视功效特性曲线

摘自《可视度评价法用于民机驾驶舱照明设计的研究》,原文是复旦大学学生冯峻在林燕丹教授指导下进行的毕业论文。

1. 前言

随着对飞机性能要求的不断提高,大量的信息流量及控制需求使飞行员视觉任务的数量

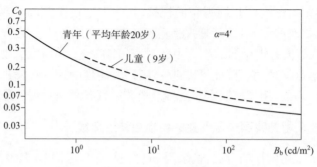

图 3-11　临界对比度 C_0 与背景 B_b 的关系

增多、难度加大。飞机驾驶舱内有将近两百个仪表、按钮、把杆和信号灯。驾驶员依靠眼、耳与手的感觉去获得外界的信息,然后迅速做出判断,并立即通过运动器官进行正确操纵,是个相当复杂的作业过程。例如,在短短的 5 min 飞机着陆阶段,他们需要完成 100 多个动作,注视仪表平均达百余次,而每次注视只有 0.1~0.6 s,其中稍有差错就会发生飞行重大事故,造成机毁人亡的惨剧。因此,作为飞机驾驶舱设计的主要考虑因素之一,驾驶舱照明系统的设计,以及从工效学角度对它的评价的研究具有十分重要的意义。目前,中国拥有自主知识产权的民用飞机已跨入关键的工程发展阶段,这更反映了我们进行此项研究的必要性。飞机驾驶舱照明系统,主要是指通过对顶部板、仪表板、中央操纵台整体照明(导光板)设计、驾驶舱区域的泛光照明设计、飞行机组所需的局部照明设计,为飞行人员创造一个良好舒适的视觉环境。这面临着一系列错综复杂而相互交织的矛盾,它包括舱内观察和舱外观察的不同要求、观察者对观察舱内不同部位显示器的不同要求、观察者不同的心理对照明提出的不同要求等。研究不同飞行状态下飞行员视觉生理心理功能,选择并设计合适的照明系统,给飞行员创造良好舒适的工作条件,使其视觉疲劳减至最低程度,确保飞行安全,保证飞行员的视觉工效,这就是飞机驾驶舱照明设计的根本任务。

照明设计的任务在于为人们创造良好的视觉工作条件,所以物理指标的正确选择,对观察者的视觉反应情况也非常重要。为了对照明质量的视觉效果做出客观测量,本实验选用 SD-1 型视度仪进行实测。视度主要与目标的视角、目标与其背景的对比度以及目标的照度有关,如图 3-12 所示。

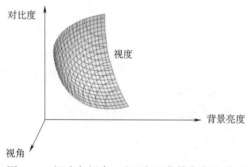

图 3-12　视度与视角、对比度和背景亮度的关系

2. 实验参数的确定

背景照度及其等级的选择:通过投射固定 RGB 值的不同透明度(0~100%)的幻灯片背景,可实现不同的背景照度。

为了描述连续意义上心理量与物理量的关系,德国物理学家 Fechner 在前人研究的基础上提出了一个假定:人们的最小视差(连续的阈限变化)感觉量,与物理量之间的关系是对数关系如下:

$$P = k\ln S/S_0$$

即 Weber-Fechner 定律。其含义为感觉量与物理量的对数值成正比,也就是说感觉量的增加,其落后于物理量的增加。物理量成几何级数增长,心理量成算术级数增长。因此,本实验环境的照度水平将按对数值分等级。又考虑到照度计的量程、分辨率以及投影仪的亮度变化范围等限制,我们选取的照度值为 1 lx、4 lx、10 lx、38 lx、100 lx、383 lx、1 000 lx。该照度范围基本可以覆盖各种天气和人工环境下不同飞行阶段驾驶舱内的光环境水平。

驾驶舱内的光环境水平(即亮度与对比度):

在各背景照度下,目标亮度的设置需保证使对比度大于临界对比度,以使绝大部分人在使用视度仪时能够看清视标。具体的对比度值无需定标,因为临界对比度在某个确定的观察条件下与当前的实际对比度无关。具体的临界对比度可参看早先的研究结果,见本章图 3-6 $P=95\%$ 完整视功效曲线来判断。

观测距离与视角:

考虑到普通人的视力限制以及计算机和投影仪的分辨率限制,我们选取观测距离为 4 000 mm。相应的视角为 $1'$、$2'$、$4'$、$8'$、$12'$。该视角范围可以涵盖驾驶舱中的常见视觉目标。为了准确达到以上参数的要求,必须在实验前对各项设置进行定标。通过多次调节与测量,得到最终的定标结果完成后,将所有视角与背景照度值自变量排成多种随机序列,开始进行实验。

3. 实验设备和实验方法

实验设备的侧视和场景如图 3-13 所示。整个实验设备置于黑暗密闭的环境中,天花板与地面由黑色涂料粉刷,四周墙面均使用黑色窗帘覆盖,以使实验过程免受外界不可控因素的影响。实验所用分光辐射亮度计、投影屏幕、投影仪、SD-1 型视度仪和被试者位置也如图 3-13 所示。实验方法:受测者被分为两组,第一组为年龄在 18~26 岁之间的 4 位青年人,第二组为年龄在 45~55 岁之间的 4 位中年人,以便比较不同年龄段所体现的不同视觉特性实验参数与定标。

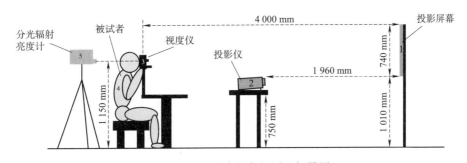

图 3-13 实验设备的侧视图和场景图

在实验中,我们将用投影仪呈现不同视角、对比度与背景照度的视标,视标采用灰色郎道尔环,通过改变幻灯片上的图片尺寸获得不同的视角大小。并由被试使用视度仪测量出当前照明条件下的视度值。最终经过计算得到对应背景照度和视角下的临界对比度,从而得到视功效特性曲线。

试验步骤如下:
(1)调整下巴托架位置,确认屏幕与视度仪之间的距离为4 000 mm。
(2)关闭实验室中的主要光源,被试进行15 min的暗适应。
(3)开启投影仪,按照一定的顺序,根据定标结果列表,设置第一个视标尺寸下的第一个背景照度值。
(4)被试(观察者)通过视度仪观察视标,确认能够刚刚辨认出视标方向后,通过调节视度仪上的旋钮,测得视度值,记录在表中。之后复原视度仪。
(5)挡住被试眼睛,按照该表的顺序设置下一个背景照度。重复步骤(4)、(5)直至该视角下所有背景照度下的视度都完成测量。
(6)被试休息3 min。
(7)根据预设表的顺序设置下一个视场角或改变对比的正负。设置第一个背景照度值后,重复步骤(4)~(7)直至所有视角下所有背景照度下的视度都完成测量。

4. 实验结果

根据实验结果和视度的定义公式,可以得到青年组和中年组两组被试(观测值)在正对比条件下,各视角下的临界对比度值与背景照度的关系,结果如图3-14和图3-15所示。

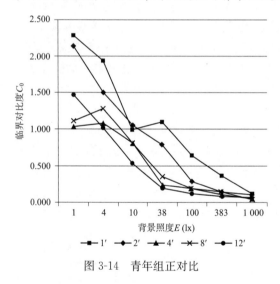

图3-14 青年组正对比

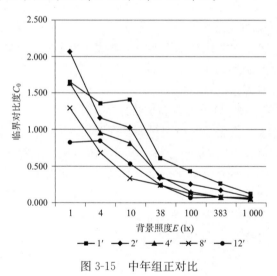

图3-15 中年组正对比

以上图中横坐标采用对数坐标。在Excel中对图3-14和图3-15中的曲线进行拟合(拟合方法和数据略),拟合的结果如图3-16和图3-17所示。

从拟合后的图可以看出,在正对比条件下,由于视标亮度L_t与背景亮度L_b之间的差异较大。无论是青年组还是中年组,在正对比条件下,各种视角的临界对比度和背景照度的变化:随着视角的增大,同样背景照度下相应的临界对比度值变小,且视角越小,它对临界对比度的影响越显著;在同一个视角下,临界对比度随着背景照度的提高而下降,并且下降的程度也越来越小,小到一定值后将趋于饱和。此即称最小临界对比度的值。

但是,在负对比情况下的拟合结果均不理想(实验数据略),在各视角下尝试的各回归分析类型后,得到的R平方值均难以超过0.5。关于对比度的计算公式有两种定义

正对比 $$C=(L_t-L_b)/L_b \tag{1}$$

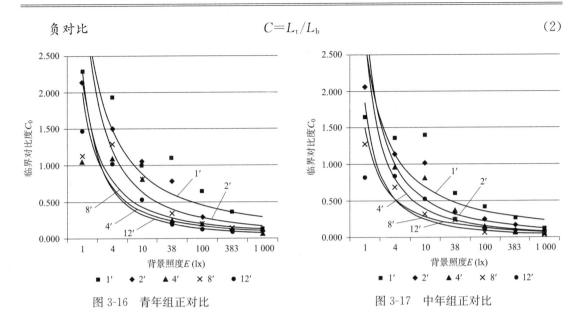

图 3-16 青年组正对比　　　　　图 3-17 中年组正对比

而在负对比条件下,无论是在青年组还是中年组,视标亮度 L_t 与背景亮度 L_b 之间的差异很小,甚至连2倍都不到(在1 lx背景照度下)。这时若仍采用亮度对比度的定义(1)会使各背景照度下的对比度值非常接近,使变化的趋势难以被分析。因此,我们尝试采用对比度的定义(2)经计算后得到的实验结果还有很好的规律性(略)。临界对比度随视角和背景照度的变化情况如下:随着视角的增大,同样背景照度下相应的临界对比度值变小,且视角越小,它对临界对比度的影响越显著;在同一个视角下,临界对比度随着背景照度的提高而下降,并且下降的程度也越来越小,到一定值后将趋于饱和。这些特征与正对比条件下的完全相同。(该实验结果可见何骏原文,这里不再多述。)

但是,本实验中被试(观察者)本身的视力影响较大。此外,尽管视度仪能够如实地反映被观测物所在视场的状况,并且通过保持视场亮度不变来保证测量过程中视觉的稳定性。但作为一种主观感觉量的度量仪器,它仍有来源于两部分的误差:一是观察者的生理和心理因素,以及熟练程度的影响——这是不可避免的。即使严格挑选视觉正常且较为熟练的被试也是如此。因为这是人眼阈值的不稳定性造成的,称为主观误差;二是仪器本身(没有经过调试)的不精确因素,也有一定的影响。

另外,由于该负对比下的实验与前文中提到的视工效特性实验的条件相仿,我们不妨再把两者的实验结果图进行一番对比。可以看出,两者临界对比度随视角与背景照度的变化规律非常相似。但在各种条件下的具体临界对比度数值却有所差异,这可能源于本实验在定标阶段未把视度仪的透过率($\tau=0.4$)考虑在内,因为光线经其后的实际视网膜照度值会下降。尽管如此,这也仅使该图像做了个等比例的平移,并不会改变视觉工效特性的总趋势。

5. 实验结论

本研究选取了驾驶舱照明设计中可能影响到视觉工效的照度、对比度和视角参数作为自变量,设计用视度评价实验,通过视度仪经计算获取了因变量临界对比度与视度随自变量的变化规律,从而为驾驶舱的照明设计提供了一些参考依据。

得出的结论如下:

(1) 无论在正对比还是负对比条件下,也无论是青年人还是中年人,视角的增大与背景照度的提高都有助于临界对比度的减小,在对比度一定的情况下,这就意味着视觉工效的提升,但同样的增量所带来的提升程度会越来越小。其具体表现为:随着视角的增大,同样背景照度下相应的临界对比度值变小,且视角越小,它的增大对减小临界对比度的贡献越大;在同一个视角下,临界对比度随着背景照度的提高而下降,并且下降的程度也越来越小,到一定值后将趋于饱和。此结论与 RVP 视觉工效模型的"回报递减"规律一致,从一个方面验证了可视度评价的有效性。结合驾驶舱环境中各部分仪表板、显示器与按钮典型的观察距离,便可从视角推算出视觉工效较高时所对应的显示信息字符大小及相应的背景照度,用以成为驾驶舱各部分设计的理论依据。

(2) 在各种视角与背景照度条件下,负对比条件下的临界对比度都比正对比要小,即在对比度相同时视觉工效更高。并且该差异在低照度情况下尤其显著,与被试的年龄段无关。也就是说,在同样的条件下驾驶舱应优先选用负对比的仪表板或显示器。此结论与本文第一章综述中前人的研究结论恰恰相反。考虑到驾驶舱照明设计中还涉及节能、工艺等方面的限制,所以在该结论被应用到实际操作前,还有待进行更广泛而深入的研究。

(3) 在青年组与中年组的视度对比中得出了以下有趣的结论:青年组在负对比条件下视度较高,中年组在正对比条件下视度较高。究竟是因年龄增大引起的晶状体浑浊使大面积亮背景在视网膜散射引起了中年人在负对比条件下的视度衰减,还是青年人在实验过程中的急躁心态在亮背景中更易被激发而使旋钮拨动超出实际视觉阈限,其中的深层机理有待研究,但该结论仍有助于指导飞机驾驶舱照明中对比度正负的个性化设计。

本研究虽已尽可能地考虑周全,但仍有以下不足之处:因某些样本容量不足,从而无法进行显著性差异统计以对所得结论进行更强有力的验证;因被试者视力限制、仪器的主观误差以及视度仪在高读数值范围内的不精确,导致实验数据有所偏差。可视度评价法本身存在局限性:首先,它确定了目标的位置,没有把在视野内搜索和扫描的过程因素考虑在内;其次,尽管本实验任务中视觉成分比重较大,任务工效会对照明条件的变化较为敏感,但仍忽略了任务工效中认知与动机成分对照明条件变化引起的任务工效的变化。

今后的研究不仅将基于可视度法的评价结果,结合驾驶舱的布置确定这些自变量的具体推荐取值范围,也将扩充自变量的选取,并与更多的视觉工效模型进行比较,并且考虑更多外界环境变量,比如实际飞行过程中可能遇到的眩光与阶跃光变化等情况,完善该评价法,并尝试建立起民机驾驶舱的照明设计准则。此外,可视度评价法的有效性也有望在道路交通牌、LED 信息栏、安全出口标识等其他实际生活场景中结合主观评价实验得到验证,从而也为它们的设计提供参考依据。

该实验研究的贡献和意义:

(1) 非常感谢何骏在其导师林燕丹教授的指导下用 SD 型视度仪完成了方案设计和具体的大量实际测量以及详细的数据分析,为我国的视觉工效研究方面增加了真实数据,功不可没。

(2) 何骏留下了许多值得进一步研究或探讨的课题,推动着我国视觉科学方面的进步。

六、国外视功效特性曲线简介与比较

为了解国外视功效的研究概况,这里介绍六位国外学者的研究结果。

1. 苏联著名专家 B. B. Мешков 教授的实验研究

B. B. Мешков 于 1962 年的实验中,采用了四种视角 $1'$、$5'$、$20'$ 和 $300'$,背景亮度取 $10^{-6} \sim 10^6 \ cd/m^2$。获得的是一个非常好的临界对比度与背景亮度的关系曲线,如图 3-18 所示。

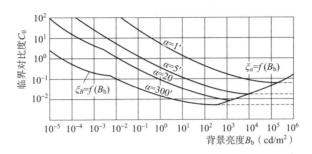

图 3-18　临界对比度与背景亮度的关系(B. B. Мешков,1961)

2. 美国 Blackwell 和 H. Siedentopf 的实验研究

Blackwell 和 Siedentopf 二者的实验结果,其实是前者将后者的结果列入前者结果内进行了比较,他们分别采用了 $3.6'$、$9.7'$、$18'$、$55'$ 和 $121'$ 五种视角[图 3-19(b)曲线,1941]与 $1'$、$2'$、$5'$、和 $10'$ 四种视角[图 3-19(a)曲线,1946]进行实验;1941 年实验采取背景亮度为 $10^{-6} \sim 10^3 \ cd/m^2$,1946 年实验采取背景亮度为 $10^{-4} \sim 10^3 \ cd/m^2$。两者的临界对比度与背景亮度的关系,分别如图 3-19 的(a)曲线与(b)曲线所示。

3. 浦山久夫获得的视功效曲线

浦山久夫和伊藤等人 1962 年的实验,采用视角 $1'$、$1.3'$、$2'$、$4'$、和 $10'$,其背景的发光度是 $5 \sim 5 \times 10^3$ rlx。实验结果如图 3-20 所示。

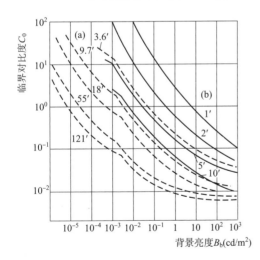
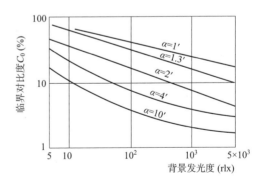

图 3-19　临界对比度与背景亮度的关系
(a)Blackwell(1946);(b)H. Siedentopf(1941)

图 3-20　临界对比度与背景亮度的关系
(浦山久夫,1962)

4. 伊藤克三获得的视功效曲线

伊藤克三的视功效曲线,其视角采用的范围较宽,为 $0.5' \sim 60'$,其背景亮度为 $10^{-4} \sim 10^5 \ cd/m^2$。临界对比度与背景亮度的关系曲线如图 3-21 所示。

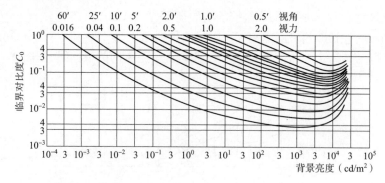

图 3-21　临界对比度与背景亮度的关系(伊藤克三,1967)

5. 国际照明委员会(CIE)发布的视功效曲线

这个 CIE 的视觉临界对比度与背景亮度的关系曲线其实也是 Blackwell 1980 年的实验结果,如图 3-22 所示。

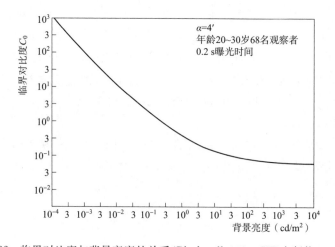

图 3-22　临界对比度与背景亮度的关系(Blackwell,1980,CIE 出版物 No.19/2)

以上这些结果可以看出,唯有 В. В. Мешков 的曲线是较完整和全面的,其他作者都是研究全部物理条件下其中的一部分。但是,共同研究的部分还是比较一致的,如图 3-18~图 3-22 所示。

从图 3-18 可知,最大的视角为 $300'$,最大的背景亮度达到 10^6 cd/m^2,最小临界对比度达到 10^{-3} 级。从六个研究者的结果可知,前三者的实验采用了正对比,而后三者采用了负对比。图 3-22 是 Blackwell 确定的 $\alpha=4'$ 标准视功效曲线,已被 CIE 出版物 No.19/2 报告(1980 年)所采用。从图 3-18 可以得出以下结论:

(1)每一个视角都对应有一个最小临界对比度 ξ_α,这时无论再怎样增大视角,这个数值也不会再减小。这个界线用 $\xi_\alpha=f(B_b)$ 表示。

(2)每一个背景亮度都对应有一个最小临界对比度 ξ_B,这时无论再怎样增大背景亮度,这个数值也不会再减小。这个界线用 $\xi_B=f(B_b)$ 表示。

由于临界对比度决定着对比灵敏度,因此,人眼睛的最大对比灵敏度 S_{max} 可以达到 145。从图 3-19 中可以看到,当视角在 $3.6'\sim5'$ 范围内,背景亮度约为 10^3 cd/m^2,其最小临界对比

度 ξ_a 约为 $0.02\sim 0.04$。这个数值与我国的实验结果 $\xi_a=0.044$ 比较是基本一致的(见表3-1和表3-2,视角为 $4'$,照度为 10^4 lx时,即 $B_b=2\,610$ cd/m² 时最小临界对比度 ξ_a 是 0.044)。

在图3-21中当背景亮度接近 10^4 cd/m²,临界对比度不但不下降,也不保持恒定,反而大大地上升。这是因为伊藤采用了负对比,即白背景黑目标所致。由于白背景在高照度条件下适应亮度过高,可能还会产生光幕反射。这样,视网膜上的视紫质的分解活动达到了饱和状态,使锥细胞的工作达到满负荷,减低了视觉灵敏度,造成临界对比值上升。因此,在较全面的视觉条件下,尤其是高背景亮度时研究视功效特性,均采用正对比,即采用亮目标暗背景。

第三节 工业企业实际工件的视度

一、实际目标的视觉分等

在上述视功效的实验研究中,都是以标准视标(印在纸上的郎道尔环)作为观察目标。但在实际工作中,观察目标不都是这样简单,实际的目标有三维立体的大小不同、形状不同及颜色不同。因而其对比度不易确定,尤其是其临界对比度就更不易得知。为此这里要研究实际工作目标的视度,首先将视觉目标按其识别的细小尺寸进行分等。

实际工作中眼睛所碰到的目标的细节尺寸小的不足 0.1 mm,大的要数毫米到数十毫米。因此,习惯上将各种大小的识别尺寸划分成数个等级。综合分析国内外的分级,我国《工业企业照明设计标准》(TJ 34—1979)于1979年制订的对观察目标的视觉分级见表3-3。识别物件细节尺寸小于 0.15 mm 的统划为 Ⅰ 等视觉工作,其视功效曲线中的代表视角为 $\alpha=1'$。识别物件的细节尺寸为 $1.0\sim 2.0$ mm 时划为 V 等,其代表视角为 $\alpha=12'$。其他如表中所见。代表视角是根据第二章的视角计算公式,取正常视距 $1/3$ m 时计算而得。

表3-3 视觉分等表

视觉工作分等	物件细部尺寸	代表视角
Ⅰ	<0.15 mm	$1'$
Ⅱ	$0.15\sim 0.3$ mm	$2'$
Ⅲ	$0.3\sim 0.6$ mm	$4'$
Ⅳ	$0.6\sim 1.0$ mm	$8'$
Ⅴ	$1.0\sim 2.0$ mm	$12'$

二、平面目标的视度

在进行视功效实验以及视力实验时,均采用郎道尔环作为标准视标。但是不同形状的平面目标,尽管其视角和对比度相同,其视度也是不同的。

Eastman 在1971年发表了一个两种视度仪测量的平面上五种不同形状的目标,其测量结果可以很好地说明目标形状与视度的关系。Eastman 采用了自制的对比阈限视度仪(称CTM)和 Luckish-Moss 视度仪(称LMM),尽管两种视度仪的光学系统不同(见第七章),但是统一到一个尺度上的测量结果是可以比较的。被测目标采用的分别是:一个圆盘、圆盘阵、手写的 k 字母、郎道尔环和平行的两竖线。圆盘的视角为 $4'$,其他目标的尺寸与此相近,如图3-23所示。这五种被测目标均为印在白纸上的黑字及图形,它们分别在四种背景亮度下测量,四个亮度分别为 107 fL、54 fL、22 fL 和 11 fL(367 cd/m²、185 cd/m²、75 cd/m² 和 38 cd/m²)。其测量结果见表 3-4。从表 3-4 可知,五种目标的视度值均随背景亮度的增加而增加,其中圆盘目标视度最小,往下依次为圆盘阵、手写的 k 字、郎道尔环和两平行竖线。这是因为圆盘目标单一且小,其他目标均有其他尺寸的附加目标相配合,所以容易辨认,尤其是两平行竖线,其横向宽度相当于三倍尺寸的圆盘目标,并且细长,而中间还有一条长空条,所以最易辨认,因此视度最高。圆盘阵虽然相互配合的面积较大,但盘数太多,显得过密,又不是细长目标,所以不易辨认,比单一的圆盘视度值稍高些。无论采用哪种视度仪,其视度的测量规律是相当一致的。

图 3-23　五种被测目标

表 3-4　不同目标的视度值

视度仪器	条件 亮度(fL)	观察目标				
		圆盘	圆盘阵	手写体 k	郎道尔环	平行两竖
Eastman 视度仪	107	11.8	15.9	19.6	21.5	25.6
	54	11.0	12.7	17.9	18.7	23.5
	22	8.7	9.5	15.3	16.5	18.7
	11	7.3	7.9	13.2	13.6	16.1
Luckish-Moss 视度仪	107	14.1	16.1	20.5	22.8	25.8
	54	13.4	13.4	19.3	19.0	21.6
	22	10.8	10.9	13.9	13.3	15.2
	11	9.8	10.0	11.2	11.4	12.1

亮度单位 fL 与 cd/m² 换算见表 1-5。

关于细长目标的易辨性,用 Белова 于 1965 年发表的实验结果还可以进一步说明。Белова 采用 Дащкевцч 的双目偏振视度仪得出结果

$$V_l = nV_{l=d} \quad (3-5)$$

式中　V_l——目标长度为 l 的视度值;
　　　$V_{l=d}$——长和宽相等目标的视度值;
　　　n——系数。

$$n = 1 + \tan\beta \lg(l/d) \quad (3-6)$$

式中　l——目标长度;
　　　d——目标宽度;
　　　$\tan\beta$——已知目标宽度 d 时,$n=f(l/d)$ 直线的斜率,如图 3-24 所示。

图 3-24 中分别采用了五种宽度的目标,这五种宽度的视角分别为 1.2′、1.7′、2.33′、4.6′和 10′。横坐标 l/d 表示长宽比,纵坐标 n 表示倍数。测量时长目标是垂直放置的,与 Eastman 的平行二竖线的放置方向相同。

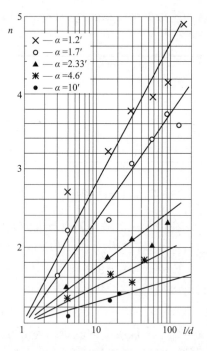

图 3-24　系数 n 与长宽比 l/d 的关系曲线

tanβ 也可以用曲线和表格表示，如图 3-25 和表 3-5。从图 3-25 和表 3-5 可知，细长目标的宽度 d 直接影响到 tanβ 值，该图和表中给出的 α 的视角范围为 $1'\sim10'$，上述五个宽度之外的数值可以用内插和外推的计算方法处理。

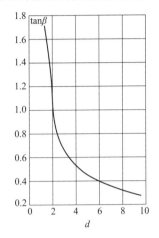

表 3-5　tanβ 与 α 的值

α	tanβ
1.2′	1.8
1.7′	1.36
2.33′	0.74
4.6′	0.484
10.0′	0.28

图 3-25　tanβ 与目标宽度 d 的函数关系曲线

从这些研究结果可以得出结论：平面上不同形状目标的视度是不同的。如果识别的视角和对比度相同，圆盘目标的视度最小。因此，圆盘目标能满足的视觉条件，其他形状的目标也完全能够满足。

三、立体目标的视度和等效对比度

实际目标不只有形状问题，同时还有颜色和立体感问题，因此其视度问题更值得讨论，正因为实际目标比较复杂，所以其对比度不易确定，尤其是其临界对比度就更难得知，为此我们引入等效对比度的概念。为了说明等效对比度的意义，还是以实验的结果为根据更便于理解。

实验中选择了四种不同的实际目标，分别为一小段黄铜丝、一个小齿轮、一个小螺钉和一个小铁块。其识别细节的尺寸和对应的视角以及对应的视觉分等见表 3-6。将每一实际目标均在两种照度（1 020 lx 和 80 lx）条件下测量，测量结果列于表中。表中 τE 是光线经过视度仪减少后的照度，临界对比度值是在相应照度条件下相应视角的视功效曲线上查到的，它代表着这一等级的所有目标在这个照度条件下的临界对比度值。有了视度值和临界对比度值就可以根据视度定义的公式计算出等效对比度 $C_{等}$。

表 3-6　实际目标的视度和等效对比度

序号	目标名称	细节尺寸	α	等级	E(lx)	τE(lx)	V	C_0	$C_{等}$
1	黄铜丝	0.2 mm	2′	Ⅱ	1 020	408	3.6	0.092	0.33
					80	32	2.0	0.170	0.34
2	小齿轮	0.4 mm	4′	Ⅲ	1 020	408	7.1	0.058	0.41
					80	32	5.0	0.090	0.45
3	螺　钉	0.8 mm	8′	Ⅳ	1 020	408	13.5	0.038	0.51
					80	32	8.2	0.05	0.49

续上表

序号	目标名称	细节尺寸	α	等级	E(lx)	τE(lx)	V	C_0	$C_{等}$
4	铁 块	3 mm	30′	V	1 020	408	23.0	0.026	0.60
					80	32	14.0	0.035	0.49

例如,在 $\alpha=2'$ 的视功效曲线上查到 408 lx 照度时的临界对比度 $C_0=0.092$,而黄铜丝经过仪器后的 408 lx 照度下的视度 $V=3.6$。根据视度的定义公式 $V=C/C_0$,计算出 $C_{等}=0.33$。这个 0.33 就是黄铜丝的等效对比度。也可以换一种解释,即有一个 0.33 对比度的标准视标,它在同样条件下测得的视度与该黄铜丝相同,即他们之间有等效的视觉效果。所以标准视标的对比度就是这个实际工件的等效对比度,这个标准视标的临界对比度当然也就是这个实际工件的临界对比度。

如果将这个实际工件换一种照度来测量视度,上述理论如果是正确的,也应该得到同样的结果。为此,又选择 80 lx 重新做了这个实测,计算出的临界对比度为 $C_{等}=V\cdot C_0=2.0\times0.17=0.34$。这个结果也是相当一致的,稍有差异也仅仅是测量误差造成的。

用上述方法另选了三种实际工件,实测也是同样的结果。应该注意到,第 4 号工件两种照度下的结果误差较大,这是因为没有 30′ 视角的视功效曲线而选用 12′ 视角的视功效曲线所至。

从上述实测结果可以得出下面的结论:实际工件的等效对比度是一定的,是客观存在的,它不随测量照度的变化而变化。也就是说,同一种工件,虽然在不同工厂的不同照度下生产,其视度值随照度的变化而变化,但是用视度仪获得的等效对比度是不变的。这个等效对比度表示了该工件的视觉特性,以它为根据提出照度标准是合理的、可靠的。所以,可以用视度仪对任何形形色色、凸凹不平的实际工件确定其等效对比度。

一般情况下,等效对比度都略高于其实际对比度。这是因为把物件的立体感、色彩、形状等容易观察的视觉特性都堆加在等效对比度中之故。在没有视度仪时,可以用目标的反射系数 ρ_t 和背景的反射系数 ρ_b 计算实际对比度 $C_{实}$

$$C_{实}=\frac{\rho_t-\rho_b}{\rho_b} \tag{3-7}$$

式中　ρ_t——目标的反射系数;
　　　ρ_b——背景的反射系数。
　　　ρ_t 和 ρ_b 在一般的材料手册上可以查到。

第四节　视功效解析图及其应用

一、视功效曲线的变换

我们已经通过实验获得视功效曲线,这些曲线是临界对比度与背景亮度(或照度)的关系曲线,如图 3-6 所示。该曲线可表示为

$$C_0=f(E) \quad (\rho=0.82 \text{ 时}) \tag{3-8}$$

如果将该表达式的两侧同时除以最小临界对比度值 ξ_α 后再取其对数值,表达式就变成

$$\lg\frac{C_0}{\xi_\alpha}=\lg\phi(E) \quad (\rho=0.82 \text{ 时}) \tag{3-9}$$

$\phi(E)$ 函数区别于 $f(E)$ 函数。将变换后的公式(3-9)绘制在双对数坐标图上,就可以得到图 3-26。图 3-26 中有一组曲线,该图的纵坐标为 $\dfrac{C_0}{\xi_\alpha}$,横坐标为具有两组数据的横轴。一组数据是某一反射系数的背景照度 E,另一组数据是 $\dfrac{C}{\xi_\alpha}$ 的值,合为两排数。这种变换是为了以下的计算方便,实质上这组曲线仍然是临界对比度与照度的关系曲线。但是,这组曲线构成了视功效解析图的一部分。

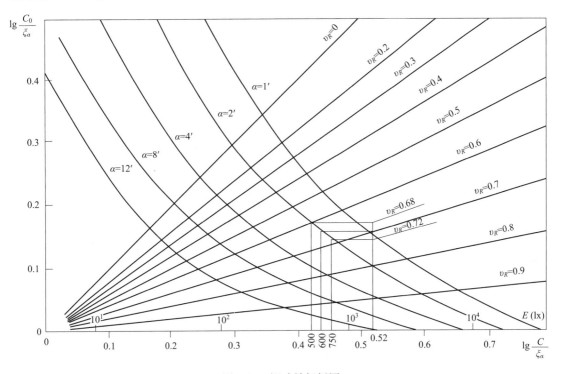

图 3-26 视功效解析图

二、相对视度曲线图

在本章第一节中已经给出了相对视度公式(3-3),如果将该公式也进行一些数学变换就会组成一个完整的视功效解析图。将公式(3-3)改变成

$$\lg \frac{C}{C_0} = v_R \lg \frac{C}{\xi_\alpha} \tag{3-10}$$

如果将左侧的分子和分母同时乘以最小临界对比度 ξ_α,则公式(3-10)可写成

$$\lg \frac{C}{\xi_\alpha} \cdot \frac{\xi_\alpha}{C_0} = v_R \lg \frac{C}{\xi_\alpha} \tag{3-11}$$

再将公式(3-11)改写成

$$\lg \frac{C}{\xi_\alpha} - \lg \frac{C_0}{\xi_\alpha} = v_R \lg \frac{C}{\xi_\alpha} \tag{3-12}$$

经整理后可得

$$\lg \frac{C_0}{\xi_\alpha} = (1 - v_R) \lg \frac{C}{\xi_\alpha} \tag{3-13}$$

在双对数坐标图上，以 $\frac{C_0}{\xi_a}$ 为纵坐标，以 $\frac{C}{\xi_a}$ 为横坐标，于是从公式(3-13)得出一组直线，其斜率为$(1-v_R)$。这一组直线表示了相对视度 v_R、临界对比度 C_0 和实际对比度 C 的关系，见图 3-26 中的直线部分。如果将用公式(3-9)和公式(3-13)所绘制的两个图合并在一起，就可以获得视功效解析图。该图的纵坐标是相同的，只是横坐标不同，这两个横标可以同时存在，并标在一条轴线上。视功效解析图综合地表示了视角 α、临界对比度 C_0、实际对比度 C、照度 E 与相对视度 v_R 的关系。

三、视功效解析图的作用

视功效解析图有两个用处：一是用来提出照度标准值；另一个是用来评价照度标准值的视觉效果。前者是根据视觉工作的重要程度和国家政策提出相对视度值，根据这个值再按视角大小(视觉等级)和实际工作目标与其背景之间的亮度对比和相应视功效曲线上的临界对比度值，提出满足这种视觉条件的照度标准值。后者则根据现状的照度值，以及这种现场实际工作目标的视角和实际对比度，考虑视功效曲线的临界对比度值，提出这种工作现场所能达到的相对视度值，即定量地评价了这种照明条件下的视觉效果。关于视功效解析图的应用实例将在下一章中详述。

第五节　我国中小学生视觉心理满意度的实验研究

在 CIE 出版的《室内照明指南》中给出了西方一些学者在荧光灯照明条件下获得的视觉满意度曲线。该曲线的根据是统计出评价满意人数的百分数。我们认为评价人数的百分数仅仅反映了视觉满意度的一个侧面，可否用其他心理物理指标和方法？评价结果又怎样？这是一个很值得研究和探讨的问题。

视觉满意度属心理物理度量范畴，为此本实验中提出了一个物理量的心理量表。当照度从最不满意到最满意的时候，给评价者一个心理尺度，从 0 到 100％，同时还给出了参考评语：太暗、较暗、可以、较好、最好、过亮和太亮。对于每一个评语等级也给一个参考数值，其对应关系见表 3-7。

表 3-7　参考评语与数量尺度的关系表

参考语言	数量尺度	参考语言	数量尺度
太暗	0	最好	100％
较暗	25％	过亮	75％
可以	50％	太亮	50％
较好	75％		

评价者可在参考数值和评语的基础上，掌握自己的感觉尺度，然后给出自己的评价数量尺度。例如，"可以"等级的参考数值为 50％，评价者根据自己的心理量表，可以评价为小于 50％ 或大于 50％，但其范围要在 25％～75％ 之间。

在一个无眩光的实验室内，可以改换荧光灯照明或白炽灯照明。其照度可在 0～5 000 lx 内变化，其变化等级为 25 lx、55 lx、154 lx、530 lx、1 050 lx、2 000 lx 和 4 050 lx。照度可从低到高的变化，也可以从高到低的变化，这是为了得到照度上升时和照度下降时的不同心理变化。照度每变化一个等级,都让评价者有一个充分的适应时间,约 3～5 min,照度下降时要比上升时适应的时间长些。

在评价者的书桌上放着从小学 1～6 年级语文课本上选出的频率最高的汉字,从三划到十二划共 10 种,每种选 10 个,共 100 个汉字。用Ⅲ～Ⅳ号铅字印成四种大小不同的文字,总共 400 个不同大小和不同笔画的汉字,汉字印在反射系数为 0.78 的白纸上,字与背景之间形成的对比度为 0.90。

评价者选请 20 名 9 岁的小学生和 20 名 17 岁的中学生,视力正常,男女各半,每组 5 名共分成 8 组进行实验。实验设备如图 3-3 所示。

主试者在室外窗口观察评价者的工作,并给予各组以同样的导语。另一位主试者在操作台前控制照度的变化。每个评价者根据自己的感觉进行评价,在 3～5 次评价的训练中,每个人心中定下自己的心理量表。填表时不许互相商量,也不许参考别人的结果。评价者填写两张表格,一张是照度上升时的,另一张是照度下降时的,评价者并不知道每一照度等级的照度数值。当实验全部结束,主试者统计 40 人的评价结果时,再将每一等级的照度填在曲线图上。这样做是为了避免评价者的心理驱使误差,评价者知道具体照度值以后,他总在心目中记下某一照度数值,然后在某种程度上靠记忆去追求那个照度值,在一定程度上忽视了心理的数量尺度的评价。

图 3-27 中给出了 20 名 9 岁小学生在荧光灯照明下,照度上升时和照度下降时以及平均值的心理满意度实验结果。

图 3-28 是荧光灯照明条件下的 20 名 17 岁中学生的实验结果,如图 3-29 是白炽灯照明条件下的实验结果。

图 3-27～图 3-29 可以看到,在相同照度条件下,照度上升时的心理满意度比下降时的要高些,这是因为照度上升时心理总觉得有些满足,相反,照度下降时总觉得比前者不舒服,所以相应的满意度就较低。当照度达到"最好"(心理满意度为 100%)以后,也就是说在照度高到为"过亮"或"太亮"的区域内,则照度上升时的满意度与照度下降时的相比又变成相反,即前者的满意度又低于后者。这就说明照度达到"过亮"以后,照度每上升一级与每下降一级比较时,则后者的满意度高。这是因为人们心理上要求照度趋于"最好"的结果所致。

图 3-30 是荧光灯条件下,9 岁年龄组平均实验结果与 17 岁年龄组的平均实验结果进行的比较。比较结果可知,9 岁年龄组的最高满意度在 1 700 lx 处,而 17 岁年龄组的最高满意度在 1 200 lx 处。如果要想达到相同满意度时,则 9 岁年龄组比 17 岁年龄组所需要的照度要高。

这一结果说明,无论在什么样的情况下,正在发育的 9 岁儿童组需要的照度高于已经发育趋于成熟的青年组的照度。这一结果与中小学生其他视觉实验结果的结论是一致的。

图 3-31 是对荧光灯与白炽灯的实验结果进行的比较,由图可知,采用白炽灯时达到最高满意度时的照度为 750 lx,采用荧光灯时达到最高满意度时的照度为 1 200 lx。这是因为白炽灯在低照度下,光色显柔和舒适,满意度较高,但是随着照度上升,当接近 1 000 lx 时,由于环境温度升高,被试者有一种燥热的感觉,从而满意度降低。因此从上述实验可知,不论对荧光灯还是白炽灯,也不管 9 岁年龄组还是 17 岁年龄组,最高满意度时的照度为 750～1 700 lx。

在我国的《中小学生教室采光和照明卫生标准》(GB 7793—1987)中规定学生课桌面的平均照度为 150 lx,黑板平均垂直照度为 200 lx,无论是荧光灯还是白炽灯,也不管是对中学生还是小学生,其满意度约为 40%～55%。与其对应的照度值还是低标准的,与其他国家的照度标准相比较也是低标准的,当有条件的时候应该提高照度标准值。

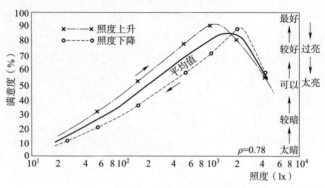

图 3-27　9 岁年龄组荧光灯满意度实验结果

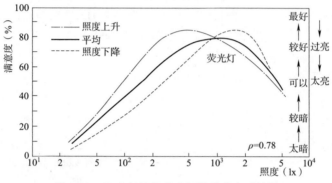

图 3-28　17 岁年龄组荧光灯满意度实验结果

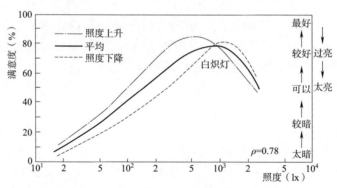

图 3-29　17 岁年龄组白炽灯满意度实验结果

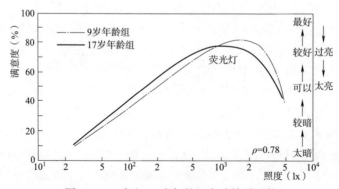

图 3-30　9 岁和 17 岁年龄组实验结果比较

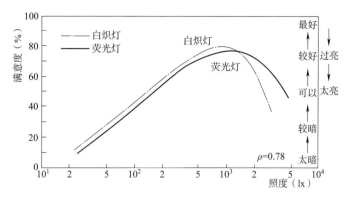

图 3-31 17 岁年龄组不同光源满意度实验结果

第六节 我国视觉满意度曲线与国外九家曲线的比较

图 3-32 给出了欧美等西方国家的几个实验研究结果,同时也给出了 CIE 的平均曲线。将我国的青少年荧光灯实验结果(图 3-31)加在图 3-32 中进行比较。从比较可知,我国的最高照度与 CIE 的平均结果的峰值略有差异。当制定我国光照标准时,对青少年来说,可以认为当满意度达到相同时,照度值比国际上应该再提高些是对的。此结果也可以说明,中国人眼睛的视觉灵敏度较高,可以在 100~1 000 lx 照度条件下高于西方人的识别能力。

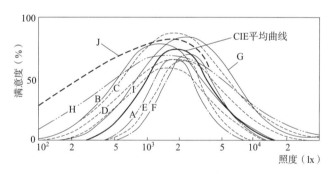

图 3-32 满意度的实验结果比较

A—Balder. J. J., Lichttechnik, 9, 455(1957);

B、C—Muck. E. and Bodmann. H. W., Lichttechnik, 13, 512(1961);

D—Söllner. G., Report No. 1. 14/22, Philips Lichttechnisches Laboratorium, Aachen(unpublished);

E、F—Riemenschneider. W., Bull. SEV, 58, 19(1967);

G—Westhoff. J. M. and Höreman, H. W., contribution to paper by Bodmann. Lichttechnik, 15, 24(1963);

H—Boyce. P. R., Lighting Research and Technology 2, 74(1970);

I—Bodmann. H. W., Söllner. G. and Voit. E., Proc. CIE, Vienna, C, 502(1963);

J—中国青少年(1984)

第四章 制定照度标准的方法和照度标准值的变化

在第二章和第三章里论述了许多视觉基本原理,从而了解到视觉特性和视觉对光的要求。照明技术工作者的任务,就是如何使照明系统满足人们的视觉要求。为了满足这种视觉要求,各个国家均根据本国的电力水平和照明器材的现状,制定或推荐出本国的照度标准值,为此就发展出一系列的制定照度标准的方法。同时各个国家所提出的照度标准值也因为时代的不同和视觉特性的差异也有些许差别。

第一节 根据视功效制定和评价照度标准

一、根据视功效提出照度标准值

在第三章第四节中的图 3-26 中已经给出了视角、对比度、临界对比度、照度和相对视度之间的关系,根据该图就可以用已知的其他参数提出照度标准值。首先是按辨别目标的细节尺寸进行视觉工作分等,找出相应的代表视角,一般情况下小于 2 mm 的识别尺寸的视觉工作称为精细视觉作业,在正常视距条件下(约 334 mm)视角 $\alpha \approx 10l(')$,l 为识别的细节尺寸(mm)。其次是按对比度进行分级,如小对比度难辨认的为甲级,大对比度易辨认的为乙级,使每一等精细视觉作业都可以分为甲级和乙级。在苏联的照明标准中每一等又详细分为四级,我国《工业企业照明设计标准》(TJ 34—1979)中只分为两级,其他国家则不分级,只按精细程度分等。其实,以对比度为依据进行计算时,往往以实际情况为出发点,而不拘泥于分级。在 TJ 34—1979 中甲级和乙级以 0.2 对比度为界,所以在计算时取 0.2 对比度就代表了甲级和乙级。

有了上述这些准备工作,就可以很容易地根据视功效提出照度标准值。下面用一个实例说明提出照度标准值的步骤。

有一个Ⅱ等视觉工作的目标($\alpha=2'$),该目标与其背景之间的对比度为 0.2。如果根据该工程的重要程度和国家的经济政策与电力水平,确定相对视度 $v_R=0.70$,计算应该提出的照度标准值 E,计算的步骤如下:

(1)查找 $\alpha=2'$ 的视功效曲线中的最小临界对比度。在第三章的图 3-6(也可见表 3-2),在 $P=95\%$ 的完整视功效图中,查到其最小临界对比度 $\xi_{\alpha=2'}=0.06$。

(2)根据给出的已知条件计算图 3-26 中的横坐标值,即

$$\lg \frac{C}{\xi_\alpha} = \lg \frac{0.2}{0.06} = 0.52$$

(3)在横坐标轴上查得 $\lg \frac{C}{\xi_\alpha}=0.52$,由 0.52 处引纵坐标的平行线,与 $v_R=0.70$ 直线相交。

(4)在与 $v_R=0.70$ 直线的交点处,引横坐标的平行线,交 $\alpha=2'$ 的曲线上一点,通过此交点

再引纵坐标的平行线,交横坐标 E 上。

(5)在横坐标轴 E 上查得照度标准为 $E=600$ lx,如图 3-26 所示。

用这个方法就可以提出满足一定的视觉目标所需要的、达到某个相对视度水平时的、应该制定出的照度标准值。

二、根据视功效评价照度标准值

视功效解析图除了提出照度标准值以外,还可以用它来评价照度标准值所达到的视功效水平。这里也用一个实例加以说明,仍以图 3-26 说明。

已知某标准Ⅱ等视觉工作($\alpha=2'$)的标准照度 $E=500$ lx(或 750 lx)。当工作件对比度为 $C=0.2$ 时,求此照度标准所达到的相对视度 v_R。

(1)在横坐标轴上取 $E=500$(或 750) lx。

(2)由 500(或 750) lx 处引纵坐标的平行线,与 $\alpha=2'$ 的曲线相交。

(3)在交点引横坐标的平行线。

(4)根据视功效资料(图 3-6 或表 3-1)得到 $\alpha=2'$ 时 $\xi_\alpha=0.06$,再根据给出的条件计算横坐标值为 $\lg \dfrac{C}{\xi_\alpha}=0.52$。

(5)由 0.52 处引纵坐标的平行线,与上述相对视度曲线相交于 $v_R=0.68$(或 0.72)处。因此可以得知,标准照度 $E=500$ lx 时,相对视度 $v_R=0.68$;当标准照度 $E=750$ lx 时,相对视度 $v_R=0.72$。

有了上述方法便可到现场制定照度标准,或评价现场目前照度所达到的相对视度水平。

现场测量使用的仪器很简单,只需要一台照度计和一台视度仪(无视度仪时可根据反射系数计算实际对比度),到现场测量现有的照度和视度。我们测了 20 个车间,其中的五例测量结果列入表 4-1。

表 4-1 中的照度 E、视度 V 是现场测量的结果,τE 是通过视度仪后的照度,C_0 是在其代表视角的视功效曲线上查到的 τE 照度下的临界对比度值。根据视度定义公式计算该目标的等效对比度 $C_{等}$,然后在视功效解析图 3-26 中计算出相对视度 v_R。

表 4-1 现场测量的五例照度和视度值

序号	视觉工作特征	视觉分等	现 场 实 测					v_R
			E(lx)	V	τE(lx)	C_0	$C_{等}$	
1	晶体管管芯	Ⅰ	1 760	3.8	630	0.16	0.61	0.83
2	电子管绕栅	Ⅱ	628	3.5	250	0.20	0.70	0.74
3	纺织检纬线	Ⅲ	370	2.8	150	0.11	0.31	0.69
4	钟表检查摆轴	Ⅳ	740	4.7	300	0.096	0.45	0.83
5	机加工读卡尺	Ⅴ	310	5.1	124	0.067	0.34	0.86

三、国家标准(旧版)TJ 34—1979 的相对视度水平

在《工业企业照明设计标准》(TJ 34—1979)的编制说明中,还给出了各等级的照度标准值及所达到的视度和相对视度值,见表 4-2。其中视度值是根据视度定义公式,以 0.2 对比度为标准目标,采用视功效曲线上该等级照度值下的临界对比值计算出来的。

例如,Ⅰ等甲级照度标准值为 1 500 lx,这时 $\alpha=1'$ 的临界对比度值为 0.13(查图 3-6),根据视度定义,可以计算出视度值 $V=\dfrac{0.2}{0.13}=1.5$。

相对视度的计算如前面所述的计算方法,或在视功效解析图中求得。

由表 4-2 可知,混合照明Ⅰ~Ⅴ等的视度值为 1.4~7.0,相对视度为 0.45~0.94。即最精细的视觉等级Ⅰ等视觉工作所能识别的对比度,与临界对比度相比较只高出 0.4 倍。最好的视觉效果是Ⅴ等,则对比高出临界对比度 6 倍。相对视度也说明同样问题,即越是精细的视觉工作,虽然照度值较高,但在视觉效果上看,还是较低。所以今后再修改照度标准值时,应该把精细视觉工作的照度值多提高一些。

表 4-2 TJ 34—1979 标准的视度水平

视觉等级	混合照明			一般照明		
	照度(lx)	视度	相对视度	照度(lx)	视度	相对视度
Ⅰ	1 500	1.5	0.56			
	1 000	1.4	0.45			
Ⅱ	750	2.3	0.68	200	1.8	0.48
	500	2.1	0.62	150	1.7	0.43
Ⅲ	500	3.4	0.83	150	2.9	0.74
	300	3.3	0.77	100	2.7	0.67
Ⅳ	300	5.0	0.89	100	4.3	0.80
	200	4.8	0.85	75	4.1	0.76
Ⅴ	150	7.0	0.94	50	5.0	0.87

对于一般照明的照度值的评价也有上述类似的效果。

用视度或相对视度评价照度标准就可以知道,有些工厂虽然照度值很高,由于他们的视觉工作很精细,其照度值还是较低的,完全还可以用提高照度的方法来提高劳动生产的数量和质量。因此,今后在经济允许的情况下,应当尽量提高Ⅰ等和Ⅱ等精细视觉工作的照度标准值。

在我国的 TJ 34—1979 标准中,还考虑到由于视距远视角变小而影响视觉效果,所以还规定视距大于 500 mm 时照度须提高一级。

对于进行长时间紧张视觉劳动的工种,容易产生视觉疲劳,由于视觉阈限提高了,从而降低视度,故规定照度标准值提高一级。

当工作的识别对象在活动面上,识别时间短促而影响目标的视度,以及对有些工种需要特别注意安全时,也规定照度要提高一级。

当工件背景较暗,影响观察目标的视度时,也规定照度提高一级。

在《工业企业照明设计标准》(TJ 34—1979)的照度标准表中可以看到,虽然规定照度分等以外还分甲级和乙级(甲级为小对比度,乙级为大对比度),这实质上是小对比度比大对比度的照度提高了一级。

四、国外几种用视功效制定照度标准的方法

1. Moon、Spencer 方法(1948)。这种方法认为眼睛对视场内某一亮度适应以后,就有一

个稳定的视力 V_A。当背景亮度达到最佳值时,就有一个最大视力 $(V_A)_{max}$。视力 V_A 与最大视力 $(V_A)_{max}$ 之比,我们暂且叫它相对视力,用 v_u 表示,并给出公式

$$v_u = \frac{V_A}{(V_A)_{max}} = \frac{L_A}{(0.412 + L_A^{\frac{1}{3}})^3} \tag{4-1}$$

式中　L_A——适应亮度(asb)。

相对视力 v_u 与适应亮度 L_A 之间的关系如图 4-1 所示。

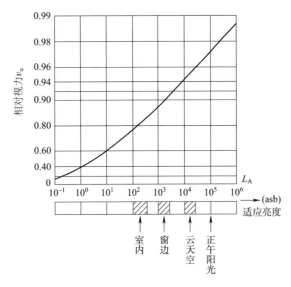

图 4-1　相对视力和适应亮度的关系曲线(Moon、Spencer,1948)

工作面上的照度,是根据选取的相对视力 v_u,在图 4-1 上找出所需要的适应亮度,然后再根据反射系数计算出来。Moon、Spencer 推荐的相对视力值见表 4-3。这种方法比较粗糙,没有考虑物件的尺寸和对比深浅,各种行业的照度标准没有差别。

表 4-3　Moon、Spencer 推荐相对视力值

要求可见的程度	举　　例	v_u
正确识别出物体	走廊、机械工厂粗作业	0.70
短时间读写	食堂、接待室	0.80
长时间读写	办公室、教室、图书馆	0.85
长时间精细视觉作业	制图、机加工具、检验	0.90

2. Blackwell 方法(1958)。该方法中用比背景亮的 $\alpha=4'$ 的圆盘做视标,每秒识别 5 个目标,识别机率 $P=99\%$,用实验方法得到临界对比度与背景亮度的关系曲线,即图 3-21。以此曲线为标准视觉工作,使用视觉工作评价仪(美国的视度仪)测量实际视觉工作中各工件的视度值,与上述 $4'$ 的视标建立起等效关系,计算出等效对比度。从视功效曲线图上找到所需的亮度,再考虑背景反射系数而计算出照度。Blackwell 制定的照度标准的一部分见表 4-4,这种方法不考虑视觉工作等级,不论粗糙和精细的工件都与 $4'$ 的圆盘进行等效。这种方法制定出世界上最高的照度标准值。

表 4-4　工作面所需的照度(Blackwell,1958)

视觉作业分类		需要的亮度(asb)	反射系数	需要照度(lx)
容易的	用墨水书写的票卷	7.1 25.4	0.70 0.76	10.1 33.4
困难的	茶色布上的色差	650 1 080	0.79 0.12	823 9 350
较困难的	铅笔书写的票卷 纺织机线轴上的白线	1 620 4 090	0.63 0.78	2 590 5 240
最困难的	丝绸上的本色线 劣质打字机带上打不清楚的字 黄褐色布上划白粉笔线条	4 810 21 000 732 000	0.46 0.62 0.24	10 400 33 800 7 133 000

3. 印东、河合的方法(1965)。这种方法与上述方法不同,与其本国的松井、近藤等人的方法也不同。它是用直接观察各种大小的文字实验,得到铅字的大小(视角)、对比度、阅读的难易程度与背景照度的关系。实验结果如图 4-2 所示。

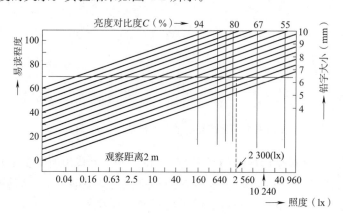

图 4-2　易读程度与照度的关系(印东、河合,1965)

从图 4-2 可以看到,当汉字的大小为 $A(7 \text{ mm})$,对比度 $C=0.67$,易读程度要求达到 70 时,则所要求的照度标准为 $E=2\ 300$ lx。

根据上述实验制定的日本照度标准,其数值见表 4-5。

表 4-5　视觉作业种类与照度的关系

视觉作业种类	照度(lx)	照明方式
制图、检验	2 000	混合照明
办公室、营业室、手术室 (手术台 30 cm 无影灯范围)	1 000 (2 000)	混合照明
图书阅览室、美术制作室	500	混合照明
教室、研究室、会议室	200	一般照明
宿舍、浴室、集会、便所	100	一般照明

注:JIS Z 9110—1969。

4. Кроπъ、Мешков 方法(苏联,1965)。这是一种采用相对视度的方法,其思路类似于上述 Moon、Spencer 相对视力的方法,但是他们对视角和对比度的影响都做了周密的考虑,是一种比较全面的方法。表 4-6 是苏联照明标准(СНиП Ⅱ－В·6)中用这种方法得到的相对视度。

表 4-6 苏联照明标准(СНиП Ⅱ－В·6)相对视度范围

视觉等级	细节尺寸 (mm)	荧 光 灯			
		混合照明		一般照明	
		$P=50\%$	$P=99\%$	$P=50\%$	$P=99\%$
Ⅰ	<0.15	0~0.71	0~0.38	0~0.52	0
Ⅱ	0.15~0.3	0.49~0.82	0~0.73	0.11~0.65	0~0.48
Ⅲ	0.3~0.5	0.83~0.94	0.72~0.92	0.64~0.86	0.39~0.82
Ⅳ	0.5~1.0	0.86~0.95	0.80~0.94	0.86~0.95	0.86~0.95
视觉等级	细节尺寸 (mm)	白 炽 灯			
		混合照明		一般照明	
		$P=50\%$	$P=99\%$	$P=50\%$	$P=99\%$
Ⅰ	<0.15	0~0.58	0~0.09	0~0.33	0
Ⅱ	0.15~0.3	0.27~0.71	0~0.73	0~0.54	0~0.32
Ⅲ	0.3~0.5	0.73~0.89	0.54~0.86	0.50~0.75	0.15~0.68
Ⅳ	0.5~1.0	0.86~0.95	0.80~0.94	0.76~0.90	0.66~0.87

5. 以上各方法的比较结论

从上述各种制定照度标准方法的比较与分析,我们可以得出下面的几点结论:

(1)大多数制定照度标准的方法均以视觉实验和视觉理论为依据。

(2)各视觉实验研究中,均以得到视角、对比度与照度的关系为主要目的。

(3)Blackwell 和 Кроπъ、Мешков 均采用标准视标先得到视功效特性图,然后用视度仪测视度,找出实际物件与标准视标的等效关系,再进一步制定各种实际工作的照度标准。

(4)印东、河合虽然没有采用视度仪,但是他们用阅读文字的难易程度为尺度。这种阅读文字的难易程度是用 0~100% 范围内数字表示主观视感觉程度,相当于上述视功效特性研究中的识别机率 $P=0~100\%$。非常容易读时相当于 $P=90\%~100\%$,看不见文字相当于 $P=0$。

印东、河合没有采用标准视标,而用文字,这种文字介于视标与实际物件之间,它比标准视标复杂,但是又不能代替其他实际物件。如若解决其他实际视觉工作的照度标准问题,虽不采用视度仪,也应作些粗浅的等效工作。

(5)Кроπъ、Мешков 和 Moon、Spencer 的观点均认为有最佳照度,在此照度下有最大视力或最大视度。Blackwell 的实验结果也说明有最小对比灵敏度,即有最大视度水平。从其视功效特性曲线来看,它的最大视度水平$(V_L)_{max}$不会比其他人的实验结果高。但是,他所制定的照度标准却抛开了这一个事实,把视度水平提得很高,可达 V_{L8} 甚至 V_{L20},是世界上最高的照度标准值。

照度过高会造成能源浪费,近几年由于能源危机,所以这种高照度值不受欢迎。从一些文章中看到,有的人已经采用等效球照度设计法,实质上是提高照明质量,在保持视度水平不变的情况下,可以使照度大大降低。当然也会减少了用电量和照明设备。

(6)从上述几种方法的比较可知,无论采用哪一种方法制定照度标准值,由于视功效特性曲线的水平基本上一致,所以得到的照度标准值应该基本上一致,只不过有的方法考虑得粗些,有的方法考虑得细些。另外还考虑了本国的具体经济水平、技术条件,从而使确定出的照度标准值有高有低,符合本国的需要。

第二节 根据视疲劳制定照度标准值

照度标准值除了满足人们的视觉需要,还期望视疲劳低。因此根据视疲劳提出照度标准值,也是制定照度标准的方法之一。若根据视疲劳提出照度标准值,首先要进行视疲劳与照度的关系实验,得到视疲劳与照度的关系。与此同时,往往也进行劳动生产率的调查和计算,这样就增加了用视疲劳制定照度标准值的可靠性。下面介绍几个视疲劳与照度关系的实验结果和提出照度值的依据。

一、我国成年人视疲劳与照度的关系

在编制我国《工业企业照明设计标准》(TJ 34—1979)时,曾经根据无线电厂磁芯穿扣工人的视疲劳和照度的关系(图 4-3)提出照度标准值。图 4-3 纵坐标左右两侧分别表示视疲劳 y 和劳动生产率 P,横坐标单位为 10^2 lx。从图中可知,劳动生产率随照度的提高而提高,视疲劳随照度的提高而下降。照度达 1 200 lx 时,两条曲线趋于平缓。照度达 2 000 lx 时,两条曲线基本上无变化。如果选择低视疲劳和高劳动生产率,应该提出照度以 2 000 lx 为宜,当条件有限时提出 1 000 lx 也可。低于 1 000 lx 无论对视疲劳、还是对劳动生产率都是不利的。

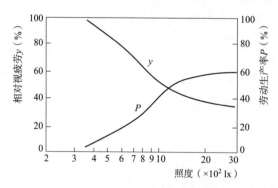

图 4-3 劳动生产率和视疲劳与照度的关系

二、我国少儿视疲劳与照度的关系

表 4-7 是编制我国《中小学校教室采光和照明卫生标准》(GB 7793—1987)时由当时山西医学院少儿卫生教研室赵融教授主持的视觉实验,获得的 10 岁四年级小学生在荧光灯下读书时,视疲劳与照度的关系。由表 4-7 可以得到图 4-4,从表和图中可知,视疲劳随照度的提高而下降。当照度达到 200 lx 时视疲劳明显下降,照度达到 1 000 lx 时视疲劳最低。如果有条件,中小学生采用荧光灯照明时,照度应该有 1 000 lx 为好,如果达不到,最低照度也应为 200 lx

或接近 200 lx。上述国标 GB 7793—1987 规定为 150 lx，这是最基本的需要。至 2010 年，修订的新标准 GB 7793—2010 中规定平均照度为 300 lx。

表 4-7　照明和相对视疲劳值

照度(lx)	10	50	100	200	500	1 000
相对视疲劳	10.28	8.51	8.22	5.53	3.96	2.04

三、国外有关视疲劳与照度关系简述

图 4-5 和图 4-6 是国外资料记载的白炽灯和荧光灯下视疲劳与照度的关系，图中还给出了劳动生产率和照度的关系。从图中可知，采用白炽灯照明时，照度在 300~1 000 lx 范围内视疲劳最低，在 1 000 lx 时劳动生产率最高。因此，有条件时照度标准值以 1 000 lx 最好，无条件时低于 1 000 lx 高于 300 lx 均可。采用荧光灯照明时，视疲劳最低的照度范围为 1 000~2 000 lx，劳动生产率最高的照度是 2 000 lx。因此，提出的照度标准值应该在 1 000~2 000 lx 范围内。

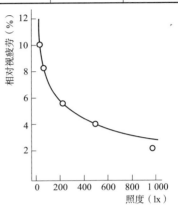

图 4-4　小学生视疲劳与照度的关系

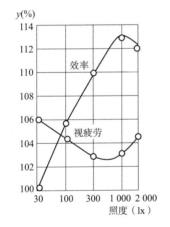

图 4-5　白炽灯下视疲劳与照度的关系

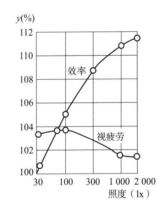

图 4-6　荧光灯下视疲劳与照度的关系

第三节　根据现场调研制定照度标准值

一、根据现场的照度现状提出照度标准值

此种方法很简单，但是需要做大量的重复工作。要组织若干调查小组，到各地区、各行业、各工种进行调查和实测。

在调查过程中，首先要对各工种测量计算其识别细节的最小尺寸。按其精细程度，对视觉工作进行分等。视觉工作分等是必要的，而视觉工作分级就不一定需要。有时可按照度提高一级的办法，例如深背景时照度提高一级或小对比度时照度也提高一级的办法等。

调查以后可按各种办法（算术平均值、几何平均值等）统计照度值，从这些数据中可以找出

有规律的照度值。按照度值等级的划分结果,可以适当地调节照度统计值,从而能够满足统一的标准照度等级。

在确定推荐的照度标准值时,还要适当参考原标准推荐值,也要参考国外的照度标准值。当然,为使所提出的照度标准值更符合本国国情,还应以本国的现状为主。因为现状往往反应出现在的经济条件,以及现在的经济条件所能达到的最低满足视觉要求的照度值。

调查后列成统计表,按照明方式,例如混合照明和单独一般照明,分别统计和填写。荧光灯和白炽灯也可分别统计和填写,以便从中找出有意义的结果。这些结果就为提出照度标准值建立了数量依据。

二、根据现场主观视觉评价提出照度标准

此种方法比前面的方法详细,在调查中除调查统计现状照度之外,还要将观察者对现状照度的评价进行调查统计。然后按视觉工作等级统计出照度与视觉效果的关系。

评价者应包括调查者本身和被调查工种操作者,评价人数宜10~20人。调查者参加评价有利于不同地点的同一工种的评价结果进行比较和判断,以便统一评价的尺度和评价结果。调查组内的调查者一般也有3~5人,再加上被调查的工人(或操作者),一般可达到十多个人。当然评价人数再多些更好,但是往往会增加工作量。

视觉评价等级宜3~5等,评价等级再少不能进行比较,评价等级再多便很难掌握。现场照度值在调查的当时是不能改变的,所以只能按所到之处的照度值就地进行评价。

调查中首先对被调查的工人(或操作者)讲清调查的目的、意义和评价等级的尺度。让评价者严肃认真,并尽量统一的掌握视觉评价尺度,然后按表4-8的项目填好。

表4-8中参加评价者十人。评价等级分五等,其中"低"表示照度"太低";"暗"表示"较暗";"可"表示照度"可以",即刚刚满足视觉要求,一般情况下可以认为是舒适照度;"过"即为"过高"或"过亮",这时的照度一般是超过了视觉的需要。但是要特别注意,往往不是照度过高,而是照明质量不好,例如灯的安装位置不当,存在着直射眩光或光幕反射。这种情况下要特别加以注明,对今后的设计或总结照明经验会是第一手的材料。

表4-8 现场照度视觉评价调查统计表

单位: 灯种: 功率: 灯具类型: 悬挂高度:

工 种	照度(lx)	评价等级	评价者	满足的人数
×××	100	低	A	30%
		暗	B、V	
		可	D、E、F、G	70%
		适	H、I	
		过	J	

从表4-8中的评价结果可以看出,认为"低"和"暗"的人数只占30%,而认为"可"以上的人数占70%,这样就可以把这种统计结果画出评价结果与评价人数的关系图,如图4-7所示。

从图4-7中可知,当照度$E=100$ lx时满足70%的人数。用同样的办法可以得到:例如该工种当照度$E=50$ lx时,满足40%的人数;当照度$E=200$ lx时,满足90%的人数。于是可以做出满足人数与照度的关系曲线图,如图4-8所示。

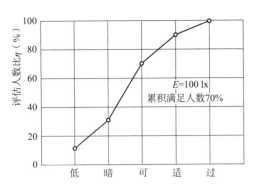

图 4-7 视觉评价结果与评价人数的关系曲线

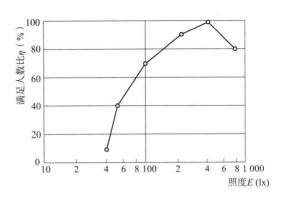

图 4-8 满足人数百分比与照度的关系曲线

如果调查的工作场所很多,图 4-7 中的每一点,可以认为是各处的平均值。从图 4-8 中可知,满足人数比值随照度的提高而增加,当照度达到 400 lx 时 100% 人员满意,照度达到 800 lx 时满足的人数下降,这说明高照度并不一定好。当然,在实际调查中不一定会有这样广的照度范围,但是这样统计和作图后却可以找出最低的照度标准值和舒适的照度标准值。有了这个统计曲线,也可以根据不同的要求提出不同的照度标准。例如,铁路系统车站售票口的照度标准,特级火车站为使多数人得以满足(如 80% 的人)而提出较高的照度值,小的车站则可使满足人数为 50% 而提出较低的照度值。

三、根据现场实验提出照度标准

通过现场实验制定照度标准,是固定某个现场的某一工种后改变照度,同时对各种照度进行视觉心理的评价或视觉生理的某些测量,从而确定最低照度值或舒适照度值。

改变照度的方法可以通过以下途径:

(1)改变光源。包括改变不同类型的光源(例如荧光灯或白炽灯等)或改变光源的不同功率(例如荧光灯可分别更换 8 W、15 W、20 W、30 W 和 40 W)。

(2)改变灯具。同一类型和功率的光源还有不同类型的灯具,由于灯具的不同,其配光曲线不同,也会形成不同的照度。

(3)改变灯具的安装高度。由于灯具的悬挂高度不同而形成不同的照度。该种方法只需在一个地方,不用到许多地方去调查。但是由于要固定和改换各种照明条件,所以就需要准备一些实验材料与设备,甚至还可能做些电气线路的临时设计和安装。

在配合现场实验的同时,最好还要统计该工种的生产数量和质量,以便满足视觉心理和视觉生理的要求外,还满足生产上的经济要求。

四、人工照明现场调查的内容和方法

1. 一般照明的调查

一般照明为不考虑特殊局部的需要,为照亮整个假定工作面而设置的照明。在调查过程中应关闭局部照明灯再开始测量。

2. 局部照明的调查

局部照明是为增加某些特定地点(如实际工作面)的照度而设置的照明。调查过程中最好

是关闭一般照明灯(有时一般照明影响很小,也可同时测量)再开始测量。

3. 混合照明的调查

混合照明是一般照明和局部照明共同组成的照明。当测量混合照明照度时,应同时打开一般照明和局部照明。

4. 分区一般照明和分区局部照明的调查

在一个大面积的厂房或车间里,有时可以分区测量。

5. 统计方法

统计平均照度时,可统计算术平均值、几何平均值或均方根平均值。一般做算术平均值较多。

布点和统计方法据日本的资料可有以下四种方法:

(1) 四点法的布点如图 4-9(a)所示,照度平均值 $\bar{E}$ 为

$$\bar{E} = \frac{1}{4}\sum_{i=1}^{4}E_i$$

(2) 五点法 1 布点如图 4-9(b)所示,照度平均值 $\bar{E}$ 为

$$\bar{E} = \frac{1}{12}\left(\sum_{i=1}^{4}E_i + 8E_g\right)$$

(3) 五点法 2 布点如图 4-9(c)所示,平均照度 $\bar{E}$ 为

$$\bar{E} = \frac{1}{6}\left(\sum_{i=1}^{4}E_i + 2E_g\right)$$

(4) 九点法布点如图 4-9(d)所示,平均照度度 $\bar{E}$ 为

$$\bar{E} = \frac{1}{36}\left(\sum_{i=1}^{4}E_i + \sum_{m=1}^{4}4E_m + 16E_g\right)$$

式中 E_i——边点照度;
E_m——中点照度;
E_g——重心照度。

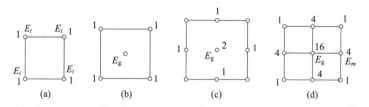

图 4-9 照度计算点布图

(a)四点法,每点权重 1/4;(b)五点法 1,重心权重为 8;(c)五点法 2,重心权重为 2;
(d)九点法,重心权重为 16,中点权重为 4

6. 统计结果

完整的统计结果应有下列内容:

(1) 最高照度 E_{max};

(2) 最低照度 E_{min};

(3) 平均照度 $\bar{E}$;

(4) 照度均匀度 $u=\dfrac{E_{\min}}{E}$；

(5) 反射比（反射系数）ρ；

(6) 亮度分布 L。

第四节　根据经济分析方法制定照度标准

用经济分析方法提出照度标准值，主要有两种方法。这些方法在注重经济效益的情况下还是很有效的，下面分别予以介绍。

一、小堀富次雄方法（日本，1962）

这种方法提出的经济照明和经济照度的观点很有意义。小堀富次雄提出了每种照明方案或照明设备的平均照度与单位产品价格的关系曲线，根据这些关系曲线再提出最经济的照度标准值，这就是经济照明和经济照度。

图 4-10 中纵坐标为单位产品的价格，横坐标为照度，图内给出这一场所照明安装时所采用的三种照明设备。每种照明设备都做出了单位产品价格与平均照度的关系曲线，并且有最低单位产品价格的平均照度值。将这些最低单位产品价格的平均照度按顺序排列，并将单位产品价格的最低点连接起来，就形成了经济照度线，从中不难找出最佳的经济照度值。

用这种方法也不难做出要达到某种照度值，该采用哪种照明设备为最经济的照明方案。例如这三种照明方案都要求达到 E_2 照明值时，计算出 E_2 照度时的单位产品价格与照明方案的关系。在图 4-10 中增加一个第三维坐标为照明方案，这样就可以找出最低单位产品价格的照明方案。这时图中设备 1 的单位产品价格就不一定低于设备 2 的。

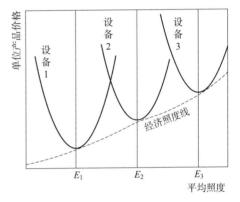

图 4-10　经济照度图（小堀富次雄，1962）

二、Труханов 方法（苏联，1958）

用经济分析的方法提出照度标准值是 Труханов 于 1935 年提出的，并于 1958 年加以完善。该方法也是针对某一工厂企业的，也是从经济观点出发来制定照度标准值。

计算一个工厂企业的经济效果，仍然是单位产品的价格。产品的价格包括设备折旧费、材料费和半成品的消耗费、工人基本工资、燃料费、动力费、照明费和杂费，在生产的某一段时期内加以统计并计算，由于照明的改善，提高了劳动生产率，可以使产品成本费下降。Труханов 给出了一个计算公式，并计算出产品成本费与照明用电的关系，如图 4-11 所示。图中的纵坐标表示产品成本费 S_M，横坐标表示照明用电量 W。在照度标准水平过低时，劳动生产率不高。增加照明用电量后，由于改善了照明条件，大大地提高了劳动生产率，因此产品成本费几乎直线下降。S_{PX} 表示了产品的最低成本费，W_H 也是合适的照明用电量。当照明用电量继续增加时，由于生产率不再提高，因此产品的成本费也就逐渐上升。考虑到电力水平等客观条件,不可能立即把照明供电水平提高到 W_H 处,但是可以逐渐改善照明。第一阶段达到 W_1,产品成本降低 ΔS_1;第二阶段达到 W_2,产品成本降低 ΔS_2……直到产品成本费降到最低为止,这时的照度值为最经济照度标准值。

如果从视功效或视度的观点分析,排除其他因素的影响,达到这个最经济照度值时,应该是最小临界对比度或最大视度,即相对视度等于或接近于1。在经济和电力条件允许时,应采用最经济照度作为照度标准值。

从上面的两种方法可知,这种经济分析方法要做大量的调查、统计和计算工作。尤其是要有一段生产时间的验证和考核,才能最终提出这一行业的照度标准值。这一照度标准值提出后就很容易被工业企业部门所接受。

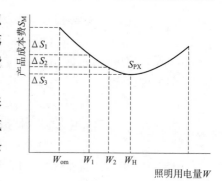

图 4-11　产品成本和照明用电的关系
（Труханов,1958)

第五节　阅读视觉作业的照度标准值的变化

通过前面的讨论不难看出,不论用视功效方法、视疲劳方法还是根据现场调研用经济分析的方法提出的照度标准值,都受到当时的技术经济发展水平的限制。随着经济水平的提高和技术水平的发展,各国的照度标准值及各工种的照度标准值都在不断地提高。同时,随着照度标准值的提高,照明质量的问题也就突出了。为了了解照度水平随着技术经济水平的提高而提高的过程,以及照明质量的问题是如何突出起来的,下面我们以阅读视觉作业为例来看照度水平的变化。

读书看报是我们日常生活中的主要而又较精细的视觉作业,并且随着现代科技文化的进步,阅读劳动越来越占有较长的时间和较重要的地位。所以关于阅读的视觉作业究竟需要多少照度,是值得研究的问题。阅读视觉作业照度的变化如下。

一、川畑爱藏(1937)

从20世纪30年代就有较详细的关于读书究竟需要多少照度的研究资料。川畑爱藏(1937)研究在30～35 cm 距离条件下铅字的大小和阅读的最低照度的关系如图 4-12 所示,并提出照度 10 lx 就可以读报纸。

易读度 S 表示的内容：

1—模模糊糊地看到浅灰的东西；
2—能看出行间距离；
3—能看出字但不能阅读；
4—刚刚读出简单的笔画；
5—能清楚地读出笔画；
6—能读简单的汉字；
7—能读汉字；
8—能读汉字的标音；
9—全部都能阅读。

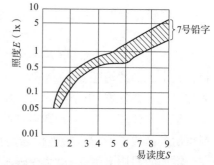

图 4-12　易读度与最低照度的关系

当时在 10 lx 照度下读报可以,但是读书就不够了。因为读书要长时间的读下去,不只是要读,还要读得舒适,否则就会引起生理上的变化,例如视觉疲劳等。能读的最低照度与读书的舒适照度之间还有着一段距离,因此我们还必须研究舒适照度。

二、大塚(1939)

在 20 世纪 30 年代后期,大塚还研究过在室内各种照度下的读书工作,让读书者回答舒适的阅读照度,或者在各种照度下看细小物体时所引起的视觉疲劳,从而找出疲劳程度与照度的关系,其研究结果如图 4-13 所示。为求得合适的照度值,出现了不止只一种舒适照度的现象。实验结果有一个共同点,即读写等视觉作业的合适照度都高于 100 lx。

大塚(1939)通过研究得出舒适照度人数的百分比与照度的关系,结果认为 160 lx 时为舒适的人数最高,如图 4-14 所示。

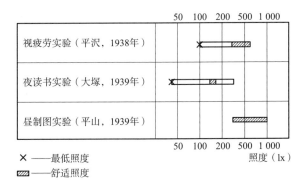

图 4-13 最低照度与舒适照度实际比较　　　图 4-14 舒适人数百分比与照度的关系(大塚,1939)

三、蒲山久夫(1962)、本桥和佐藤(1965)

日本在二次大战后很长一段时间内对视觉和照度的研究是空白的,直到 1958 年才发表了日本工业标准的照度标准值,并提出必须进一步研究制定照度标准的依据。在此之后出现了蒲山久夫(1962)、本桥和佐藤(1965)等人关于视功效特性的研究。从这些研究中看到,他们都是致力于研究看清物体的最低照度,而不是舒适照度。如果虽然可看清目标,但是照度不合适,长时间看书就会引起视疲劳,因此就必须研究使疲劳最小的舒适照度。于是在日本又展开了下面的研究工作,以便从生理上找到依据。

四、松井等(1963)

在 20 世纪 60 年代,松井等(1963)制作了一个精密的测定眼睛调节时间的装置。在荧光灯的各种照度下看细小的目标,然后测量眼睛的调节时间,研究照度和调节时间的关系(调节时间指看远物体的眼睛马上调节到看近物体所需时间)。这种调节焦点所需时间的变动快慢,叫调节时间变动率。所以有这种变动是由于眼睛上的睫状肌疲劳引起的,从而可以测量视觉疲劳的程度。当然除了视觉运动系统的疲劳外,还有视感觉系统的疲劳。这些测量视疲劳的方法,目的都是要找出视觉生理上的合适照度。

松井等研究结果认为:读书时,视觉疲劳最少的最低照度应是 500 lx。再细小的图形、对比度小的符号，长时间读写的最少视疲劳的照度应该达到 1 000~2 000 lx，如图 4-15 所示。这个照度值与上述的 160 lx 相差较大，作者认为这是用科学的方法得出的结果，应该尊重。另外这里也与照明质量有关。

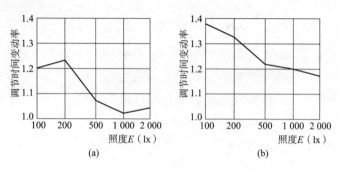

图 4-15　视疲劳与照度的关系（松井，1963）
(a)大对比度的抹消作业；(b)小对比度的抹消作业

五、印东和河合(1965)

从生理学的观点出发，为了减少视疲劳，必须有 500 lx 的照度，但是还必须考虑由于大脑的反应影响的心理作用。因此印东、河合等人又发表了从心理学的角度评价出来的舒适照度(1965)。

印东和河合采用各种对比度、各种大小的文字进行实验，把心理观察指标定为九级，称为连续阶段法。由这种尺度构成的方法，可以在数学尺度上给出数量的含义，其中以不能读时定为 1，非常易读时定为 100，能读与不能读的界限定为 12。一般能读定为 50，较易读时定为 70~80，把心理指标的尺度定量化。这种方法最后在日本作为制定照度标准的依据。

根据这种心理学上的实验结果，提出易读度 $S=70$ 时，读书的舒适照度应为 2 000 lx。

六、Борисова(1978)

到 20 世纪末，苏联的 Л. А. Борисова(1978)提出的中小学校教室最佳照度水平实验中，在照度 100~1 000 lx 范围内，进行三种视疲劳实验，找出最低视觉疲劳时的经济照度为 500 lx。

七、Верзинъ 等(1978)

与此同时还有 В. И. Верзинъ(1978)等人研究的高等学校教室的最佳照度水平。根据校对工作检查符号的数量和错误率，来统计学生的视觉工作能力。实际的照度范围为 100~1 500 lx，得出用天然采光时，最低照度应为 500 lx，最佳照度应为 1 100 lx；而当人工照明时，最低照明应为 600 lx，最佳照度应为 1 300 lx。

由此可见，当时在国外读写的最佳照度值都统一在 1 000~2 000 lx。天然采光和人工照明的照度虽有差别，但并不太大，基本上也都在此范围之内。

八、Moon 和 Spencer(1947)

美国麻省理工学院 Moon 和 Spencer(1947)对最舒适的照度进行研究,如图 4-16 所示。从视觉生理的角度研究,结果认为照度越高越好,最好的照度似乎没有上限。但当时认为照度高就得设备多、费用大,照度的上限是受经济条件限制的,因此最合适的照度要由经济水平决定。当时正是西方荧光灯代替白炽灯的时代,由于荧光灯可以产生高照度(相同功率时),因此采用荧光灯既提高照度又达到推广荧光灯的目的。

九、Blackwell(1959)

美国 Blackwell(1959)从视觉心理的角度出发研究舒适照度,也得出了与上述两位学者的研究同样的结果(见第三章图 3-19、图 3-22)。

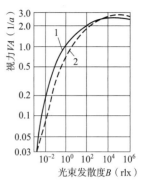

图 4-16 舒适照度的研究结果

美国上述两家研究照度标准值的工作,前者以视觉生理为基础,后者以视觉心理为基础。他们的根据虽然不同,但是认为精细视觉作业方面的照度必须提高这一点的意见是相同的,当时认为办公室的读写工作所需的照度应该是 1 000～2 000 lx。就这样,美国推荐高照度的思想就从这两条途径形成了。

从研究读写得出的舒适照度为 160～500 lx 和从研究精细视觉作业的生理要求和心理要求得到最佳照度为 1 000～2 000 lx,这是一个很大的变化。这与人们对其长期所处的环境习惯有关外,也与照明技术水平所决定的照明质量有关。

由于白炽灯泡裸露在外面形成的照度稍一高就会产生眩光,在 20 世纪 30 年代人们要求有 160 lx 的照度就满意了。当采用荧光灯时(灯管亮度均匀分布并且色温较高)形成的照明质量较好,所以人们就不满足于 160 lx 而追求更高的照度,这是从视觉生理和视觉心理上都得到证实的结果,我国古书也有记载"绿荫下读书好"的说法。从照明的观点出发,只有照度值高且照明质量好,才有良好的视觉效果。晴天树荫下约有上万勒克斯的照度,同时由于光线经过树叶层层反射和扩散使光线柔和,光色好,并且亮度均匀,视场广阔,所形成的照明质量最好。近几年各国提出读书的照度值大体趋于一致,且达到 1 000～2 000 lx,就是人们从心理和生理上追求高照明数量和质量的反映。

十、Bodmann(1962)

图 4-17 给出了 H. W. Bodmann(1962)的荧光灯实验结果。图 4-17(a)中纵坐标是感觉照度舒适人数的百分数,横坐标是照度值,大多数人认为 1 800 lx 时照度最好,高于 1 800 lx 反而认为不好。图 4-17(b)中的纵坐标 S 表示视觉作业的容易程度,横坐标表示照度。从图中可知,当研究照度标准值发展到一定程度后,必须研究照明质量,否则,有时虽然照度水平很高,但照明质量不好,反而会损失视觉效果。图 4-17(b)中照明质量坏的 1 000 lx 照度比照明质量好的 1 000 lx 损失了视觉容易度 ΔS,相当于同样照明质量的 500 lx 时达到的容易度 S_2。关于照明质量的详细探讨请见第五章和第六章。

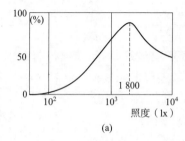 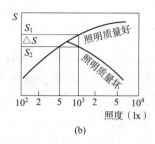

图 4-17　照明质量比较图

(a)舒适人数百分比与照度的关系；(b)易读度 S 与照明质量的关系

第六节　照度的等级和范围以及时空均匀度

一、照度等级和范围

照度等级的划分在国际上有一种分级方法，如 1986 年 CIE 和 1989 年 ISO(国际标准化组织)统一后的划分见表 4-9。

表 4-9　CIE 和 ISO 的照度等级和范围

标准名称	CIE《室内照明指南》 No. 29/2(1986)	ISO TO/59《原则》 8995(1989)
场所和视觉特征 照度(lx)	区域、作业或活动类型	区域、作业或活动类型
20—30—50	室外入口区	室外工作区
50—75—100	交通区、简单判方位或筹办巡视	交通区、简单判方向或筹办巡视
100—150—200	非连续工作房间，如监视、储藏、衣帽间、门厅	非连续工作房间
200—300—500	有简单视觉要求的作业，如粗糙机加工、礼堂	简单视觉要求的作业
300—500—750	有中等视觉要求的作业，如普通机加、办公室、控制室	中等视觉要求的作业
500—750—1 000	有一定视觉要求的场所，如缝纫、检验、试验、绘图室	困难视觉要求的作业
750—1 000—1 500	有很难视觉要求的作业，如精密加工、装配、辨别颜色	很困难视觉要求的作业
1 000—1 500—2 000	有特殊视觉要求的作业，如手工雕刻、精细工件检验	特殊视觉要求作业
>2 000	完成很严格的视觉作业，如微电子装配、外科手术	完成高精度视觉作业

注：《原则》为《视觉工效学原则、室内工作系统照明》的简称。

我国照度等级的划分与 CIE、ISO 基本一致的，其排列方式也基本相同。我国《民用建筑照明设计标准》(GBJ 133—1990)，其中的照度标准值即采用了表 4-9 系列。但是，在全世界都提倡绿色照明的节约能源时代，再考虑到我国当时的国情，我国的最高照度当时规定为 2 000 lx。2001 年 CIE、ISO 都修改了三级照度标准值，而改为单一照度标准值。之后我国国标《建筑照明设计标准》(GB 50034—2004)以及《建筑照明设计标准》(GB 50034—2013)中均增加了 3 000 lx 和 5 000 lx，编制组一致认为没必要高到 20 000 lx。国际上还有另一种分级方式，如苏联、澳大利亚与德国，他们采用了 200 lx、400 lx、600 lx 的方式。不论采用哪种分级方式，其分级的原理都应符合视力与照度对数值成正比的关系。

我国的《工业企业人工照明暂行标准》(106-56)和《工业企业照明设计标准》(TJ 34—1979)中就是采用单一照度标准值的。在单一标准值时，遇到下列情况时应采用照度值提高一级：

(1) 视觉作业具有低反射率和低对比度时；
(2) 纠正差错代价昂贵时；
(3) 视觉工作要求严格时；
(4) 产品精度或生产效率特别重要时；
(5) 工作人员的视觉能力低于正常人时。

下列情况下应采用照度值降低一级：

(1) 反射率高或对比度高的视觉作业；
(2) 工作速度或精度无关紧要的工作；
(3) 只完成临时性工作时。

这样规定也有利于发挥设计人员的作用，使之有灵活掌握的余地，更有利于对不同建筑等级选择不同的照度值。

二、最低照度和平均照度

在照明设计时除苏联采用最低照度值外，其余均采用平均照度值作为标准的或推荐的照度值。我国在 106-56 标准和 TJ 34—1979 标准中一直采用工作面上的最低照度值作为标准的照度标准值，在后来编的《民用建筑照明设计标准》(GBJ 133—1990)和《工业企业照明设计标准》(GB 5003—1992)中均采用平均照度值作为标准值。这是因为 1956 年采用苏联的技术规范，理由是保障劳动者健康的最低要求。60 多年来在照明计算方法的发展和应用中反映出，采用平均照度计算的方法显得更科学、更合理，又因为一系列的灯具技术参数有利于平均照度的计算，因此，我国照度设计的计算中标准值也采用平均值。平均值能够更全面、更准确地表征一个房间或一个区域的照度水平。

三、规定照度的平面

规定照度的平面称计算照度时的参考平面。参考面可由许多平面组成，不一定限制在单一的表面上。作为一个工作房间，工作面往往就是参考平面。对于不限定在固定位置上进行工作的房间，通常假定工作面是由室内墙面限定的距地 0.70～0.85 m 高的水平面(英国规定 0.70 m，美国规定 0.76 m，CIE 的站立工作面规定为 0.85 m、座位工作面规定为 0.75 m，我国规定 0.75 m)。对于已知工作位置和明确指定工作位置的房间，参考面可由工作区或作业区的指定面积组成。如果工作面不在水平面内或者是在不同高度上，参考面就应当在作业面所处的角度和高度上。其他用处的房间，例如交通区或展览场所，参考面可以是地面、墙面或室内任何相关的平面。

四、照度的时空均匀度

(1) 照度的空间均匀度。任何照明装置也不会在参考面上获得绝对均匀的照度值，因此所说的平均照度就是这个参考面上的平均照度值。为了使整个工作区域获得具有同等照明条件的工作位置，在一般照明条件下，参考面上的最小照度与平均照度之比通常为 0.7～0.8，有的国家推荐为 0.8,我国定为 0.7。工作房间的交通区、储藏区的平均照度一般不应小于工作区照度的 1/3。通常情况下,有些房间照度均匀是不必要的,但是如果要求任何位置都能进行工作,则一定要规定均匀度。在相邻房间内的平均照度彼此之间不应超过 5∶1 的变化水平。这些规定,我国《民用建筑照明设计标准》(GBJ 133—1990)与 CIE 是一致的,这样规定是为了视觉适应上的需要,保证视觉舒适。

(2)照度的时间均匀度。任何照明装置在参考面上的照度是不会一成不变的,由于灯泡光通的衰减以及灯泡、灯具和房间表面的不断污染,照度会逐渐下降。因此在使用平均照度这一概念时应该注意分清初始照度、服务照度或使用照度、工作照度或维持照度、维护照度。初始照明是当照明装置为新安装的,房间表面也是新粉刷的时候,参考面上的平均照度值,这个照度值不能作为标准照度值和推荐照度值在设计中使用;服务照度是在整个维护周期内参考平面上的平均照度值,有些国家采用这个照度值作为标准照度值;维护照度是照明装置运行到末期,必须更换灯泡或清洗灯具和房间表面时,或者同时进行上述维护工作时参考平面上所达到的平均照度值,有些国家采用维护照度作为标准照度值。

(3)在采用服务照度作为推荐的照度标准值的国家,一般不允许其维护照度低于推荐标准值的 80%,这种情况下就不必规定维护系数。德国的 DIN 5035 标准中规定,在照明设计中应将推荐的标准值乘以 1.25 的系数,以便防止照明装置的老化。

我国 TJ 34—1979 和现行的 GB 50034—2013 国家标准中均规定以维护照度值为照度标准值。因此,在国际中也规定有维护系数。维护系数指照明设备达到运行周期末时,工作面上的平均照度与在同一条件下平均照度的初始值之比。

维护系数按房间的清洁程度分为清洁的、一般的和污染严重的三种;按光源不同又分为两类(可参考相关国家标准);按 CIE 的规定分为每年维护两次、三次两种。维护系数有不同的数值,约为 0.65~0.80 之间,照明计算时可根据不同情况选择不同的数值。总之,初始照度乘以维护系数后才为维护照度值。有的资料上给出照度补偿系数,即维护系数的倒数。

第七节　照度标准值提高的速度和世界照度发展趋势

通过以上论述,对照度标准值的国际概况已经有了基本的了解。可以看出,随着照明及其电器设备与材料的发展以及社会经济水平的提高,随着生产技术的发展和人民生活的改善,客观上不断要求提高和改善照明条件,照度标准值也就不断地提高。关于照度标准值提高的速度如何?今后还将提高到怎样的程度?这是许多照明技术工作者都在关心的问题,也是我国目前照明技术工作者应该了解的问题。

图 4-18 是日本田中春彦(1969)根据各国的照度标准值统计出来的平均变化图,图 4-19 是全世界照度水平的平均增长概况(1980),这两个图反映出的结果和规律是一致,从这两个图可以看出 70 年代达到的最高平均照度值为 1 500 lx 左右。图 4-20 是英国一般视觉作业照度水平的增长情况(1980)。到 20 世纪 80 年代一般视觉作业的照度值超过 500 lx,而且还在继续增长着。CIE 曾推荐过一般视觉作业的照度值为 200~1 500 lx。当时新版本的《室内照明指南》CIENo.29/2(1986)文件推荐普通办公室照度为 300—500—700 lx,设计、绘图和打字室为 500—750—1 000 lx,并且规定室内正常条件下的工作最小照度为 200 lx。可以看出,CIE 的推荐值与上述的发展趋势是一致的。

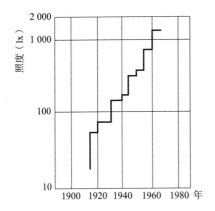

图 4-18　各国照度标准平均值变化图（田中春彦，1969）

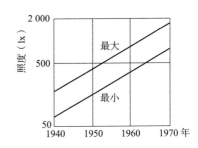

图 4-19　全世界照度水平的平均增长情况

我国《民用建筑照明设计标准》(GBJ 133—1990)中规定一般视觉作业的照度范围为 50～300 lx，当时办公室照度为 100—150—200 lx，中小学校教室的平均照度为 150 lx。从这些数字看，我国的照度值尚应有所提高。最新的国标 GB 50034—2013 中规定平均照度为 300～500 lx。

图 4-21 是西德*精细视觉作业照度水平随着年代增长的情况。到 20 世纪 70 年代末照度值已达到 5 000 lx，而且还有增长的趋势。从这个照度值看，在 20 世纪 90 年代我国工业企业照明的最高一级照度的平均值为 2 000 lx 也不算高。

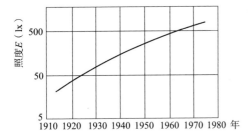

图 4-20　英国一般视觉作业照度水平的增长情况

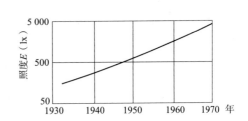

图 4-21　西德精细视觉作业照度水平的增长情况

在 20 世纪 90 年代，纵观我国的照度标准值，从发展趋势看尚处在偏低水平。如果我国经济和发电力以及照明设备水平再提高一步，我国的照度标准值也应该相应的再提高一步，尤其是精细视觉作业和办公室等一般视觉作业的照度值应有所提高。

从 20 世纪 20 年代到 80 年代，各国的照度标准值都不断地提高，除美国等少数几个国家的照度值不再提高以外，许多国家的照度值仍在不断提高着。究竟能提高到什么程度？发展趋势如何？下面以办公室照明为例。

图 4-22 表示了从 20 世纪 40 年代到 70 年代全世界办公室照度水平的增长规律和趋势，并给出了照度值的上限和下限。这正表明在这一段时间内，照度值是以比直线还要快的速度上升。然而从图 4-23 和图 4-24 中可以推测到，无论是法国办公室照度，还是欧洲经互会国家办公室照度，在 2000 年之前仍然在增长着，但是增长的速度在下降。在 2000 年以后照度基本

---

* 西德：1949～1990 年存在于今德国西半部、以西德之简称所为人熟知的德意志联邦共和国。

趋于饱和状态,将不再有明显的增加,而且最高照度约为 2 000 lx 左右。

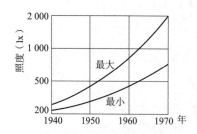

图 4-22　全世界办公室照度增长的情况

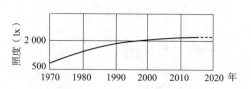

图 4-23　法国办公室照度增长情况

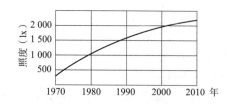

图 4-24　经互会成员国办公室照度增长情况

办公室照度达到 2 000 lx 左右是视觉要求的最佳照度,这一照度值正是人们在白天以日光在桌面上产生均匀柔和舒适光的照度值,也符合第二章和第三章提到的视力实验、视功效实验和视觉满意度实验,与视觉理论中的最大相对视度和最佳照度值是一致的。2 000 lx 这个照度值也证实了我国古书上有记载"绿荫下读书好"的说法。照度值的提高是有限度的,如果超过这个限度,不但不会改善视觉效果,还会损害视觉健康并且造成浪费。

第八节　中国建筑照明设计标准的发展

一、中国建筑照明设计标准的发展历程

1949 年建国以来,特别是随着我国改革开放,各项工作都有了飞速的发展。照明工程、照明技术也获得相当的快速发展,我国的建筑照明设计标准也同样得到长足的进步,发展历程如下。

将近 50 年的历程,我国建筑照明设计标准才有了一个完整的、准确的体系。中华人民共和国成立,各项建设事业兴起,当时为了国家经济建设的需要,急需有一个可遵循的建筑照明设计标准。由于时间紧迫、任务急,采取最省时和省力的办法是将苏联的《人工照明标准》中照度标准按比例降低来规定我国的照度标准值,形成了我国第一本照明标准《工业企业人工照明暂行标准》(106-56)。之后,我国开始研编自己的工业企业照明设计标准,《工业企业照明设计标准》(TJ 34—1979)自 1979 年 1 月 1 日起实施。随后,根据国家计委计综〔1984〕305 号文批准要求和建设部建标字第 248 号文件公告,批准新编的《民用建筑照明设计标准》(GBJ 133—1990)为国家标准,自 1991 年 3 月 1 日起实施。1992 年,根据建设部〔1992〕650 号文通知,修订的《工业企业照明设计标准》(GB 50034—1992),自 1993 年 5 月 1 日起实施。2002 年,根据建设部建标〔2002〕85 号文和原国家经贸委、联合国开发计划署(UNDP)以及全球环境基金(GEF)的项目计划要求,编制国家标准《建筑照明设计标准》,根据建设部的要求,将《民用建筑照明设计标准》(GBJ 133—1990)和《工业企业照明设计标准》(GB 50034—1992)合并,编制

出《建筑照明设计标准》(GB 50034—2004),自 2004 年 12 月 1 日起实施。

2011 年,根据住房和城乡建设部《关于印发〈2011 年工程建设标准规范制订、修订计划〉的通知》(建标〔2011〕17 号)的要求,由中国建筑科学研究院会同有关单位对原国家标准《建筑照明设计标准》(GB 50034—2004)进行全面修订,于 2013 年完成了《建筑照明设计标准》(GB 50034—2013),自 2014 年 6 月 1 日起实施,现今正在执行该标准。

在各项标准的编制过程中,不论是改编或新编,都进行了广泛的调查研究和必要的科学实验,吸取了国外科研成果。特别是 1979 年的 TJ 34—1979 国标编制过程中,首次试制和应用了国产仪器,进行了人眼睛的视觉实验,获得了宝贵的中国人视觉数据。这些标准也认真总结了我国近数十年来的经验,并在广泛征求意见的基础上,最后经审查定稿。为了更清晰的区分和牢记以上六本标准,下面简单汇总如下:

(1)1956 年《工业企业人工照明暂行标准》(106—1956)

(2)1979 年《工业企业人工照明设计标准》(TJ 34—1979)(1997.01.01 实施)

(3)1991 年《民用建筑照明设计标准》(GBJ 133—1990)(1991.03.01 实施)

(4)1993 年《工业企业人工照明设计标准》(GB 50034—1992)(1993.05.01 实施)

(5)2004 年《建筑照明设计标准》(GB 50034—2004)(2004.12.01 实施)

(6)2014 年《建筑照明设计标准》(GB 50034—2013)(2014.06.01 实施)

二、国家标准(旧版)《建筑照明设计标准》(GB 50034—2004)的特点

GB 50034—2004 与之前的标准相比,主要有以下三大变化和三大目标。

1. 三大变化

(1)照度水平有较大的提高。一些主要房间或场所规定的一般照明照度标准值提高 50%~200%,是现实需要的合理反映。而且只规定一个照度值,取消原标准的三挡值,但允许在某些条件下即建筑功能等级要求不同的房间或场所,可降低或提高一级,具有一定灵活性。

(2)照明质量标准有较大提高和改变,基本上是向国际标准靠拢。对大部分房间的光色有较高要求,如对长时间有人工作的房间或场所,其对颜色识别的失真不得大于 20%,即显色指数大于 80,少数房间的显色性要求稍低。其次对照明所产生的眩光有了新规定。眩光限制在以前标准中对各种房间无明确具体要求,只规定了灯具的眩光限制曲线。而在此版标准有了明确的规定,采用国际上通用的最大允许统一眩光值(UGR)来限制,提高了眩光限制的合理性和准确性。同时这也是对照明器材生产厂家和设计提出了新要求,厂家要提供符合眩光限制的灯具。

(3)增加了居住、医院、学校、博展馆等民用建筑和工业七类建筑 108 种常用房间或场所的最大允许照明功率密度值等,除居住建筑外,其他六类建筑的照明功率密度限值属强制性条文,必须严格执行。要求用较少的照明功率,保证满足标准要求的照度和照明质量,即达到节约能源、保护环境、提高照明质量、实施绿色照明的宗旨。

2. 三大目标

(1)提高了照度水平和照明质量,改善了视觉工作条件。它对提高生产、工作、学习的视觉效能、识别速率,以及保障安全、降低差错率都有很大影响,同时对人们的心理和生理产生良好作用。

(2)推动照明领域的科技进步。该标准提高了照明度,规定了较高的显色性要求和适合我国情况的照明功率密度值以及相应的技术措施。这些对照明电器产业的产品更新换代，促进高效、优质电光源、灯具以及其他照明产品的生产、推广和应用具有强大的推动作用。如优质、高光效、长寿命的稀土三基色荧光灯已在国外大量推广应用，我国的制灯工艺技术已成熟，但至今生产和规模仍较小。鉴于它的显色指数较高、光效高、寿命长等优越性能，特别符合新标准规定的要求。预计在新标准颁布实施后，将得到快速的推广和应用。此外新标准对提高照明工程的设计水平也起到很大的促进作用。例如，如何达到规定的照度和照明功率密度限制以及照明质量要求，也需要一番设计思考，想方设法来达到。

（3）有利于提高照明功效，推进绿色照明的实施。过去照明设计只注重照度，而对照明节能注意不够，浪费大量电能，特别在大型公共建筑中二次装修的照明设计，更是忽视照明节能。该标准除居住建筑外，把照明功率密度值的规定作为强制性条文，增加了检查和监督等规定，从而把提高照明系统节能放到了重要地位，落到实处。以办公室、教室等一类场所的照明为例，按该标准要求，要采用稀土三基色荧光灯，配节能电感镇流器或电子镇流器，其综合能效与采用卤粉的粗管径荧光灯相比，在相同照度时，其照明功率密度值仅为原来的50%～55%，即使照度比原标准提高50%，其照明功率密度值还可降低18%～28%；如果照度提高一倍时，其照明功率密度值大致相同，并未增加照明用电。可见，该标准对节约电能有巨大推动作用，有利于绿色照明工程的实施。

三、国家标准（新版）《建筑照明设计标准》(GB 50034—2013)的特点

该标准共分为7章2个附录，主要内容包括：总则、术语、基本规定、照明数量和质量、照明标准值、照明节能、照明配电及控制等。该标准修订的主要技术内容是：修改了原标准规定的照明功率密度限值；补充了图书馆、博览、会展、交通、金融等公共建筑的照明功率密度限值；更严格地限制了白炽灯的使用范围；增加了发光二极管灯应用于室内照明的技术要求；补充了科技馆、美术馆、金融建筑、宿舍、老年住宅、公寓等场所的照明标准值；补充和完善了照明节能的控制技术要求；补充和完善了眩光评价的方法和范围；对公共建筑的名称进行了规范统一。

第五章 照明质量与视觉效果

第一节 视觉效果及其评价方法

照度标准中的照度值仅仅规定了照度的数量指标,也看到照明数量的视觉关系。但是,并没有对照明提出质量要求,然而有时虽然照度的数量相同,由于照明质量不同所产生的视觉效果也不同,甚至由于照明质量不佳,往往照度高还不如照度低的视觉效果好,以至于造成经济上的浪费。因此研究照明质量的视觉效果,是照明技术中一个很重要的课题。

照明质量的好坏是客观存在的。对某一定的视觉工作,只要适当的选择光源、灯具型式、照明方式以及灯具的布置方案等以后,就有一定的照明质量存在。因为这时的照度均匀度、亮度分布、光色成分、光的投射方向,是否存在直射眩光或反射眩光以及光幕反射等都是一定的。这样,客观上就一定会有某一定水平的视觉效果存在。一般说来,照明质量好,视觉效果亦好;照明质量差,视觉效果亦差。不可能也不应该是照明质量好而视觉效果差,或照明质量差而视觉效果好,因此客观上也应该有与视觉效果有关的视觉衡量标准,评价出照明质量好与差的程度。

在照明技术中,国际上曾经提出一些新的照度指标。例如平均球面照度、平均柱面照度、等效球照度和照度矢量等,从而比通常用的平面照度更确切地表达了照度的数量指标,这是照明技术上的发展和进步。这些指标虽然完善,也只是照明数量的另一种表达形式。其中某一些量虽然也反映出照明质量的一个侧面,但是并没有真正表现出照明质量所产生的视觉效果。这些量只涉及光的物理指标,并没有涉及光的生理学、心理物理学以及人类工效学指标,即光的接收者——眼睛的视觉效果。

照明技术设计的任务在于为人们创造良好的视觉工作条件。因此除了正确选择光的物理指标外,还必须研究观察者的视觉反映情况。光与眼睛是照明技术问题的两个方面,缺一不可。光射入眼睛才产生"视"和"觉","视"和"觉"的结果就是照明效果。如果没有"视"和"觉",光的物理指标再完善,也并没有效果。当然,人们可以根据经验,定性的评价视觉效果,但这种评价方法是不准确的,最有说服力的应该是直接评价的视觉效果,而且还必须是客观的测量、定量的表示。

视觉效果的问题涉及研究人的科学问题,它包括心理学、生理学、卫生学、人机学和人类工效学等方面,是一个比较复杂的问题。

多年来,许多学者追求对照明质量视觉效果的客观测量,而不满足于人们的主观评价。照明技术工作者试图用对比灵敏度、视力和识别速度来评价照明的视觉效果。心理学家也在探索主观感觉的客观测量方法。因此,主观视感觉用物理和数学定量表示并用物理仪器测量,最终导致用数学方法进行计算,这是科学发展的必然趋势。

随着光学仪器的发展和进步,发明了用于评价视觉效果的仪器。该仪器可以测量各种照明数量和质量条件下的目标的可见度(或能见度),即视度。所谓视度就是人们对目标能看清楚程度的主观视感觉,并且能用物理光学仪器客观的测量和计算的心理物理量,它还可以把照明数量和质量的改变所引起的视觉效果的变化定量的测量和表示出来。正像联合国教科文组织的调查报告指出的那样:良好的科学研究工作的两大特点之一是所有各门科学的"数学化"。所以,用物理仪器和数学方法测量和计算人们的视知觉效果,这不是办不到的事情,相信今后也会越来越多的应用。

20世纪50年代国际上用来评价照明质量的不同引起视觉效果变化的方法有三种:

1. 短时间视觉识别辨认的视觉实验

该实验可以解决一些应用,例如评价展览馆、陈列室、瞻仰大厅等的照明质量时,要使人们在不太长的时间内充分的辨认清楚,达到良好的视觉效果。这种评价指标可借助于视度仪测量观察目标的能见度(详见第七章)。

2. 长时间视觉作业的视疲劳实验

该实验可以解决一些精细视觉作业的照明问题。相同照明的数量时,视觉疲劳就能衡量照明质量好与不好,如果在照明数量足够而质量差的条件下长时间的视觉作业,就会很容易产生视觉疲劳。因此除了在工业企业生产中,还有阅读、绘图等精细视觉作业都应尽量采用视觉疲劳低的照明方案,有利于工作效率的提升。

3. 视觉心理满意度的评价实验

确定心理满意度有两种方法:一是统计对某种照明效果满意的人数的百分数。这一方法也称主观评价法,例如CIE的视觉满意度曲线就是这样评价出来的(见第三章图3-32)。另一方法是制做定量的视觉心理表,再进行主观的视觉评价,例如少儿视觉心理满意度实验(如第三章图3-27~图3-31)。这两种方法都是依据人们心理的主观感觉,加之以定量化的数据统计而进行评价。

这些评价实验均是依靠人们的主观视感觉,并不是客观测量。但是,视觉效果所反映出来的照明数量和质量应该是一致的。如果照明质量不好,识别辨认的准确度和速度不高,视疲劳严重,视觉心理满意度也不高;反之也是一样的,不论是识别辨认、视觉疲劳,或是视觉心理满意度,都是比较主观的视感觉。

随着光学仪器的发展和进步,人类发明了用于评价视觉效果的视度仪。它可以测量各种照明数量和质量条件下的目标的能见度。所谓能见度就是将人们对目标看清楚程度的主观视感觉,用物理光学仪器客观的测量和计算出的心理物理量。它还可以把照明数量和质量的改变所引起的视觉效果的变化定量的测量或表示出来。所以用物理仪器和数学方法测量和计算人们的视知觉效果,这已经完全可以办到。这种方法在20世纪初就开始研究,到50年代成熟起来。目前,世界上许多国家早已研制出视度仪,并且应用于照明数量和质量的评价中。但是,由于光学仪器机构特别复杂,主观误差较大,不方便携带和操作。而且由于大多数仪器在国际上难以统一,不像照度计测量物理量那样快捷,因此推广和应用较少了。如果有一种仪器能够科学合理,结构简单,误差很小,使用方便,就会有长时间的应用生命力。

第二节 照度分布与视觉效果的关系

不仅照度水平影响视觉疲劳,照度分布的均匀度也直接影响视觉的效果。图 5-1 给出了三种荧光灯照明方案的照度分布图。三种照明条件见图 5-1 中的(a)、(b)、(c),同时进行两种视觉工作的视觉疲劳实验。图 5-2(a)是勾划郎道尔环开口方向,图 5-2(b)是阅读工作的视觉工作比较图,以工作开始时的相对视疲劳为 1.0,每经过 20 min 后测量一次视觉疲劳增加的情况。

从图 5-2 可知,虽都是局部照明,而且照度值均为 300 lx,但是台灯照度分布均匀度不同,所以视觉效果也不同,20 W 台灯形成的照度分布均匀度比 10 W 台灯的均匀度均匀。因此前者比后者的照明质量好,前者比后者的视觉疲劳低。图 5-2 中 A、B、C 曲线分别表示图 5-1 中(a)、(b)、(c)三种照明方式下的视疲劳。

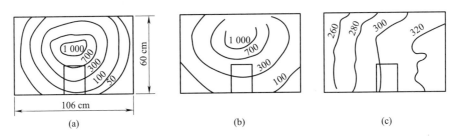

图 5-1 桌面上平均照度为 300 lx 时三种照明方案照度分布图(阪口忠雄、永井久)
(a)10 W 荧光灯台灯局部照明;(b)20 W 荧光灯台灯局部照明;(c)荧光灯一般照明

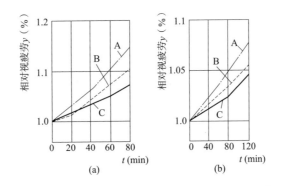

图 5-2 在图 5-1 的三种照明方式下视疲劳和照度的关系(松井近藤、永井久,1963)
(a)300 lx 时勾划郎道尔环开口方向;(b)300 lx 时阅读工作

图 5-3 和图 5-4 还给出了四个不同照明方案的照度分布图和视觉疲劳比较图。图 5-3 中四种方案的照度均达到 500 lx。方案 1 是采用 15 W 荧光灯的台灯作为局部照明达到 500 lx 的照度。方案 2 是用 15 W 荧光灯台灯局部照明外,还采用一组 2×40 W 荧光灯安装在天棚上作为一般照明,同时避开光幕反射,台灯形成的照度为 400 lx,一般照明的照度为 100 lx,一并形成 500 lx 的照度。由于方案 2 的照度分布比方案 1 均匀,并且空间亮度高,所以方案 2 的视觉疲劳较低(图 5-4)。也就是说,方案 2 所形成的照明质量好,视觉效果也好。方案 3 是以 100 W 白炽灯作为局部照明,照度为 500 lx。方案 4 是以 100 W 白炽灯作为局部照明外,还增加 2×40 W 荧光灯灯具,避开光幕反射,安装在顶棚上作为一般照明,照度为 100 lx,合计照度

为 500 lx。由于方案 4 的桌面照度均匀,并且空间亮度高,所以其视觉疲劳比方案 3 的低,照明质量及视觉效果也好。

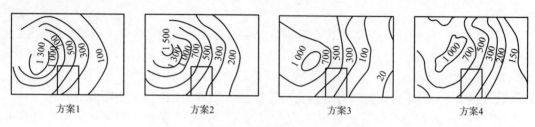

图 5-3　500 lx 时四种照明方案的照度分布图

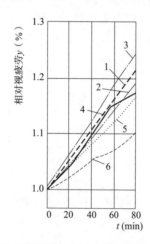

图 5-4　500 lx 时 6 种照明方案视疲劳比较图(阪口忠雄,1974)

注:此图中方案 5、方案 6 见第三节中图 5-8。

第三节　反射光幕与视觉效果的关系

人们经常遇到的工作面、书面或纸面等,在某些场合下并非完全是漫反射的,因此应注意光源的位置。有时光源可以在视线方向形成反射光幕,像一个纱幕遮挡在眼睛和目标之间,从而造成观察目标的亮度对比度下降,使能见度降低,所以研究反射光幕是照明技术中很重要的问题。

图 5-5 表示产生光幕反射的情况。图 5-6 给出了两种照明方案(方案 5 和方案 6),都采用荧光灯进行单独一般照明。方案 5 用 4×40 W 一组荧光灯灯具,安装在桌上方的天棚上,使反射光幕正对着视线。方案 6 用 2×40 W 两组荧光灯灯具,分别安装在桌上方两侧的天棚上,使视线方向没有反射光幕。两个方案都可达到 500 lx 的照度。图 5-7 给出了两种方案的照度分布图。图 5-8 给出了两种方案的视觉疲劳图。从图中可知,虽然上述两种照明均采用一般照明的方式,并且照度也相同,都达到 500 lx,但是有光幕反射的方案 5 比无光幕反射的方案

图 5-5　产生光幕反射的情况

6 视疲劳大,不论是勾划郎道尔环的视觉作业还是阅读的视觉作业,都说明光幕反射直接降低了照明质量。

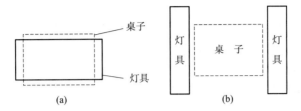

图 5-6 产生光幕反射与不产生光幕反射两种方案
(a)方案 5—产生光幕反射;(b)方案 6—不产生光幕反射

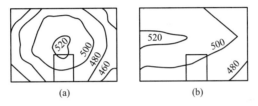

图 5-7 产生光幕反射与不产生光幕反射两种方案的照度分布图
(a)方案 5—产生光幕反射;(b)方案 6—不产生光幕反射

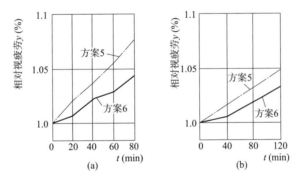

图 5-8 产生光幕反射与不产生光幕反射两种方案的视疲劳比较
(a)勾划郎道尔环视觉作业;(b)阅读视觉作业

第四节 照明方式与视觉效果的关系

在图 5-3 和图 5-4 中照明方案 1 和方案 3 都是局部照明,而方案 2 和方案 4 都是混合照明。由于它们的照明方式不同,虽然照度值相同,它们的照明质量却不同,因而产生的视觉效果也不同。混合照明比局部照明的照明质量好。下面用国内外实验结果进行分析比较。

一、国外研究结果的分析

将图 5-4 中的 6 种照明方案进行比较还可以看出,由于方案 5 和方案 6 都是单独一般照明,它们比混合照明或局部照明的视觉疲劳都低,所以可以得出结论:当照度相同时,单独一般照明比混合照明的照明质量好,比局部照明的质量就更好些。

上述结论是在一般情况下的定性的结论,但是一般照明的照明质量比混合照明或局部照明的质量好的程度如何?要了解这一个定量的概念,就需要具体情况具体分析。有时一般照明的照明质量也有可能不如混合照明或局部照明的好,例如图 5-9 就是一个例子。这就说明,照明方式并不是绝对的,而决定视觉效果好坏的是照明质量。当局部照明或混合照明与一般照明质量比较接近或有其他原因影响时,一般照明所产生的视觉疲劳比局部照明或混合照明高,也是不难理解的。

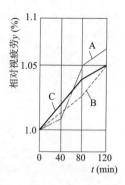

图 5-9　300 lx 时视疲劳比较
A—10 W 台灯;B——般照明;
C—20 W 台灯

图 5-10 和图 5-11 中给出了四种照明方案的照度分布图和视觉疲劳实验结果。方案 1 和方案 2 都达到 350 lx,方案 3 和方案 4 都是 500 lx,方案 1 和方案 3 是混合照明(其中一小部分是一般照明的照度),方案 2 和方案 4 是单独一般照明,照度分布如图 5-10 所示。从图 5-11(a)可以看出,由于视觉工作不同,方案 3 比方案 2 视觉疲劳低,而在图 5-11(b)中则反之。

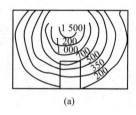 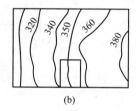 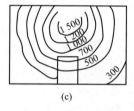 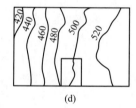

图 5-10　四种照明方案的照度分布
(a)方案 1—350 lx 混合照明(300 lx+50 lx);(b)方案 2—350 lx 单独一般照明;
(c)方案 3—500 lx 混合照明(300 lx+200 lx);(d)方案 4—500 lx 单独一般照明

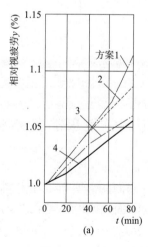 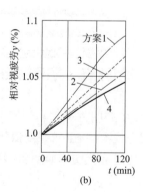

图 5-11　图 5-10 中四种照明方案视疲劳比较
(a)勾划郎道尔环视觉作业;
(b)阅读视觉作业(同一观察者)

因此,不能绝对地认为,凡是单独一般照明就比混合照明的视觉效果好,这要看照明质量达到什么程度,还要看具体的视觉劳动,对这种视觉工作好的照明条件,而对另一种视觉工作可能不好,特别是当某些观察目标是立体的时候,就更会明显一些。

二、国内研究结果的比较

我国在编制《工业企业照明设计标准》(TJ 34—1979)中推荐了混合照明与单独一般照明两种照明方式。规定了同一视觉工作等级内两种照明方式不同的照度值,这样就产生了下面的问题:同一视觉工作等级内推荐的两种照明方式照度值不同,其视觉效果相差多少?各不同视觉工作等级内视觉效果又怎样?如果两种照明方式的照度值相同时,其视觉效果相差多少?为了回答这些问题,进行了下面的实验。

1. 实验准备工作

(1)照明条件

在现场选择符合 TJ 34—1979 标准中推荐的两种照明方式的照明车间。

在实验室里安装一个长、宽和高分别为 2.0 m、1.7 m 和 2.2 m 的小实验室,在其中可以进行混合照明与单独一般照明两种照明方式实验布置,同时也可按各视觉工作等级需要的照度进行照度变换。

用天棚上布置的荧光灯作为单独一般照明,灯管距工作面高度为 1.5 m。混合照明中的局部照明采用 30 W 荧光灯管的工作台灯,灯的尺寸如图 5-12 所示,灯管距工作面距离是 280 mm。用天棚上的部分荧光灯作为混合照明中的一般照明,其照度值按混合照明总照度的 5%~10%选取。

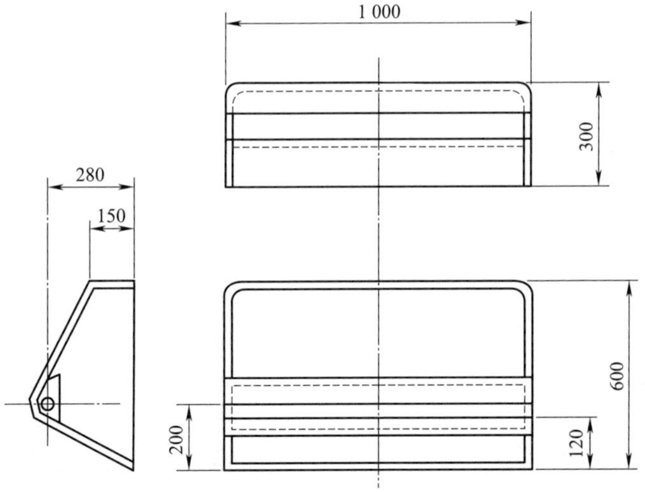

图 5-12 洁净工作罩下工作台灯投影图

主要依靠调压器调节荧光灯的电压来变换照度,启动后的荧光灯光通可在一定电压范围内变化,也可变换灯管的数目和功率。

工作台面的尺寸是 100 cm×60 cm,该尺寸是工作台灯可能照射到的最大面积。

为了模拟车间的实际情况,小房间内的下半部围墙是绿色的,墙的上半部和天棚是白色的。

(2)观测者

选择电子管支架工作人员 10 名,办公室人员 3 名,现场工人 1 名,共 14 名。年龄为 23~40 岁,工龄 5~21 年,双眼视力正常,单眼视力个别老工人稍弱些。

(3)评价视觉效果的指标

①视力。用小视力表检查视力,测定在不同照明条件下的视力。

②视度。在不同照度条件下,测定固定目标的视度。

③主观评价。在不同照明条件下的主观感觉。

2. 本实验研究中进行的三个实验

(1)实验 1

在某工厂一个车间内,选择荧光灯单独一般照明照度 240 lx(记为 $E_{单}240$)和混合照明照度 750 lx(记为 $E_{混}750$)。分别在上述两种照明条件下,请 10 名工人观测。视力检测记下两种照明条件的近视力变化,用视度仪测量固定背景上的固定工作零件的视度;主观评价两种照明条件下观察工作零件的清楚程度。

实验结果见表 5-1,从表 5-1 可以得出以下结论:

①$E_{混}750$ 比 $E_{单}240$ 视力明显提高。

②视度 V 测量结果表明 $E_{混}750$ 比 $E_{单}240$ 好。

$$E_{混}/E_{单}=\frac{750}{240}=3.1$$

$$V_{混}/V_{单}=\frac{17.5}{11.1}=1.58$$

③主观评价结果表明 $E_{混}750$ 比 $E_{单}240$ 好,前者人数为 80%,后者为 20%。

④视力、视度和主观评价结果是一致的。三个评价指标都是可行的,都可单独采用,也是互相验证的。

表 5-1 现场实验两种照明方式结果

观测者	年龄	工龄	工种	近视力				视度		主观评价	
				$E_{单}240$		$E_{混}750$		$E_{单}240$	$E_{混}750$	$E_{单}240$	$E_{混}750$
				左	右	左	右				
1	35	19	装架	1.0	0.6	1.5	0.6	3.3	9.8		好
2	29	9	装架	1.5	1.5	1.5	1.5	34.0	44.0	好	
3	29	12	装架	1.2	1.5	1.2	1.5	7.8	17.0		好
4	30	16	装架	1.5	1.5	1.5	1.5	7.6	14.0		好
5	29	9	装架	1.5	1.5	1.5	1.5	5.4	9.8		好
6	23	5	装架	1.5	1.5	1.5	1.5	8.3	16.5		好
7	24	7	装架	1.5	1.2	1.5	1.5	11.0	16.5	好	
8	36	19	检验	1.5	1.2	1.5	1.2	6.8	13.0		好
9	23	5	装架	1.5	1.5	1.5	1.5	—	—		好
10	40	21	检验	0.6	0.8	1.2	1.5	—	—		好
总计				13.3	12.8	14.4	13.8	89.2	140.6	2	8
平均	29.8	12.2		1.33	1.28	1.44	1.38	11.1	17.5	20%	80%

(2)实验 2

为了弄清楚其他几种视觉工作等级在两种照明方式条件下的视觉效果差异性,在实验室内进行了下面的实验,各等级的照度变换见表 5-2。在以上照明条件下观测固定背景上的固定视标,采用 SD-1 型视度仪进行视度测量,6 人的测量结果见表 5-3。从表 5-3 可以得出以下结论:

① 视度随照度的提高而提高。

② $E_{混}$ 为 $E_{单}$ 的 3.0~3.75 倍时,其视度相应为 1.21~1.60 倍。

③ 主观评价结果认为,同一照明方式,随照度的提高辨认效果也随之提高,在同一视觉工作等级内,若 $E_{混}$ 为 $E_{单}$ 的三倍多时,则 $E_{混}$ 的辨认效果比 $E_{单}$ 好。

④ 主观评价和视度测量结果一致。

表 5-2 实验 2 的照度等级

视觉工作等级	Ⅰ	Ⅱ	Ⅲ	Ⅳ
混合照明照度 $E_{混}$(lx)(其中一般照明照度)	1 000 (50)	750 (40)	500 (30)	300 (20)
单独一般照明照度 $E_{单}$(lx)	300	200	150	100

表 5-3 同一等级两种照明方式实验室实验结果

观测者 \ 照度(lx) 视度	Ⅰ		Ⅱ		Ⅲ		Ⅳ	
	$E_{混}$	$E_{单}$	$E_{混}$	$E_{单}$	$E_{混}$	$E_{单}$	$E_{混}$	$E_{单}$
	1 000	300	750	200	500	150	300	100
1	10.5	5.7	5.2	5.5	4.9	4.9	5.5	3.7
2	5.1	9.0	6.3	5.7	7.4	3.5	5.2	3.9
3	11.0	5.6	4.8	5.9	5.9	4.4	6.1	4.7
4	5.6	4.9	7.8	4.4	5.4	4.0	5.1	3.2
5	16.0	6.3	6.8	6.3	7.0	4.6	6.7	3.5
6	8.8	3.6	7.0	3.8	5.2	3.3	5.5	2.7
合计	57.0	35.1	37.9	31.6	35.8	24.7	34.1	21.7
平均	9.5	5.9	6.3	5.2	6.0	4.1	5.7	3.6
$E_{混}/E_{单}$	3.3		3.75		3.3		3.0	
$V_{混}/V_{单}$	1.60		1.21		1.46		1.58	

(3)实验 3

本实验目的在于找出照度相同时照明方式不同的视觉效果差异,以及视觉效果相同时照明方式不同引起的照度差异。

本实验的混合照明照度同前,增加了单独一般照明的高照度方案,同时为简化实验,减少了 150 lx 的方案,而低照度从 200 lx 降到 100 lx。各照明方案的照度分布如图 5-13 和图 5-14 所示。

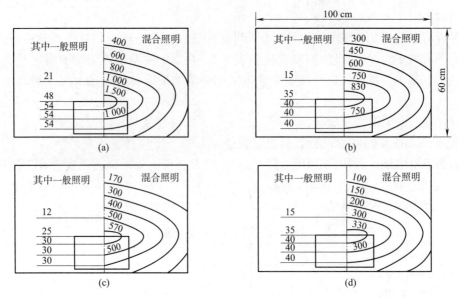

图 5-13 混合照明照度分布图
(a)1 000 lx;(b)750 lx;(c)500 lx;(d)300 lx

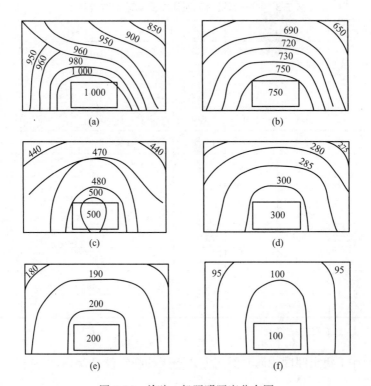

图 5-14 单独一般照明照度分布图
(a)1 000 lx;(b)750 lx;(c)500 lx;(d)300 lx;(e)200 lx;(f)100 lx

实验结果见表 5-4,表中 150 lx 的视度值是内插法得出的,用表 5-4 可画出图 5-15,用表 5-4 和图 5-15 可以得到表 5-5。从而可以得出以下结论:

① 视度随照度的提高而提高。
② 当 $E_混/E_单=3.0\sim3.75$ 时,$V_混/V_单=1.27\sim1.56$。
③ 若两种照明方式的照度相同,则视度 $V_单/V_混=1.10\sim1.26$。
④ 若两种照明方式达到等视觉效果,则照度 $E_混/E_单=1.20\sim1.25$。

以上实验仅限于一种光源、一种局部照明与混合照明形式的实验。对于其他光源,特别是对于其他局部照明和混合照明形式,以上实验数据一定会有些差异。

表 5-4 两种照明方式实验结果

观测者	照度(lx) 视度	混合照明				单独一般照明						
		1 000	750	500	300	1 000	750	500	300	200	150	100
1		13.5	11.0	9.2	7.7	16.7	11.6	10.0	8.1	7.2		6.3
2		16.0	12.7	9.2	7.5	17.2	15.3	9.4	8.0	5.2		5.4
3		15.0	14.0	10.5	1.3	21.0	15.0	12.0	11.0	9.0		7.8
4		14.7	13.2	11.0	9.8	21.5	15.0	11.0	10.0	9.0		7.8
5		10.4	8.8	6.9	6.7	12.0	10.0	9.4	7.3	6.2		5.5
6		9.4	8.5	7.4	6.1	11.3	9.8	8.2	6.5			5.6
平均		13.2	11.4	9.0	8.0	16.6	12.8	10.0	8.7	7.3	6.8*	6.3

注:* 为内插法得到的数值。

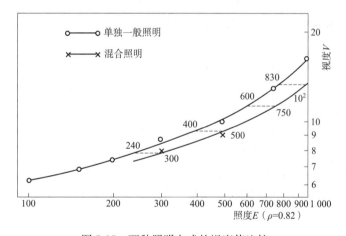

图 5-15 两种照明方式的视度值比较

表 5-5 照明方式、照度、视度比较表

等级	条件 结果	照明方式比较						
		照明不同		照度相同		视度相同		
		$E_混/E_单$	$V_混/V_单$	E	$V_单/V_混$	V	$E_混$	$E_单$	$E_混/E_单$
I		$\frac{1\,000}{300}=3.3$	$\frac{13.2}{8.7}=1.52$	1 000	$\frac{16.6}{13.2}=1.26$	13.7	1 000	830	1.20
II		$\frac{750}{200}=3.75$	$\frac{11.4}{7.3}=1.56$	750	$\frac{12.8}{11.4}=1.12$	11.3	750	600	1.24

续上表

条件 结果 等级	照明方式比较						
	照明不同		照度相同		视度相同		
	$E_混/E_单$	$V_混/V_单$	E	$V_单/V_混$	V	$E_混$	$E_单$	$E_混/E_单$
Ⅲ	$\frac{500}{150}=3.3$	$\frac{9.0}{6.8}=1.32$	500	$\frac{10.0}{9.0}=1.11$	9.3	500	400	1.25
Ⅳ	$\frac{300}{100}=3.0$	$\frac{8.0}{6.3}=1.29$	300	$\frac{8.7}{8.0}=1.10$	7.8	300	240	1.25

综合本实验结果，可以得出这样的结论：当不同的照明方式进行比较时，如果都在相同的照度条件下，可以定性地认为，单独一般照明比混合照明的效果好，混合照明比局部照明的效果好。但是，要找出它们的定量关系就比较复杂，这要依具体的照明方案所能达到的照明质量好坏而定。

在我国采用的实验方案中的局部照明是当时所用的局部照明较好的一种，它所达到的视觉效果如果与一般照明相同时，则 $E_混/E_单=1.25$，见表 5-5。如果改用其他的局部照明，肯定这个差别会更大些。如果考虑以此差别为下限，允许向上有更大的差别，然后去规定照明标准中混合照明与单独一般照明的比例，还是可行的。

在苏联的照度标准中曾规定气体放电灯的混合照明的照度是一般照明的 1.3～4.0 倍，它的最小比值是从 1.3 倍开始的。在苏联标准中甚至还规定过最小比值为 1.0 倍，也就是说两种照明方式的照度值相同。这就说明两者比值的下限是可以很小的，以致两者数值完全无差异。

苏联 1971 年标准中的白炽灯混合照明与一般照明比值为 2.0～16.7 倍。西德的机械安装工作这个比值为 2.0 倍。在美、日、法等国的照度标准中，都以单独一般照明为主，个别工种加局部照明，他们没有给出二者的比值关系。

我国在《工业企业人工照明暂行标准》（试行本）（106—56）中规定的照度，这个比值数为 2.0～2.5 倍（包括白炽灯）。我国 TJ 34—1979 标准中考虑到既节约用电又增加照度，采取提高混合照明照度的办法，这个比值大约在 2.5～3.75 倍。这个比值是适中的，既在实验允许的范围内，又在国际上的中间范围之内，将来有条件改善照明时，再适当提高一般照明照度，以便尽量提高照明质量。

第五节　荧光灯与白炽灯的视觉效果

关于荧光灯与白炽灯的视觉效果问题也是应该研究的课题。这不仅仅是因为某些照明的标准中分别规定照度，而且在日常生活中也常常会遇到这些问题。从第四章图 4-5 和图 4-6 看到了荧光灯和白炽灯视觉疲劳的差异，为了进一步弄清在一般视觉作业照明条件下荧光灯和白炽灯究竟是否有差异，在编制我国 TJ 34—1979 标准中，国内进行了以下五个实验。

一、实　验　1

本实验是探讨在 10～2 160 lx 照度条件下荧光灯和白炽灯的视觉效果。实验中采用白色背景(反射系数为 0.82)和黑色郎道尔环的视标,对比度变化范围为 0.02~0.92,视角取 $2'$ 和 $4'$ 两种。在两种光源四种照度情况下识别郎道尔环的开口方向。以识别机率 $P=95\%$ 为衡量标准,找出临界对比度。实验中选择 20 名观察者,视力正常,年龄 18~38 岁。实验结果如图 5-16 所示。

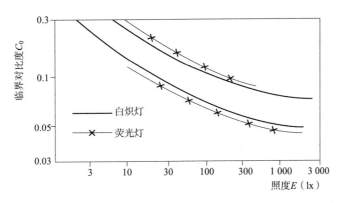

图 5-16 两种光源的临界对比度实验结果

从图 5-16 可知,在 10~2 160 lx 的照度条件下,无论是 $\alpha=2'$ 还是 $\alpha=4'$,其视觉效果基本上相同,并无明显差异。

二、试 验 2

本实验的照度条件为 10~300 lx,观察背景和观察者同实验 1。只是对比度固定为 $C=0.92$,视角 α 在 $0.5'\sim10'$(视力为 0.1~2.0)范围内改变。在两种光源四种照度条件下识别郎道尔环的开口方向。以识别机率 $P=100\%$ 为衡量标准,找出临界视角,取其平均结果。用视角的倒数 $1/\alpha$ 表示,实验结果如图 5-17 所示。

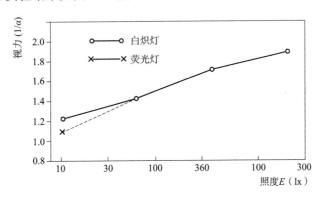

图 5-17 两种光源的视力实验结果

从图 5-17 可知,荧光灯和白炽灯在 60 lx 以上时,视觉效果无差异。仅在 10 lx 时似乎荧光灯比白炽灯的视觉效果略差。这一结论,似乎证明了"在低照度下的荧光灯会给人有视觉昏暗的感觉"。

三、实验 3

本实验目的是探讨在低照度条件下三种光源(当时只有这三种)的视觉效果。实验中除采用荧光灯和白炽灯外,还增加了高压汞灯。观察者为 7 人,实验方法同实验 2,实验结果如图 5-18 所示。

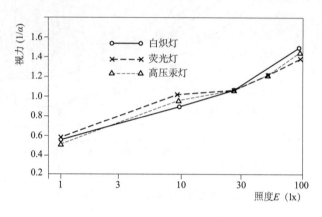

图 5-18　三种光源的视力实验结果

从图 5-18 可知,在 1~100 lx 范围内,三种光源的视觉效果无明显差异。

四、实验 4

以上实验都是用在短时间内识别郎道尔环开口方向的办法来比较不同光源的视觉效果。本实验的目的是为了探讨连续观察后的视觉效果及三种光源对视疲劳的影响。

白炽灯、荧光灯和高压汞灯在相同照度($E=10$ lx)条件下,让 4 名观察者分别识别一个较难辨认的郎道尔环视标,每人连续观察 140 次。计算每 10 次观察的正确识别机率。如果视疲劳严重,则正确识别机率下降。实验结果如图 5-19 所示。

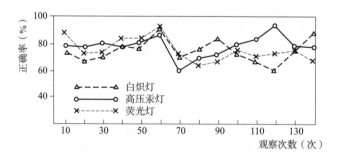

图 5-19　三种光源辨认正确率的实验结果

从图 5-19 可知,经过连续紧张的 140 次观察后,视觉有疲劳。但从识别机率来看,视疲劳是波动的,并不是逐渐下降的。在识别开始时,识别机率有所下降,但随后就产生视力恢复的现象。对三种光源来说均无明显的视觉效果差别。

五、实验 5

本实验的目的是在现场探讨低照度下长时间的视觉工作,白炽灯和荧光灯两种光源对视疲劳的影响。用近点变化作为衡量视疲劳的标准。12 名进行描绘工作工人参加实验,每隔 45~50 min 测量一次近点。实验照度为 20 lx、40 lx 和 50 lx。实验结果如图 5-20 所示。

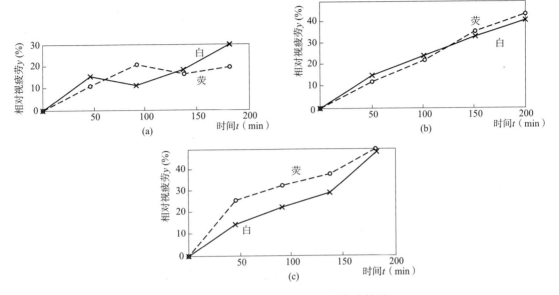

图 5-20 两种光源的相对视疲劳实验结果
(a)50 lx 时相对视疲劳;(b)40 lx 时相对视疲劳;(c)20 lx 时相对视疲劳

从图 5-20 可知,相对平均视疲劳不管在哪种照度情况下都是随时间的增加而增加,这是符合实际的。图 5-20 表明,在 40 lx 和 50 lx 时荧光灯和白炽灯的相对视疲劳没有明显差异,而 20 lx 时荧光灯的相对视疲劳高于白炽灯 10% 左右。

工人们主观感觉在 20 lx 时进行描绘工作,不论什么光源都认为照度低,荧光灯在 20 lx 时还有雾感、头昏、不适等症状,一小时后此症状消失。

除了进行上述五个视觉实验以外,还对各种视觉工作的现场现状进行了调查和实测。实测结果按不同视觉工作等级,分别按混合照明的荧光灯与白炽灯的照度,及一般照明中的荧光灯与白炽灯的照度进行统计,统计结果列入表 5-6。从表 5-6 可知,混合照明调查了 474 例,一般照明调查了 1 524 例。从这些实例的平均照度来看,尽管在暂行标准(106—56)中规定荧光灯的照度要高于白炽灯的 2~2.5 倍。但是现场实际情况并没有提出因为使用荧光灯而要求照度高于白炽灯的 2~2.5 倍,尤其是混合照明的照度。这说明同一视觉等级的工作,对不同光源都要求有同样的照度。在一般照明中,荧光灯和白炽灯的照度Ⅱ等视觉工作无明显变化,而在Ⅲ~Ⅳ等和Ⅴ~Ⅶ等视觉工作中荧光灯的照度大约等于白炽灯的 2 倍。这是因为原设计按暂行标准(106—56)执行,并且在同样用电量时,荧光灯容易提高照度,所以在现场仍然反映了原标准的规定。在精细视觉作业的Ⅱ等视觉工作中照度的差别不大,这说明采用不同光源的相同照度可以满足同一等级的视觉工作要求,并不会因为光源不同而照度值相差数倍。但是两种光源的光色确实不同,它们之间会有一些差异(见本章第六节)。

表 5-6　荧光灯和白炽灯现场实测结果比较表

等	级	TJ 34—1979 标准(lx)		现场实测照度(lx)			
		混合照明	单独使用一般照明	混合照明		单独使用一般照明	
				荧光灯/例	白炽灯/例	荧光灯/例	白炽灯/例
Ⅰ	甲	1 500		1 933/33	1 760/12		
	乙	1 000		880/31	1 220/6		
Ⅱ	甲	750	200	640/62	1 180/5	120/479	100/70
	乙	500	150	530/30	400/144		
Ⅲ	甲	400	150	410/30	290/3	70/324	40/76
	乙	300	100	350/12	325/3		
Ⅳ	甲	250	100	220/12	320/11		
	乙	200	75	230/20	170/9		
Ⅴ		150	50	160/40	190/11		
Ⅵ			30			40/353	20/222
Ⅶ			20				
合　计				270 例	204 例	1 156 例	368 例

第六节　天然光与人工光的视觉效果

在照明技术中常常用天然光或采用天然光与人工光相混合,所以我们有必要研究天然光的视功效特性,为此在上述视功效实验条件下,从小屋顶上窗口引进天然光做了同样的视功效曲线。图 5-21 是所得到的天然光视功效曲线与人工照明(白炽灯)视功效曲线比较图。

从图 5-21 可知,在相同照度下的临界对比度,采用天然光比人工照明的低。在照度为 2~1 000 lx 范围内,临界对比度相差大约 5‰~20‰。也就是说天然光条件下的视觉对比灵敏度要高于人工光的 5‰~20‰。结论是天然光的视觉效果优于人工光。

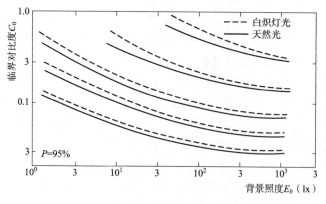

图 5-21　白炽灯与天然光的视功效曲线

图 5-22 中给出了 H. П. Кончаров 等研究者于 1977 年发表的天然光与人工光条件下视觉工作能力与照度的关系比较图。从图 5-22 可知,在相同照度条件下天然光的视觉工作能力 η

高于人工光,照度在 100~5 000 lx 范围内大约高 4%~10%左右。这一结果也同样表示天然光的视觉效果优于人工光。

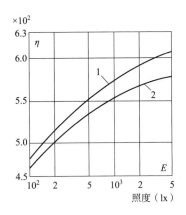

图 5-22　天然光与人工光的视觉工作能力(Н. П. Кончаров,1977)
1—天然光；2—人工光

这些结果说明,人们长期在天然光下进行劳动、生活与进化,对天然光比较习惯和适应。另外也说明天然光的光质好,形成的照明质量好,所以视觉效果才好。

第七节　光的质量与视觉效果

照明的优劣,除与照明数量有关外,还取决于照明质量。光的质量,是形成良好照明质量的先决条件。光质量好,照明质量可优可劣,这涉及照明技术问题。如果光质量不好,照明技术再高,也不会得到良好的照明质量。

一、光的色表(观)

光色是光质量中重要的问题之一。例如由于光谱分布不同白炽灯和荧光灯的光色就不同,视觉效果也随之不同。白炽灯发黄,荧光灯发蓝。白炽灯光色近似于夜间的灯火,给人以亲切的火焰色感觉。荧光灯与白天的自然光相似,适用于办公和劳动的场所。

另外,从心理学上看,适宜的照度与光色有关。白炽灯光稍呈红色,照度可稍低些；荧光灯呈蓝色,在较高照度时才较舒适。

A. A. Kruithof(1942)给出一个照度与色温的关系图,如图 5-23 所示。由图可知,随着色温的提高,所要求的舒适照度也相应提高。对于色温为 2 000 K 的蜡烛而言,照度为 10~20 lx 就可以了；对于色温为 2 850 K 的白炽灯,照度要有 50~200 lx 才舒适；对于色温为 5 000 K 以上的荧光灯,照度最好在 300 lx 以上才舒适。

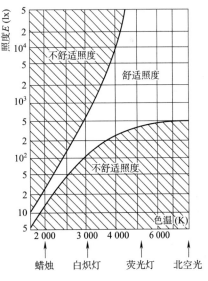

图 5-23　舒适照度与色温的关系
(A. A. Kruithof,1942)

对于光源的色温,以 CIE 为标准分成三组,表示了三个光的颜色属性,也称色表(观)。第一组是色温为 3 300 K 以下,色表(观)属暖色型;第二组是色温为 3 300～5 300 K,色表(观)为中间型;第三组是色温在 5 300 K 以上,色表(观)为冷色型。为了适合人们的心理要求,减少视觉疲劳,在 CIE 的文件以及我国的标准 GBJ 133—1990 中规定把第一组的暖色型光源应用于居住场所、寒冷气候的地区以及一些特殊需要的视觉作业中;把第二组的中间色型光源应用于最普遍的工作场所和房间;把第三组冷色型的光源应用于高照度水平场所,炎热气候的地区,以及有特殊要求的场所。

二、光谱分布

人们长期生活在天然光下,因此总希望人工照明尽量接近天然光照明。这不仅是光色的感觉问题,也要求人工光与天然光光谱分布接近或基本相同,并且只有一个峰值。如果光谱分布有两个峰值,且不连续,则易引起视觉疲劳。

光谱成分也直接影响视觉效果,阪口忠雄在图 5-24 中给出了七种荧光灯的光谱能量分布曲线。这七种荧光灯与钠光灯(主要波长是 289.0 nm 的黄橙色光)进行比较,当照度均匀且为 100 lx 时,视觉疲劳实验结果如图 5-25 所示。表 5-7 给出了这几种不同光源光色的编号,其中 2～8 为不同光谱能量分布的 7 种荧光灯的编号,而 1 为钠光灯的编号。照度为 300 lx 时,实验结果与 100 lx 时的图 5-25 基本相同。因此可得出结论,钠光灯与荧光灯比较,不论是哪一种的荧光灯其光色的质量都比钠光灯好,因此荧光灯比钠光灯的视觉效果好。荧光灯之间不同光色相比较时,光谱能量分布较窄的纯某种颜色光源光色照明质量较差,光谱能量分布较宽的光源光色照明质量较好。前者视觉疲劳高后者视觉疲劳低。

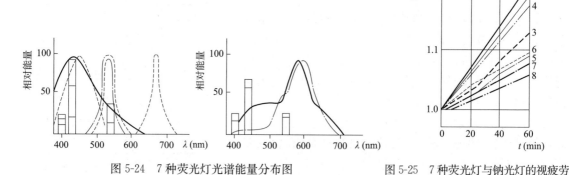

图 5-24　7 种荧光灯光谱能量分布图　　　　图 5-25　7 种荧光灯与钠光灯的视疲劳

表 5-7　各色光源编号

编号	符号	光色	编号	符号	光色
1	N	橙黄色	5	FL—B	青色
2	FL—R(F)	纯红色	6	FL—B(F)	纯青色
3	FL—G	绿色	7	FL—Y	黄色
4	FL—G(F)	纯绿色	8	FL—W	白色

当光谱成分不同时,产生视觉疲劳是因为有明显的色差。人的眼睛也像透镜一样要形成色差,对于全光谱的白光而言,眼睛聚焦时,就聚焦到黄色光的焦点处(图 5-26),蓝光和红光的聚焦点分别在黄光焦点的前后位置,在视网膜上形成平衡的状态,不易产生视觉疲劳。当采用特殊峰值光谱成分的光时,它与白光的聚焦位置就相差很远,眼睛的聚焦位置需要加以调节,就很容易产生视觉疲劳。

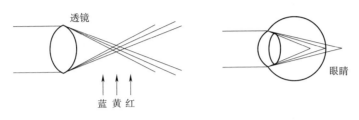

图 5-26　眼睛与透镜的聚焦

三、红外线和紫外线

红外线和紫外线是不产生视觉效果的,甚至是有害的。

从白炽灯发出的辐射约有 87% 是红外线,用白炽灯照明时,若照度约定达 2 000 lx 就使人产生热感,红外线太多易引起白内障眼病。因此,现在有的灯具反射面做成只反射可见光,而使红外线透射向灯具的后方,使热量由流动的空气带走。

荧光灯中的紫外线比红外线更丰富,紫外线对人体有益,但是在照射 296~313 nm 波段的紫外线过量时,可引起皮肤的红斑,还可引起角膜炎。荧光灯的光谱中含有相当大的此波段的紫外线。用荧光灯照明时,当照度高达 9 000 lx 时也产生热的感觉。

四、光的频闪

在闪烁的荧光灯下读书,使人感觉到烦躁不安,甚至书上的字也看不清。

眼睛所能辨认的光的闪烁,是每秒种内闪烁 40 次以下,尤其是 5~15 次/s 时,眼睛最灵敏。当闪烁 40 次/s 以上感觉就不灵敏,至 50 次/s 以上时则完全感觉不到,例如,正常的荧光灯便是如此。

图 5-27 是在 200 lx 照度下读书时的不舒适程度和闪烁次数的关系,这是对多数人研究的结果。当 10 次/s 时最不舒适,25 次/s 时不舒适感只有前者的一半。

照明设计上应该考虑频闪效应的问题。汽车在夜晚行驶,道路两侧的路灯对司机和乘客的视觉影响很大。这些灯具中的光源发出的光,直接照射或车窗反射在人们的眼睛上,由于断续的刺激,会引起人们的特别是司机的视觉疲劳。因此在道路照明设计时,需要考虑该道路允许汽车的速度和路灯应该保持的间距与亮度的相互协调。

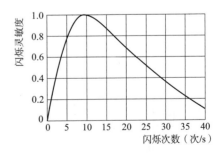

图 5-27　频闪不舒适感程度
和闪烁次数的关系
(日本电器协会,1964)

第八节 气氛照明和双色温照明

一、气氛照明

照明质量不仅仅是上述的不同视觉效果的照明要求,也还有为人们的心理需求而设计的气氛照明。在第二章中提到了视网膜上除了有锥细胞和柱细胞外,又发现了新的感光细胞,即视网膜上的神经结细胞。神经结细胞对不同波长的光也有不同的灵敏度,称为非成像视觉系统。该非成像视觉系统对照明工程设计提出了更高的要求。因此,照明质量不仅仅是照度、亮度、光色、均匀度等,还要考虑光谱分布和亮度分布以及色彩环境等及其变化对人们的情绪、心情和心理状态的影响。图 5-28 是新发现的非视觉照明的特殊化神经细胞节系统。

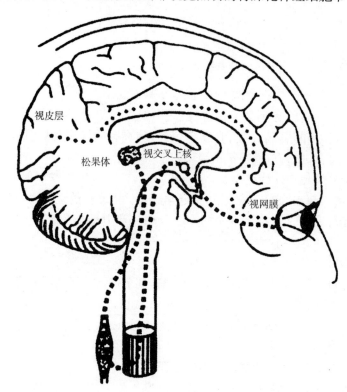

图 5-28 新发现的非视觉照明的特殊化神经细胞节系统

在国内外照明设计标准中除了照度标准值,还规定了光源的颜色。光源的颜色根据其色温分为三挡。色温小于 3 300 K 的为暖色特征;大于 5 300 K 的为冷色特征;在 3 300～5 300 K 之间的为中间色特征。光源的颜色外貌是指灯发射光的表观颜色。灯的色品,即光源的色表(观),它用光源的色温来表示。色表的选择是心理学和美学问题。

因此,照明设计不仅仅是照明技术问题,它也是照明与心理物理学的问题。照明工程的优劣不但取决于照度高低及其均匀度,还要选择灯光的色品、光的色品及其与家具和环境的颜色配合的色彩亮度分布。同时还要考虑气候变化和人们的心情对环境的要求,以及应用场所的用途和条件等因素。通常在低照度场所宜用暖色表(观),中等照度用中间色表(观),高照度用冷色表(观)。人们在温暖气候条件下喜欢冷色表(观),而在寒冷条件下喜欢暖色表(观)。一般情况下采用中间色表(观)。在照明设计中还要形成各种不同需要的气氛,用光环境的气氛引导人们情绪达到一定的心理需求。

人们在不同的光色环境下也有着不同的心情。当蓝色光比较强,光的色温很高时,刺激视网膜上的神经结细胞,使人们体内皮质醇的浓度增高。如果是在清晨,这时也会使人们精神充满活力,积极投入工作。当蓝色光减少或到黄昏甚至以后,光的色温偏低,这时可以抑制人体内皮质醇的分泌减少,褪黑素的浓度增高,人们感到疲劳有要入睡的感觉。这时如果需要人们工作就要用高色温和高照度,使人们感觉兴奋,才会积极投入工作。更明显的气氛照明实例也不少,例如追悼会上亲友们的心情,该配合淡青蓝色的微光,加上低沉慢节奏的哀乐配合,帮助烘托气氛。然而在节日等盛大庆祝活动或婚礼等时刻,五彩缤纷的灯光,配合节日的服装或结婚礼服,再播放欢快的音乐,可以使兴致更浓。灯光的作用不可小视,达到最好的效果才是目的。

对于夜间工作,或训练航天员适应明暗变化,可进行高低色温的引导。同样也可以引导商店照明、办公室照明、宾馆或酒店照明、医院照明、住宅的卧室或客厅照明以及需要调节气氛或心情的地方进行气氛照明设计。目前国内外气氛照明已经有先例,尤其是有了 LED 照明及其控制设备的发展后,使得气氛照明的设计更是得心应手,会有越来越多的实际应用。

二、双色温的混合照明

双色温混合照明也是改善照明质量的问题。在双色温光线的照明环境下,人们会感觉愉悦轻快,室内照明更加绚丽多彩,被照明的人物特别显得靓丽。

晴朗的天空,阳光明媚,室内光线柔和温暖、舒适明亮。这是最普通的白天有直射阳光的户内自然光照射。这时如果仔细地观察就会发现,太阳直射光斑内的色温和旁边室内其他地方的色温是不一样的。金色的直射阳光一般色温是 3 800～4 900 K,偏暖白到中性白。因为直射阳光色温受大气微粒和时间纬度影响,而旁边的色温受蓝色天空光和白云光影响较多,不但色温差异明显,照度差异更大。太阳直射光斑内的照度一般为 60 000～100 000 lx,甚至更大。旁边的照度仅为 600～1 600 lx,甚至更小。这就是自然阳光双色温光照现象。

自然阳光双色温光照现象,参照现代照明理论分析貌似诧异,色温剧烈不均匀,照度剧烈不均匀。但是,人们确是长期孕育在这种天然光照射环境之中。实际上在双色温照明系统里,人们还明显有愉悦轻快的心理感觉,同时被光照射的人们显得特别靓丽。人工室内照明可以模拟白天有直射阳光室内双色温光照,即室内整体照明用冷白光色温(5 000～6 500 K),主题区域照明用较高照度中性白(或暖白)色温(2 700～4 500 K)。比如,舞蹈学院的舞蹈考场,需要明艳靓丽的气氛,室内整体照明用冷白光色温(5 700 K)LED 格栅灯,照度为 500 lx,考生舞蹈区域另外再加 LED 灯具中性白色温(4 000 K)模拟直射阳光作区域照明,照度为 2 500 lx。考场中考生旋转舞步,在 4 000 K 侧逆光照射下,<u>丝丝秀发闪耀着圈圈光环</u>,显得特别绚丽多姿。照明质量得到了改善,达到了令人满意的照明质量。

室内照明双色温一般要求是:室内整体照明用冷白光色温(5 000～6 500 K),照度 100～300 lx;主题照明用中性白(或暖白)色温(2 700～4 500 K),照度至少超过整体照明的五倍,为 500～1 500 lx。主题照明光斑可以为圆形也可以为方形,但要与旁边轮廓分明。光斑面积约等于 1/5～1/4 室内面积,不宜过大或过小。

室内双色温主题照明用灯具：由于 LED 灯具的光指向性好，也不含有红外线，很适合作为双色温照明专用的主题照明用道具。主题照明灯具的一般要求是：(1)近似的平行配光，投射光角度小于 15°；(2)投射光斑轮廓分明；(3)投射光斑内照度均匀；(4)为防止刺伤眼睛，任何角度的亮度不要超过 7 500 cd/m²。

主题区域可以是会议室的主席位置、客厅的主席位置、门厅的接待处、艺术院校考试区域、幼儿园里的儿童游戏区域等。主题区域一般是以人物为主，人也是世界上最美丽的事物。在选择色温时要考虑区域内的主要人物对象：中老年的色温可以偏低些，2 700～3 500 K，显庄重华丽；俊男美女以及少年儿童色温可以偏高些，3 500～4 500 K，显靓丽俊俏。

室内整体照明可以用普通冷白光，色温 6 500 K 的荧光灯，也可以用 5 000～6 500 K 的 LED 光源。由于存在反射及光混合，两种色温光会互相混合、互相影响。受主题光影响，整体光色温会有些降低。另一方面主题光也受整体光的影响，色温会略有些升高。设计照明时既要减少两者影响，又要突出双色温的对比，需要充分考虑双色温照度差别，光斑与地面的面积比和墙壁、地板反光特性等各种因素。

双色温室内照明是个全新的照明理念。根据主题灯安装方式的不同，照明效果会表现出多样性，有逆光照明、侧光照明等，它的应用将使得室内照明更加人性化和艺术化。LED 灯具的光指向性好也不含红外线且能调节色温等特点，很适合用于双色温照明，使 LED 有了一块不同于传统灯具的新拓展领域。

第六章 照明中的眩光

第一节 眩光的种类和作用

通过对照明质量的研究,我们知道影响照明质量的因素很多,其中最主要的还是眩光。眩光按其形成的方式可分为下列四种。

一、直接眩光

在视线上或视线附近有高亮度的光源,如灯、窗等,形成难以忍受的强烈光线,即直接眩光。一般所说的眩光即这种眩光。

二、反射眩光

这种眩光是由光泽面反射出高亮度光源形成的。但由于反射面的光泽度不同,反射出光源的亮度大小不同,并区分为下面两种不同情况:

(1)光泽的表面能够把高亮度光源的像清楚地反映出来,这种反射眩光的机理和效应与上述的直接眩光相似,因此很少专门论述。

(2)光泽的表面反射出光源的亮度较低,且不能清楚地看出光源的像,然而却使被观察目标的对比度降低,减少了能见度。这种现象称为反射眩光不太确切,因此把它称为光幕反射、光帷反射或模糊反射。光幕反射在很多情况下都存在,且不易被发现。近年来,随着对照明质量研究的深入,光幕反射问题也日益受到重视。

三、由极高的亮度对比形成的眩光

尽管观察目光与其背景之间的对比度越大能见度越大,但是对比度过大,形成了亮度的极强对比也会产生眩光,这种现象在日常生活中也常常遇到。例如,在离窗稍远一点的地方迎着窗面看书,书本的照度足够读书的条件,由于窗口露出的天空亮度远远大于书本的亮度,这时读者就会感到眩光或看不清书本上的字。如果将露出天空那部分背景遮挡起来,虽然书本上的照度没有变化,这时读者也会感到字迹清楚,视觉舒适。这就是因为窗口露出的亮度与书本之间形成了极强的对比而产生了眩光,遮挡后眩光消除,视觉就舒适了。

四、由于视觉的不适应而产生眩光

当人们从暗处急速到明亮处,虽然这种亮度不至于形成眩光,但是由于已适应暗处的眼睛不能马上适应这种亮度的环境,因而产生眩光。

在国际照明委员会(CIE)的技术词汇里,对上述眩光从其视觉状态出发,又分别定义为不舒适眩光(Discomfort Glare)和失能眩光(减视眩光)(Disability Glare)。不舒适眩光常常随着时间的推移而加重人们的不舒适感觉,但不一定降低目标的能见度。失能眩光则降低视看目标的能见度。在室内照明中,不舒适眩光比失能眩光更难解决。如果能够有效地控制由灯具引起的不舒适眩光,失能眩光也就得到了很好的控制。也有人将前者称为心理眩光,后者称为生理眩光。因此,在眩光的研究中也就有两种评价指标和评价系统,在其应用上也有差异。

五、生活中的眩光实例

在生活中遇到的眩光实例不少,这里有三个例子可以直观的理解眩光的重要性。

1. 道路上的眩光

当人们在黄昏时骑着自行车行走在一条没有照明的小路上时,因为可以看到路上的行人或砖块等障碍物,可以快速骑行。但是,对面来了一辆快速行驶的小汽车,司机为了能看见行人而突然打开汽车前灯进行照明时,骑行者却停下来不敢前进了。这是因为汽车前灯的高亮度使骑行者失去了能见度,这就是失能眩光。这种眩光就是浪费电能的有害照明。

2. 工作中的不舒适眩光

在一个精密仪器工作车间里,一位工人正在工作台上,双手伸进防尘玻璃罩内,眼睛很费力的进行精细工件的视觉操作。那时防尘玻璃罩内只有 8 W 的小荧光灯进行局部照明。问她为何不打开该房间内顶棚上的一般照明 40 W 大荧光灯时,她让我坐下看看说:"你看看那大灯开了多难受啊!"原来,那个大荧光灯通过玻璃罩的一面玻璃反射到工人的眼睛里,产生了眩光。这是照明设计者或工作台布置者考虑不周所至,没有考虑到眩光的问题。如果是现在,这种工作房间的照明应该安装大面积发光顶棚,不能采用单个光源进行照明,特别是多人的工作车间。

3. 环境中的反射眩光

2013 年 8 月 6 日,《深圳晚报》刊登一篇报导《校园旁有面"大镜子" 小学生上课"眼花花"》。

记者报导:学校操场一侧有面"大镜子",一年来福田区景秀小学家长多次就这一玻璃幕墙造成的"光污染"进行投诉。今日记者获悉施工单位花费 15 万元为玻璃幕墙贴上了"纳米膜",称能有效地缓解眩光现象。

据悉被投诉的"大镜子"为景田区邮政综合大楼,该楼位于福田区景田北的景秀小学西南侧,红蜻蜓幼儿园的东南侧,景秀中学的北侧,与景秀小学操场距离不到 2 m,距教学楼约有 50 米,四面均为玻璃幕墙。去年 9 月竣工后,教师和家长才发现问题十分严重。

靠学校一面的楼体约有 1 000 m²,其中玻璃幕墙占 880 m² 左右。近千平方米的玻璃幕墙立于约 2 000 m² 的操场一侧,犹如一面大镜子,眩光波及整个操场及教学楼的西侧。经过家长近一年投诉及福田区环境保护和水务局协调,施工方已经为部分玻璃幕墙贴上了抑制眩光的"纳米膜"。"我们通过搜索找到这项高新技术,总安装费约为 15 万元。"景田邮政综合楼施工方负责人介绍。

记者看到,经过处理的玻璃呈磨砂效果,在阳光下并不眩光,也不再反射景物,但仅有一半玻璃进行处理。对此施工方解释为顾及楼内采光需要,出于成本也不可能将玻璃幕墙拆卸。技术人员表示该邮政综合大楼所用玻璃的镜面反射率为 18%,贴膜后降至 6%,已经将镜面反射变成了漫反射,目前为全国首例实现该技术。对此通过双方沟通达成折中意见,改善后效果好很多,但实际效果仍要再观察。

这第三个实例,虽然不是灯光而是太阳光,也同样有眩光问题。该邮政综合大楼相邻 3 座学校,在设计时没有考虑对相邻楼宇的影响,目前我国也对"光污染"缺乏立法。因此,不论是

六、国外影响劳动生产率的失能眩光和不舒适眩光

由于眩光对人的生理和心理都有明显的危害,而且对劳动效率也有较大的影响,所以研究眩光有着十分重要的意义。研究眩光不但对保护人们的视觉健康有重要作用,而且可以提高劳动效率。下面我们通过一些具体的数据说明眩光的危害以及研究眩光的意义。

图 6-1 中给出了用明视持久度表示的视觉疲劳与失能眩光指数之间的关系,也是 1969 年 Е. И. Мясоедова 的实验结果。从图 6-1 可知,在一定的背景亮度条件下,随着眩光指数的增加,视觉疲劳增加,明视持久度下降。图 6-1 中还给出了三种不同精细程度的视觉作业:曲线 1 代表最精细的数细线工作;曲线 2 代表次精细的拾环扣工作;曲线 3 代表精细度最次的抹字母工作。从图可知,越是精细的视觉作业视觉疲劳越严重,也就是说眩光的影响越大,而且三种视觉工作都有相同的规律性。

眩光对劳动生产率的影响常常被照明技术工作者和生产管理人员所忽视。但实际上,由于眩光引起心理上的不舒适,结果导致生产率的明显下降。Е. И. Мясоедова 的实验还给出了劳动生产率随着眩光指数的增加而下降的情况,并且越是精细的视觉工作,眩光的影响也越大,如图 6-2 所示。

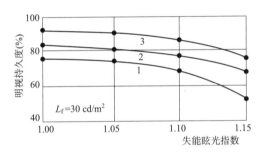

图 6-1 明视持久度与失能眩光指数的关系
(Е. И. Мясоедова,1969)
1—数细线;2—拾环扣;3—抹字母

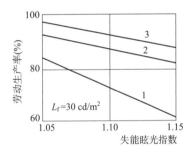

图 6-2 劳动生产率与失能眩光指数的关系
(Е. И. Мясоедова,1969)
1—数细线;2—拾环扣;3—抹字母

1975 年,М. М. Епанешников 采用 Дашкевич 的视度仪测量视觉疲劳与不舒适眩光指数的关系,其结果如图 6-3 所示。从图 6-3 可知,随着眩光指数的增加能见度的下降也很明显,即有疲劳时的能见度与未疲劳时能见度之比随眩光指数的增加而明显下降,这说明视觉疲劳

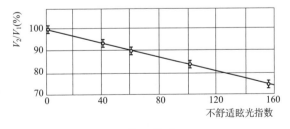

图 6-3 视度与不舒适眩光指数的关系(М. М. Епанешников,1975)
V_1—眼未疲劳时的视度值;V_2—眼疲劳后的视度值

随眩光指数的增加而增加。M. M. Епанешников 根据不舒适眩光程度对劳动生产率和质量的影响所进行的实验,求得了综合指标,见表 6-1,这说明不舒适眩光指数在 60 以上时对于劳动生产率和质量有明显的影响。

表 6-1 眩光对校对工作数量和质量的影响

不舒适眩光指数	测试数量	劳动生产率平均值(符号/s)	质量指标	劳动生产率和质量指标的相对变化(%)	综合指标 $Q(\%)$
0	55	12.0	0.965	100	100
40	40	12.0	0.965	100	100
60	45	11.9	0.958	99.8/99.3	98.9
100	57	11.9	0.954	99.6/99.0	98.6
150	42	11.5	0.941	96.2/97.6	93.9

如前所述,眩光对人的生理和心理具有严重的危害性,而且对劳动生产率也有明显的影响,因此对眩光的作用应该予以应有的重视,并加以限制,以便有利于劳动生产和日常生活。特别是我国在照明中存在着下述的情况,因此更应倍加重视。

(1)在许多工业企业的车间中仍然使用裸灯泡,即便使用灯罩,而从灯具保护角和悬挂高度来考虑也不尽合理,造成直接眩光,有时还存在着反射眩光。

(2)亮度分布不均匀,特别是一般照明与混合照明的照度比例太大。有些工厂只有局部照明而无一般照明,以致工作背景极暗,即使遇到不太强烈的光线,也会引起不舒适眩光。

眩光对心理有着明显的作用,影响着人们的情绪。特别刺眼的强烈阳光、在暗背景下十分强烈的灯光、亮度极大的裸灯都给人们不舒适的感觉。显然,眩光对于人的心理作用也受到个人差别的影响,与性别、年龄、环境、职业、习惯等因素有关。就与环境有关的视觉适应而论,从暗适应到明适应的过程中,由于亮度差别就会使个人感受的舒适程度不一样。即使在相同眩光条件下对眩光的感受也会因人而异,感受的舒适程度不尽相同。但是一般来说,人的感觉是有规律的,并且舒适与不舒适要有一个界限,称作舒适与不舒适界限(BCD)。我们可以通过实验找出 BCD 的物理条件,从而确定不舒适的眩光常数公式。

眩光有时候不完全都有害处,例如夏夜的火花、海面上的闪闪反光以及明亮的宝石光都会使人感到愉快、舒适。这些都不属于我们论述的范围,这里我们仅从视觉观点出发分别论述照明中的不舒适眩光和失能眩光。

第二节 我国不舒适眩光的实验研究

一、不舒适眩光的基本因素和表达式

不舒适眩光的产生主要与以下四个因素有关:眩光源的亮度 L_s、眩光源的表观立体角 ω、眩光源离开视线的仰角 θ 和眩光源所处的背景亮度 L_f,如图 6-4 所示。

到目前为止,许多国家都通过实验得出了眩光常数 G 与四个参数的关系式

$$G=\frac{L_s^a \omega^b}{L_f^c P^d} \tag{6-1}$$

式中 L_s——眩光源的亮度(cd/m^2);

ω——眩光源的表现立体角(sr);
L_f——背景亮度(cd/m^2);
P^d——$P(\theta)$,位置函数;
$a、b、c、d$——常数,不同国家有不同的数值。

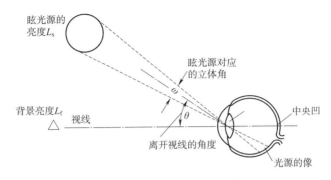

图 6-4　影响眩光效应的因素

关于这些常数值各国都有些差异,这一点较为容易理解,因为不舒适眩光要借助观察者的感觉、紧张程度或不舒适程度来决定,这本身就有很大的主观性,同时观察者的感觉程度常常不是单值的决定于眩光的存在,还与周围其他因素有关。我们也就此进行了眩光实验研究,目的是通过实验找出眩光公式中的常数 $a、b、c、d$,提出眩光表达式,并且应用在眩光限制标准中,以及用该表达式计算现场调查中的实例,为我国眩光标准提供依据。

二、不舒适眩光的实验装置和条件

如上所述,眩光效应与背景亮度、眩光源亮度、眩光源大小、眩光源在视野中的位置以及其他一些因素有关。如何在实验中呈现这些因素?建立怎样的实验装置?这些是我们进行眩光评价实验时要解决的问题。我们搜集了国内外眩光评价实验方面的资料,并对这些实验方案的优缺点进行了仔细的研究。

归纳这些实验方案可以看出,各国的实验方案共分三类:第一类是在实验室内进行单光源和多光源的眩光实验;第二类是缩尺模型的模拟实验;第三类是现场实际照明条件下的实验。我们采用了实验室内单光源的实验方案。实验设备如图 6-5 所示。

在一个长、宽、高为 6.8 mm×5.1 mm×3.2 m 的房间内,安装一个均匀反射的白屏 1,屏高 3.2 m、宽 4.66 m,屏中心设有视标 2,在视标的上方,屏上刻出不同大小和不同高度的眩光孔 3、4、5、6。在眩光孔的后面设有与屏相同漫反射率的漫射板 7。板 7 被 1 000 W 的碘钨灯 8、9 照射。在板 7 上形成的高亮度反射到眩光孔里成为眩光源。漫射板 7 安装在小滑车 10 上,并能上下移动,在光轨 11 上水平滑行。光轨安放在台子 12 上。在屏的对面有一个三面墙壁围成的小室 13。观察者 14 坐在观察台 19 位置上,屏用背景照明灯 15 和 16 照射。屏两侧的灯 15 可通过活动轴 18 改变位置。全部照明灯可以通过调压器改变光通量,还可以通过分路开关来调节背景亮度。主试者在操作台 17 前操作。

实验条件和实验方法如下。

1. 背景亮度

亮度均匀的背景对被试者形成的视场角,上下各为 $51°$,左右各为 $60°\sim80°$。背景的亮度

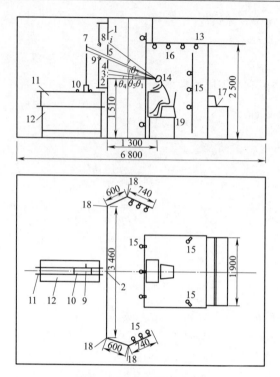

图 6-5 实验设备示意图

1—屏;2—视标;3、4、5、6—眩光源孔;7—漫射板;8、9—漫射板照明用光源;10—小滑车;11—光轨;12—台子;13—小木屋;14—观察者;15—屏(背景)照明光源;16—小屋照明光源;17—操作台;18—活动轴;19—观察台座

不均匀度为±20%。国外的实验背景亮度范围最低为 1 cd/m²,最高为 243 cd/m²。根据当时我国工业照明现状,大部分车间的背景亮度为 10 cd/m² 以下,只有少数高精密车间背景亮度可在 10 cd/m² 以上。本实验取三个数量级的背景亮度,分别为 1 cd/m²、10 cd/m²、100 cd/m²。

2. 眩光源的立体角

国际上眩光源立体角的研究范围为 $1.1\times10^{-3}\sim2.5\times10^{-2}$ sr。根据当时我国工业照明所用光源尺寸,采用眩光源立体角的尺寸为 0.74×10^{-3} sr、3×10^{-3} sr 和 10×10^{-3} sr。

3. 关于眩光源的亮度

国际上眩光源的亮度高者达到 2.7×10^4 cd/m²,而本实验装置眩光源亮度可达 10^5 cd/m²。

4. 眩光源的位置

国际上研究眩光源与视线之间的夹角 θ 在 0°~30°范围之内,而本实验采用的 θ 值为 0°、3°51′、10°、11°38′、20°和 23°57′。

5. 观察者(被试者)

各国实验时所采用的观察者人数不同,大致在 4~50 名范围内,多为青年人。从实验的精确度上看,选用更多的观察者好些,或选用少数观察者进行大量的实验也可以。我们在实验中选择 12 名被试者,男女各半,大多数为青年人,视力正常。

三、眩光评价的视觉分级及其国际比较

为了评价眩光是否存在及其存在程度,首先需对眩光的主观视感觉进行分级,并要确定眩

光的各种视感觉同眩光源亮度等参数之间的关系。国际上一些学者对上述问题进行了一系列的研究,并提出了各自的眩光评价分级,最后建立了眩光感觉同眩光源亮度等参数之间的定量关系。这个问题虽然自20世纪初就已开始,并且一直进行了半个世纪多的时间还在研究,但目前在国际上尚无统一的分级标准。

对于分级方法,就所搜集的资料来看,可以得出如下结论:

(1)一些国家均建立自己的对眩光感觉的分级方法,而且各种感觉均对应于一定的感觉数量值。各级之间的级差,从设有眩光时起,有的采用等差递增,有的采用非等差递增。

(2)分级有简有繁,最早的分级最繁,计为12个等级,较简的分级为3~5级,最少的分级为2级。当前分级的发展趋势是由繁到简。

(3)有的分级指出舒适界限,有的虽未直接指出,但可从分级中间直接看出舒适与不舒适界限的大致范围。

(4)有一些方法,如日本的松田法,其分级虽有感觉的描述,但无感觉的数量值。

(5)各种方法均有一个共同特点,即其分级中均有一些重要的感觉的界限值,如刚刚感到有眩光、刚刚感到不舒适、刚刚感到不能忍受等。

(6)眩光的视觉分级,虽然分的级数各不相同,但都是从无眩光到眩光不能忍受的最大眩光之间的视感觉变化。这个变化范围的研究,相当于视功能实验中识别机率 $P=0$(完全看不见)到 $P=100\%$(完全看得见)的时候的视觉阈限范围的研究。前者是照明质量方面的视觉阈限,后者是照明数量的视觉阈限。它们都应该符合心理物理学的一些规律,即符合 Weber-Fishner 定律。至于 Weber 常数应定多少,这也是心理学家感兴趣并值得探讨的课题。

根据以上的规律,结合我国具体情况,可以认为:

(1)在制定我国眩光的限制标准时,应得出各种照明条件下眩光源亮度对人们主观感觉的影响,而且还应将这一感觉分级作为制定眩光限制标准的依据。

(2)分级的原则应使被试者较易区别各种主观感觉,以便使各种感觉程度与眩光常数值有准确的对应关系。

因此,我们在实验中选择了三级评价指标,即"刚刚感到有眩光""刚刚感到不舒适""刚刚感到不能忍受"。

为了检查上述的评价方法是否合理而有规律,我们又选择了背景变亮和背景变暗现象的评价方法。

通过以下实验可以看出两套实验方法是互相验证的。

四、视觉的舒适与不舒适界限(BCD)

从眩光视觉分级问题中已经了解到,不管怎样分级,这些级数都是在从无眩光到眩光不能忍受时的范围之内。如我们研究识别机率 P 从 $0\sim100\%$ 范围一样,在这个 $0\sim100\%$ 的范围内,或选取 $P=50\%$ 或选取 $P=70\%$ 或选取 $P=95\%$ 定为视觉阈限。那么,在眩光的视觉分级范围内,也要确定视觉阈限。因为研究的是不舒适眩光,所以就要确定舒适与不舒适界限(BCD)。

在不舒适眩光研究中,关于 BCD 的研究是一个很重要的问题。只有确定 BCD,才能确定眩光各个物理参数之间的关系,从而确定眩光常数公式。

最早在 Holladay(1926)的眩光试验中

$$G = \lg L_s + 0.25 \lg \omega - 0.3 \lg L_f \tag{6-2}$$

确定眩光常数 $G=1.9$，由公式(6-2)得到

$$L_s = \frac{78 L_f^{0.3}}{\omega^{0.25}} \tag{6-3}$$

整个眩光常数变化范围是 0.3～2.8。

第二次世界大战以后，由于照明技术的发展，迫切要求解决照明中的不舒适眩光问题，许多学者都对 BCD 进行了研究，最有代表性的是 R. Hopkinson 的实验研究（1957 年），如图 6-6、图 6-7 所示，得出 BCD 值在 A、B、C 和 D 四个感觉等级的 B 和 C 之间。

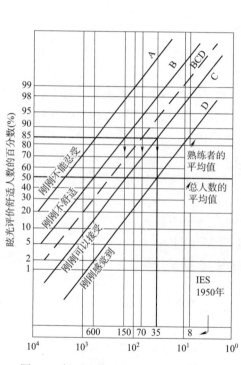
图 6-6　舒适人数百分比与眩光常数关系

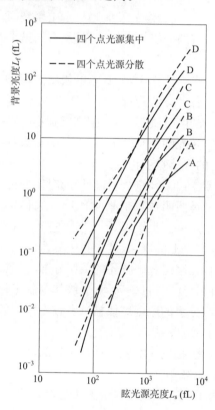
图 6-7　眩光评价等级的比较(fL 换算见表 1-5)

Hopkinson 在 1957 年用图 6-6、图 6-7 确定 BCD 时，采用熟练观察者，当感觉舒适的人数占 85% 时，刚刚不舒适的等级 B 其眩光常数 G 为 150，而刚刚接受的 C 级其眩光常数 G 为 35。因为取 B 级和 C 级之间为 BCD，所以 BCD 值定为 70，如图 6-6 所示。Hopkinson 计算眩光常数的公式为

$$G = \frac{L_s^{1.6} \omega^{0.8}}{L_f^{1.6}} \tag{6-4}$$

Hopkinson 在 1961 年将眩光常数变换为眩光指数 GI(Glare Index)，变化范围为 10～28，确定 BCD 的条件是 $GI=19$。

Guth 在 1963 年提出的不舒适眩光值 DGR(Discomfort Glare Rating)，变化范围为 35～400，确定 BCD 的条件是 $DGR=120$。总之，各个研究者都在从无眩光到眩光不能忍受的这个

范围内,根据自己的实践经验确定这个舒适与不舒适的心理物理界限。

BCD 的判断是主观视感觉问题,但是能否较客观地判断,或者有些较客观依据的判断呢？苏联的 Садиков(1959)提出了一个评价方法,叫作背景变亮和背景变暗现象感觉法。

此方法在实验开始时,使眩光源的亮度与背景亮度相同,然后逐渐增加眩光源的亮度,当亮度增加到一定程度时,观察者发现背景有些变亮,再继续增加眩光源的亮度达到一定程度时,观察者发现背景变暗。这时的眩光程度就达到了 BCD 的水平。苏联的 Епанешников 用此方法,请了七位观察者,对八种不同背景亮度的实验条件进行观察。其实验条件是眩光源亮度 L_s 为 $80\sim10^4$ cd/m^2,眩光源的直径尺寸是 7.5 cm,眩光源仰角 $\theta=10°$,背景亮度 $L_f=2.5\sim90$ cd/m^2。实验结果如图 6-8 所示。

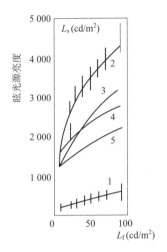

图 6-8　根据 Садиков 资料背景变暗和背景变亮的感觉关系图
1—背景变亮感觉的实验曲线;2—背景变暗感觉的实验曲线;3—根据 Luckiesh、Guth 方法计算的;
4—根据 Harrison、Meaker 方法计算的;5—根据 Holladay 方法计算的

图 6-8 说明用 Садиков 的方法实验,结果与 Harrison、Meaker、Luckiesh、Guth 和 Holladay 的实验结果是一致的。背景变亮感觉的眩光源亮度值低于 BCD 的亮度值,说明背景变亮感觉出现在 BCD 之前。背景变暗感觉的眩光源亮度值高于或接近于 BCD 时的眩光源亮度值,说明背景变暗的感觉出现在 BCD 之后或在 BCD 附近。背景变暗感觉的这种明显的现象和规律,说明这种实验方法和评价指标是完全可行的。这种方法用来评价不舒适眩光的存在和 BCD 界限,对观察者来说是较为直观和有依据的。

为了研究这一评价指标的可靠性,苏联的 Епанешников 于 1963 年又全面地对这种方法进行研究,其实验条件是眩光源亮度 L_s 为 $15\sim1.35\times10^4$ cd/m^2,眩光源的表观立体角 ω 为 $10^{-3}\sim3\times10^{-2}$ sr 之内的五种球面度,眩光源仰角 θ 为 10°、20°、30°三种,背景亮度 L_f 为 $5\sim200$ cd/m^2。他的实验不仅与上述研究进行了比较,同时还与 Netusil 的结果进行了比较。比较结果如图 6-9 所示。

从图 6-8 和图 6-9 的比较结果可以说明,背景亮度变暗的实验方法完全可行,而且可靠。各国的 BCD 实验结果都在背景变亮和背景变暗时的实验条件范围之内。这种方法不仅对单光源可行,而且对多光源也是可行的。Епанешников 的实验结果已经被 CIE 18 届和 19 届大会所推荐。

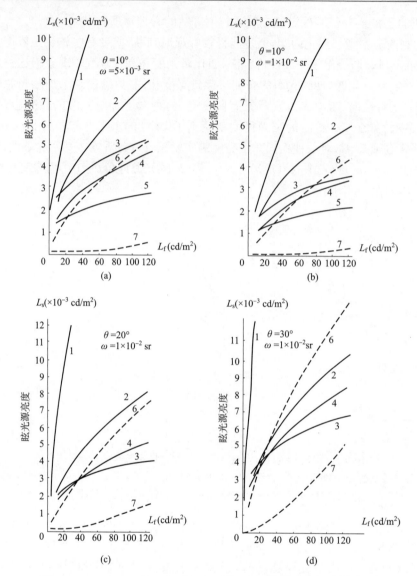

图 6-9 $L_s = f(L_f)$ 对不同立体角 ω 和不同位置时的实验和计算曲线

1—根据 Епанешников 的方法；2—根据 Netusil 的方法；3—根据 Harrison、Meaker 的方法；
4—根据 Luckiesh、Guth 的方法；5—根据 Holladay 的方法；6—背景变暗时感觉的；7—背景变亮时感觉的

苏联 Островский 将这种方法应用于街道照明的眩光评价中，并将这种评价方法同时与四级主观评价结果进行比较，由于这种背景变暗感觉的评价有较明显的视觉现象，评价时有所依据，所以评价出明显的结果只有 6 名观察者就够了，而四级主观评价法则选择 24 个人，实验结果如图 6-10 所示。从图可知，背景变暗感觉时的眩光源亮度值恰好就是 BCD 时眩光源亮度值。

总之，关于不舒适眩光的评价，可以采用较为客观一些的、有较明显视觉现象的方法，即背景变暗的方法，这样就有一个较为一致的尺度评价眩光的存在程度和界限。

五、眩光常数公式的获得

1. 眩光常数公式

实验前对观察者讲解实验目的、实验方法和注意事项。然后进行训练和预试,使观察者熟练地掌握实验方法,确保数据的可靠。

实验时,使每一观察者对每一背景亮度适应 10 min。观察者下颚固定在观察台座上的木托架上,从而固定了观察距离,观察者的视线是水平注视正前方的视标。试验时主试者控制和调节眩光源亮度,使与背景相同,然后保持背景亮度不变慢慢增加眩光源亮度,让观察者用蜂鸣器报告对不同眩光源亮度的主感觉程度,每一实验重复 5~10 次。

本实验为了使观察者容易区别,采用简化的三级评价指标,即刚刚感到有眩光(Ⅰ级)、刚刚感到不舒适(Ⅱ级)、刚刚感到不能忍受(Ⅲ级)。为了进行比较,本实验还采用了背景变亮感觉(Ⅰ′级)和背景变暗感觉(Ⅱ′级)的评价指标。

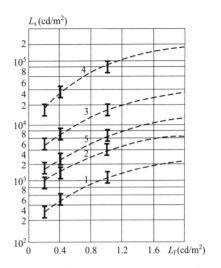

图 6-10 主观评价和背景变暗的实验
$\omega = 1.5 \times 10^5$ sr;$\theta = 11.5°$
1—刚刚感觉到;2—允许;3—不愉快;
4—不允许;5—背景变暗

实验中采用渐增系列最小变化法逐渐增加眩光源的亮度作为刺激。第一个实验中让观察者用蜂鸣器报告主观视觉的三个等级。在第二个实验中,实验开始时,使该光源的亮度与背景亮度相同,然后保持背景亮度不变逐渐增加眩光源的亮度。当眩光源的亮度增加到一定程度时,观察者感到背景有些变亮,使人感到很舒适。再继续增加眩光源的亮度,当你感到有眩光存在,很不舒服,这时觉得眼前一片发暗,即背景有些变暗。当上述两种视觉现象出现时,观察者用蜂鸣器报告,主试者记下所对应的眩光源亮度值。

实验结果按公式(6-5)计算标准误差

$$\sigma^2 = \frac{\sum_{i=1}^{n}(L_{si} - \overline{L}_s)^2}{n-1} \tag{6-5}$$

式中 L_{si}——第 i 次报告的眩光源亮度值(cd/m^2);

$\overline{L}_s$——观察者所回答的眩光源亮度平均值(cd/m^2);

n——观察者回答的次数。

如果某一次所报告的数值与算术平均值的偏差大于 2σ 时,这个数值就认为是不准确的。

图 6-11 是眩光源表观立体角 $\omega = 0.74 \times 10^{-3}$ sr、$\theta = 23°57'$ 的条件下,眩光源亮度与背景亮度的关系图。由图可知,实验一的三级评价指标中的Ⅰ级和Ⅱ级与实验二的两级评价指标中的Ⅰ′级和Ⅱ′级是一致的。由此可知,采用任何一种评价指标都是可行的。

在本实验中采用实验一中的Ⅱ级作为眩光感觉的舒适与不舒适的界限,从而得到在本实验研究的参变量范围内,在视觉的舒适与不舒适界限时眩光源亮度 L_s 与背景亮度 L_f 的数值之间是线性关系,如图 6-12 所示。

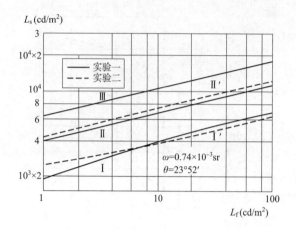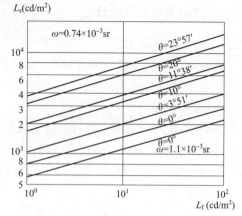

图 6-11　两种实验评价指标比较图　　　　图 6-12　眩光源亮度与背景亮度的关系

从图 6-12 的关系曲线,可以得出下列关系式

$$\lg L_s = C\lg L_f + \lg C_1 \tag{6-6}$$

式中　C——这一束直线的斜率;

　　　C_1——与眩光源表观立体角 ω、仰角 θ 有关的函数。

由公式(6-6)得到 $C=0.28$,因此得到眩光源亮度 L_s 与背景亮度 L_f 的关系式

$$L_s = C_1 L_f^{0.28} \tag{6-7}$$

当 $\omega=1.1\times10^{-3}$ sr、$\theta=0°$ 时,公式(6-7)为

$$L_s = 590 L_f^{0.28} \tag{6-8}$$

下面计算 C_1 与 ω 的关系。从公式(6-7)可知,C_1 即 $L_f=1$ cd/m² 时的眩光源亮度值,为此再做 $\omega=3\times10^{-3}$ sr 和 10×10^{-3} sr 的眩光 BCD 实验,实验结果如图 6-13 所示。从图 6-13 可以得到

$$\lg C_1 = -b\lg\omega + \lg C_2 \tag{6-9}$$

式中　b——这一束直线的斜率;

　　　C_2——与眩光源位置 θ 有关的函数。

从公式(6-9)可以计算出 $b=0.63$。

因为 C_2 是 θ 的函数,所以假设

$$C_2 = GP(\theta) \tag{6-10}$$

式中　$P(\theta)$——眩光源的位置函数;

　　　G——眩光常数。

因此公式(6-7)可以写成

$$G = \frac{L_s(\theta)^{0.63}}{L_f^{0.28} P(\theta)} \tag{6-11}$$

当 $\theta=0°$ 时,$P(\theta)=1$,由此可以决定眩光常数在 BCD 时 $G=8.2$。将常数 G 代入公式(6-11)可以计算眩光源的位置函数 $P(\theta)$,计算结果如图 6-14 中曲线 1。

到此为止,由实验求得眩光常数公式(6-1)中的 $a=1$,$b=0.63$,$c=0.28$,$P^d=P(\theta)$。

通过上述实验可知,眩光常数 G 与眩光源亮度 L_s 的一次幂成正比例,表明眩光作用随眩

光源亮度同样程度的增加。这种关系与国际上其他眩光公式是一致的。常数 G 与背景亮度 $L_f^{0.28}$ 成反比例,即背景亮度越高,眩光作用越小。此规律也与国际上其他公式相一致。但是国际上的常数 c 均在 0.30~0.66 范围内,见表 6-2。本实验常数 $c=0.28$,说明在眩光的 BCD 条件下,眩光源亮度随着背景亮度的增加而增加得缓慢,如图 6-15 所示。

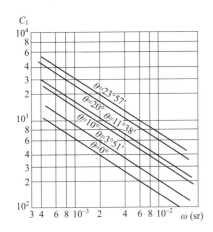

图 6-13 常数 C_1 与立体角 ω 的关系

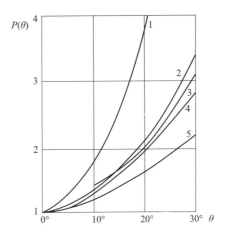

图 6-14 眩光源位置指数函数的比较

1—本实验(1980);2—Luckiesh、Guth(1949);3—佐佐木、室井(1979);
4—Епанешников(1963);5—Ieetusi!(1959)

图 6-15 说明了当背景亮度约为 1~5 cd/m² 时,本实验能忍受的眩光源亮度值稍大于 Luckiesh、Guth 的实验值。而当背景亮度为 5~100 cd/m² 时,本实验能忍受的眩光源亮度值就低于其他国家的数值,即高背景亮度的条件下,我们不能忍受较高的眩光源亮度。

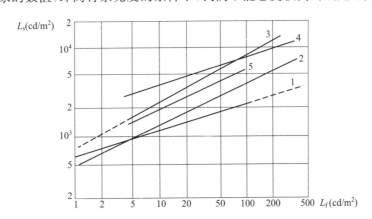

图 6-15 眩光源 BCD 亮度与背景亮度的比较

1—本实验(1980,$\theta=0°$,$\omega=1.1\times10^{-3}$ sr);2—Luckiesh、Guth(1949,$\theta=0°$,$\omega=1.1\times10^{-3}$ sr);
3—Епанешников(1963,$\theta=0°$,$\omega=1.0\times10^{-3}$ sr);4—长南、市川(1966,$\theta=0°$,$\omega=1.1\times10^{-3}$ sr);
5—佐佐木、室井(1979,$\theta=0°$,$\omega=1.1\times10^{-3}$ sr)

眩光作用与眩光源的表观立体角 ω 成正比例,这与国际上是一致的。但常数 $b=0.63$,比国际上眩光公式中的 b 值偏高(表 6-2),其他国家的常数 b 在 0.25~0.50 之间。b 值较高说明眩光作用随眩光源表观立体角 ω 的增加而迅速增加,即当时我们不适应较大面积光源的眩光作用。

表 6-2　各国眩光公式中幂指数比较表

序号	研究者	眩光参数的指数		
		a	b	c
1	Holladay（1926）	1	0.25	0.30
2	Luckiesh、Guth（1949）	1	0.33	0.44
3	Harrison、Meaker（1947）	1	0.50	0.30
4	市川宏、长南常男（1966）	1		0.33
5	Netusil（1956）	1	0.40	0.50
6	Hopkinson（1940）	~1	0.50	0.62
7	Vemuelen（1951）	1	0.30	0.60
8	Arndt、Bodmann、Meck	1	0.33	0.66
9	Епанешников（1963）	1	0.50	0.50
10	CIE 3.1.1.2 会议（1959）		0.40	0.60
11	佐佐木嘉雄（1979）			0.57～0.60
12	本实验（1980）	1	0.63	0.28

眩光作用与 $P(\theta)$ 成反比例，这一关系与国际上是一致的。但是位置函数 $P(\theta)$ 随 θ 的增加而增加得较快，这时眩光作用下降得也较迅速。这说明眩光源位置离开视线较远一些时，眩光作用立刻下降许多。因此，只在视线上或在视线附近的眩光源的眩光作用对我们才较明显。

将本实验计算出的 $P(\theta)$ 值与 Luckiesh、Guth 等人的实验结果相比较（图 6-14）可知，本实验的 $P(\theta)$ 值偏高，但可以认为此 $P(\theta)$ 函数是符合 Luckiesh、Guth 的位置函数规律的。这也附和我国当时的情况，即当时我国很少采用大面积和高亮度的光源进行照明。

2. 确定眩光常数公式中的位置指数和表观立体角

（1）位置指数的确定

在图 6-16 中给出了眩光源的位置和灯具的方位图。视线 AD 用 d 表示，视线上方至眩光源

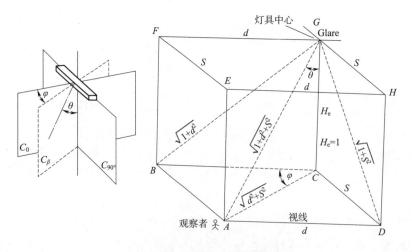

图 6-16　眩光位置和灯具方位图

θ—灯具光强的方向角；φ—灯具的方位角

的高度 DH 和 CG 用 H_e 表示,并假设 $H_e=1$。眩光源离开视线的水平距离用 S 表示。眩光源的位置 G 为灯具的光中心。若采用荧光灯则有两种布灯方位,即 C_0 平面或 $C_{90°}$ 平面分别顺着视线布置。不论怎样布置,灯具沿着 GA 方向的光强或亮度,就是形成眩光方向上的光强或亮度。

在公式(6-11)中,眩光常数 G 与 $P(\theta)$ 成反比例,因此,当计算眩光常数时要查到对应的位置指数。图 6-17 中给出了我国眩光实验中获得的位置指数图,当眩光源在视线上时,即 $\theta=0$、$H_e=0$ 时,$P(\theta)=1$,其他位置指数均大于 1。这种表达形式是采用 Luckiesh、Guth 的表达形式。

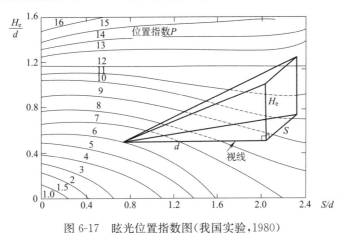

图 6-17 眩光位置指数图(我国实验,1980)

为了便于比较,图 6-18~图 6-22 给出了不同的位置指数形式。1969 年 Einhorn 曾经对两种形式进行了比较,他把 IES《照明手册》(第 4 版)中的 Luckiesh、Guth 位置指数图中的实验值和计算值进行了比较;然后又做成 Harrison、Meaker 的形式,也比较了实验值和计算值,比较的结果是一致的。

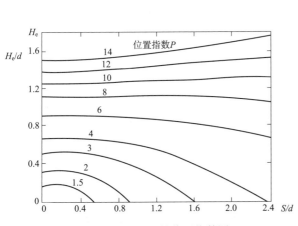

图 6-18 Luckiesh、Guth 的位置指数图(1949)

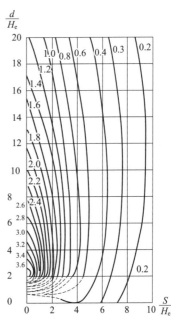

图 6-19 Harrison、Meaker 的位置指数图(1947)

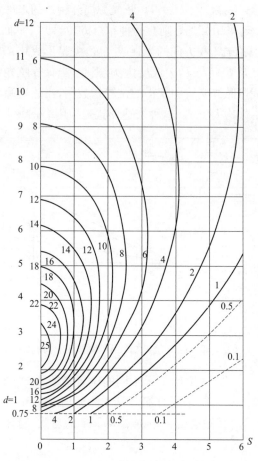

图 6-20 Lowson 的位置指数图（1980）

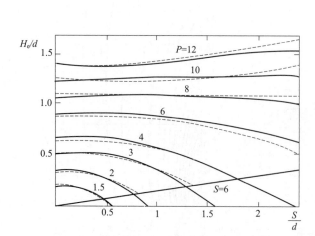

图 6-21 位置指数比较图（实线为实验曲线，虚线为计算曲线，IES 照明手册第 4 版）

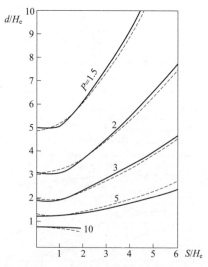

图 6-22 位置指数比较图（实线为实验曲线，虚线为计算曲线，1969）

由于当时眩光计算中已经采用了计算机,所以进行眩光指数计算时,后几年多采用 Harrison、Meaker 的形式。

(2)表观立体角 ω 的确定

根据眩光源在 GA 方向上(图 6-16)投影面积的大小确定眩光源表观立体角的大小。

灯具发光面在某个方向上投影面积的计算如图 6-23 所示,其中(a)为有发光侧面的灯具,其发光面在某个方向上的投影要考虑整个发光面的投影面积;(c)为有间断发光面的灯具,其投影面积要每段考虑;(b)和(d)为无发光侧面的灯具,只考虑出光口的投影面积即可;(e)为裸管灯具,不但要考虑灯管的投影面积,还要考虑灯具反射面的投影面积。

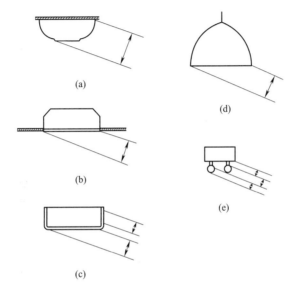

图 6-23　不同灯具计算眩光立体角的投影面积图
(a)有发光侧面;(b)无发光侧面;(c)有间断的发光侧面;(d)截光型;(e)裸管

(3)背景亮度的确定

背景亮度 L_f 可以根据背景照度按第一章中的照度与亮度的关系,考虑背景的反射系数计算出亮度。背景的照度可以取墙面照度的平均值。

(4)眩光源亮度

采用此方法进行直接眩光的限制时,是根据照明质量提出眩光限制等级,从而确定眩光常数值。然后再根据这个常数值以及上述的有关参数,利用眩光常数公式计算出光源的亮度值。这个亮度值就是应该限制的眩光源的亮度值。眩光源的亮度值也可以通过做图的方法来求得。

到此处为止,我们的眩光实验研究已经获得了全部的眩光常数公式(6-1)中的必要的参数,即公式(6-11)。并且与国际上 11 个研究(1926~1979 年)进行了比较,见表 6-2。这是 1980 年中国人首次用中国人的眼睛获得的中国视觉数据,1983 年已经先后发表在国内外有关期刊上。

六、利用做图法提出眩光源的亮度限制值

根据眩光实验可知,当角 θ 为某一数值时,位置指数函数 $P(\theta)$ 对应一个常数值,这一值可以在图上查到。眩光实验中还得到了函数 C_1 与 ω 的关系,如图 6-13 所示。为了采用做图法,将图 6-13 进行变换,将纵坐标 C_1 用 $L_s/P(\theta)$ 表示。因为根据公式(6-7),当背景亮度 L_f 为常数时,可以得到 $L_s=C_1 P(\theta)$,因此可以用 $L_s/P(\theta)$ 替代 C_1,C_1 也就是 $L_f=1$ 时的眩光源亮度值。这时可以把图 6-13 中的一组直线,变成 $\theta=0°$ 时的一条直线,此时 $L_f=1$。用同样的方法可以得到 L_f 为 2 cd/m², 5 cd/m²…100 cd/m² 时的直线,从而又得到一组直线。这就是 $L_s/P(\theta)$ 与 ω 的关系图,如图 6-24 所示。该图可以综合的考虑 L_s、L_f、$P(\theta)$ 与 ω 的关系。在图 6-24 中根据提供光源的 ω 和背景亮度,就能查到 $L_s/P(\theta)$ 值,再根据 θ 值在图 6-14 中查到 $P(\theta)$ 值,这样眩光源的亮度限制值 L_s 就可以计算出来。

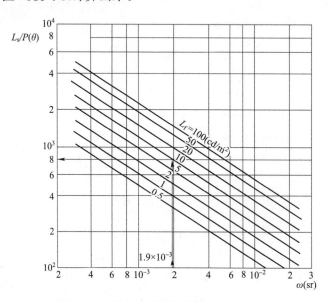

图 6-24　不舒适眩光的不舒适界限解析图

例如,荧光灯的表观立体角按 $\omega=1.9\times10^{-3}$ sr,在背景亮度为 10 cd/m² 时,从图 6-24 中查得 $L_s/P(\theta)=800$。当 $\gamma=70°$,即 $\theta=20°$ 时,在图 6-17 中可看到 $S/d=0$,$H_e/d=\arctan 20°=0.36$。于是,在图 6-17 中可查得 $P(\theta)=4$,所以眩光源亮度值 $L_s=4\times800=3\,200$ cd/m²。

将此条件下的眩光源亮度作为 I 级眩光的视觉工作要求,这时的眩光常数 $G=8$,眩光感觉为 BCD 条件。因此,I 级眩光的亮度限制值定为 3 000 cd/m²。

其他等级的眩光常数,则按 Weber 比例常数 $r=2$ 增加,因此,II 级眩光的眩光常数定为 $G=16$,眩光感觉定为刚刚感到不舒适。依次类推,III 级眩光常数定为 $G=32$,眩光感觉为刚刚不能忍受。

一般情况下,高压汞灯都用在III级眩光的视觉工作中,高压汞灯的表观立体角按 $\omega=1.8\times10^{-3}$ sr 考虑,查得眩光源的亮度限制值应为 29 000 cd/m²,因此,III 级眩光亮度限制值定为 30 000 cd/m²,见表 6-3。

表 6-3 中推荐的最低亮度限制值定为 3 000 cd/m²,这与我国大部分荧光灯灯具的平均亮度值是相适应的。据统计,我国大部分荧光灯灯具在 $\gamma=70°$ 角处的亮度值范围为 1 400～4 400 cd/m²,平均为 2 930 cd/m²。因此,按推荐的标准将要求改进和淘汰一部分荧光灯灯具。

表 6-3 眩光亮度限制表

眩光分级	眩光常数 G	亮度限制值(cd/m²) $\gamma=70°$	感觉程度
Ⅰ	8	3 000	刚刚感觉到
Ⅱ	16	10 000	刚刚不舒适
Ⅲ	32	30 000	刚刚不能忍受

与国外比较,CIE《室内照明指南》规定的最小亮度限制值为 1 100 cd/m²,澳大利亚眩光限制标准中规定的最小亮度限制值为 1 500 cd/m²。我国推荐的最低亮度限制值比上述两个标准的要求略放宽一些。

表 6-3 中限制的最高亮度值为 30 000 cd/m²,据统计在 11 种高压汞灯和高压钠灯灯具中,在 $\gamma=70°$ 角处的亮度范围为 18 000~55 000 cd/m²,大部分亮度在 30 000 cd/m² 以下,按本研究推荐的亮度限制要求,应该改进和淘汰一部分灯具。另外,还有几种卤钨灯灯具,如果在厂房内使用,也必须改进。与 CIE《室内照明指南》(1975)规定的 $\gamma=65°$(Ⅲ级质量等级时 $L_s=38\ 000\ cd/m^2$)相比较,这个值还不算太严。

为了了解我国工业企业车间照明眩光的现状,我们对一些工厂进行了调查实测。实测的内容分为两个方面,即测量、计算和评价。例如某日化厂包装车间,在 36 m×15 m 的车间内安装简易工厂罩的 2×40 W 荧光灯具 28 套,安装高度为 3.9 m,单位面积耗电量为 4.15 W,平均照度达到 108 lx,计算的眩光常数为 $G=17$。主观评价结果为稍有眩光。又例如某厂大冲车间,在 60×24 m² 的车间内安装 450 W(自镇流)深照型高压汞灯 21 套,安装高度为 10 m,单位面积用电量为 6.9 W,平均照度达到 81 lx,计算的眩光常数为 $G=34$,主观评价结果为有眩光。

从上述两个例子来看,现场的计算和评价结果与实验室实验结果是一致的。

七、多光源的眩光问题

关于多数光源的眩光问题是一个很实际的问题,因为在照明现场不可能只装一个照明器,绝大多数的情况下都是多个照明器同时使用。所以研究多光源的眩光是一个很重要的问题。

研究多光源眩光问题的学者很多,发表的文章也有许多,归纳起来共有三种观点。

(1)第一种是主张多光源的眩光就等于单光源眩光的算术和,即

$$G=\sum_{i=1}^{n}G_i \tag{6-12}$$

式中　G_i——单一光源的眩光常数;
　　　G——多光源的眩光常数。

这种公式我们在实践中应用后发现误差较大,即一个工厂的生产车间,装有数十个相同的照明器,按上述公式计算眩光常数竟达到近 100,这与实际评价是不符的。

(2)第二种主张是多光源的眩光常数等于单光源眩光常数平方和的平方根,即

$$G=(\sum G_i^2)^{1/2} \tag{6-13}$$

用公式(6-13)我们计算了 12 个车间,计算结果眩光常数在 17~42 范围之内。计算条件

均是正在生产的车间,照明光源种类有荧光灯、白炽灯、高压汞灯和卤钨灯,车间面积为270～3 000 m²,耗电量是 3.0～12.3 W/m²。灯具的类型也各不相同。因此,我们认为计算多光源的眩光常数时,目前宜采用这种方法。

(3)第三种主张认为多光源的眩光与单光源的眩光常数之间有幂指数的关系,即

$$DGR = \left(\sum_{i=1}^{n} M_i\right)^a \tag{6-14}$$

式中　a——与光源数 n 有关的系数 $a = n^{-0.0014}$;

DGR——Guth 的眩光评价值;

M_i——单光源的眩光指数。

这种观点已被美国照明学会应用在 VCP 眩光限制方法中(见本章第三节)。

第三节　不舒适眩光的限制方法

上一节的实验研究是关于眩光的基础研究,目的是找出眩光感觉与照明设施的光度学和几何学特性间的定量关系,以便利用公式计算眩光存在的程度。但是最终目的还是要为照明工程师在照明设计和施工中提出一套切实可行的眩光限制方法,并且能纳入各国的有关规范和标准中。眩光限制方法有时称眩光限制系统(或体系)。

一、眩光指数(GI)法

英国照明学会在 Hopkinson 研究的基础上采用眩光指数(GI)来计算不舒适眩光的程度

$$GI = 10\lg\left\{0.24\sum \frac{L_s^{1.6}\omega^{0.8}}{L_f} \cdot \frac{1}{P^{1.6}}\right\} \tag{6-15}$$

式中　L_s——单一光源的亮度值(cd/m²);

L_f——背景亮度(cd/m²);

ω——单一光源的表现立体角(sr);

P——光源位置指数(采用 Luckiesh、Guth 的位置指数)。

根据公式(6-15)计算一般照明灯具的眩光指数时,计算的标准条件为:灯具的下射光通量 $F = 1 000$ lm,灯具的发光面积 $A = 645$ cm²,灯具的安装高度 $H = 3.0$ m。当所计算的照明设备不符合上述标准条件时,则按眩光指数补偿表进行补偿后再求出眩光指数。眩光指数给出 7 个等级,每级级差为 3,分别为 10、13、16、19、22、25、28。设计人员可根据所设计的房间用途确定眩光指数。例如办公室为 19,制图室为 16,学校教室为 16 等。

根据上述公式计算的眩光指数,以灯具分类(见第一章)的 BZ5 为例,列于表 6-4,眩光指数补偿数值见表 6-5。表 6-4 中的上面为灯具光通量的上半球和下半球所占的百分比,表中间为室内表面的反射率,表下面的左侧表示房间的尺寸,H 为灯具的安装高度,X 为房间垂直于视线的墙面宽度,Y 为房间平行于视线的墙面宽度。X 和 Y 都分别用 H 表示。对于 BZ1～BZ8 灯具的发光面积取垂直向下方向($\theta = 0°$)的正投影发光面积;对于 BZ9～BZ10 则为水平方向($\theta = 90°$)的正投影发光面积。因为人们感觉到的眩光程度与其在房间内的位置有关,因此规定评价位置是观察者靠近某一面墙的中点,水平注视着对面墙的同一位置,按照水平视线的条件计算眩光指数。

表 6-4　灯具配光分类 BZ5 的情况

灯具的光通量比														
上半球 下半球	0% 100%					25% 75%					50% 50%			
室内表面的反射率(%)														
顶棚 墙壁 地面	70 50 14	70 30 14	50 50 14	50 30 14	30 30 14	70 50 14	70 30 14	50 50 14	50 30 14	30 30 14	70 50 14	70 30 14	50 30 14	30 30 14
房间大小 X / Y	眩光指数													
2H　2H	18.0	20.4	18.4	20.9	21.3	15.7	17.7	16.5	18.6	19.7	13.2	14.8	14.4	16.0	17.7
2H　3H	20.7	23.0	21.1	23.3	23.7	18.4	20.2	19.2	21.0	22.1	15.7	17.1	16.8	18.3	20.1
2H　4H	21.9	24.1	22.4	24.5	24.8	19.5	21.1	20.5	22.0	23.1	16.9	18.1	18.1	19.3	20.9
2H　6H	22.9	25.1	23.4	25.4	25.8	20.5	22.1	21.4	23.0	24.1	17.7	18.9	18.9	20.2	21.8
2H　8H	23.2	25.3	23.8	25.8	26.2	20.9	22.3	21.8	23.3	24.4	18.2	19.3	19.5	20.6	22.2
2H　12H	23.9	25.9	24.5	26.4	26.7	21.6	22.8	22.5	23.9	25.0	18.6	19.7	19.8	21.0	22.7
4H　2H	19.2	21.5	19.7	21.8	22.2	16.9	18.4	17.8	19.3	20.4	14.2	15.4	15.4	16.6	18.3
4H　3H	22.2	24.2	22.7	24.6	25.0	19.8	21.1	20.8	22.2	23.3	16.9	18.0	18.1	19.3	21.0
4H　4H	23.8	25.6	24.3	26.0	26.5	21.2	22.3	22.2	23.4	24.6	18.5	19.3	19.8	20.6	22.3
4H　6H	24.7	26.5	25.3	26.9	27.5	22.2	23.3	23.1	24.3	25.5	19.3	20.0	20.5	21.5	23.3
4H　8H	25.5	26.9	26.0	27.4	28.0	22.8	23.7	23.7	24.8	26.0	19.9	20.7	21.2	22.1	23.7
4H　12H	26.0	27.5	26.5	27.8	28.5	23.3	24.2	24.3	25.3	26.5	20.5	21.1	21.7	22.5	24.1
8H　4H	24.4	25.9	24.9	26.3	26.9	21.7	22.6	22.7	23.7	24.9	18.9	19.6	20.1	21.0	22.6
8H　6H	26.1	27.3	26.7	27.8	28.5	23.4	24.1	24.4	25.1	26.5	20.4	20.9	21.7	22.2	23.9
8H　8H	26.8	28.0	27.5	28.6	29.2	24.0	24.8	25.1	26.0	27.2	21.0	21.6	22.4	23.0	24.6
8H　12H	27.8	28.5	28.0	29.1	29.7	24.6	25.3	25.6	26.5	27.7	21.7	22.2	23.0	23.7	25.3
12H　4H	24.6	26.1	25.1	26.5	27.1	21.9	22.8	22.9	23.9	25.1	19.1	19.7	20.3	21.1	22.7
12H　6H	26.3	27.5	27.0	28.1	28.7	23.6	24.3	24.7	25.5	26.7	20.6	21.1	21.9	22.6	24.2
12H　8H	27.0	28.8	27.7	28.7	29.4	24.2	25.0	25.3	26.2	27.4	21.3	21.9	22.7	23.4	25.0
12H　12H	27.5	28.2	29.3	29.4	30.0	24.8	25.6	26.0	26.8	28.0	22.0	22.6	23.4	23.9	25.7

H：灯具高度(由 1.2 m 的眼睛高度至灯具)；
X：垂直于视线方向的房间尺寸(用 H 表示)；
Y：平行于视线方向的房间尺寸(用 H 表示)。

这种方法在英国、比利时、挪威、瑞典和南非等国家采用。

眩光指数法中除了英国的上述计算公式之外,还有一些国家和学者提出了类似的公式,其中有苏联的 Епанешников,捷克的 Netusil,西德的 Arndt、Bodmann 和 Meck,荷兰的 Vemuelen 和 de Boer、日本的市川宏和长南常男等学者的眩光计算公式。但是照明技术的发展要求有一个统一的计算公式,并且能够方便于计算机计算。1978 年南非的 Einhorn 在综合了各种公式的基础上提出了一个可行的折中的(也称搭桥的)计算公式,在 1979 年 CIE 第 19 届大会上得到与会者的赞同,该公式中的眩光指数用 CGI 表示,也称 CGI 公式。

表 6-5 对于灯具的下向光通量、发光面积和高度的眩光指数补偿表

下向光通量(lm)	补偿值 $\triangle GI$	发光面积 A		补偿值 $\triangle GI$	灯具高度 H (m)	补偿值 $\triangle GI$
		(cm²)	(m²)			
100	−6.0	50		+8.9	1	−1.2
150	−4.9	75		+7.5	1.5	−0.8
200	−4.2	100		+6.5	2	−0.5
300	−3.1	150		+5.1	2.5	−0.3
500	−1.8	200		+4.1	3	0.0
700	−0.9	300		+2.7	3.5	+0.2
1 000	0.0	500	0.05	+0.9	4	+0.4
1 500	+1.1	645	0.065	0.0	5	+0.7
2 000	+1.8	750	0.075	−0.5	6	+1.0
3 000	+2.9	1 000	0.1	−1.5	8	+1.4
5 000	+4.2	1 500	0.15	−2.9	10	+1.8
7 000	+5.1	2 000	0.2	−3.9	12	+2.1
10 000	+6.0	3 000	0.3	−5.3		
15 000	+7.1	5 000	0.5	−7.1		
20 000	+7.8	7 500	0.75	−8.5		
30 000	+8.9	10 000	1.0	−9.5		
50 000	+10.2					

$$CGI = 8\lg 2\sum \frac{L^2 \omega}{P^2} \times \frac{1+E_d/500}{E_d+E_i} \tag{6-16}$$

式中　CGI——眩光指数；

　　　L——眩光源亮度(cd/m²)；

　　　ω——眩光源表观立体角(sr)；

　　　P——用 Luckiesh、Guth 的位置指数；

　　　E_d——全部光源在人眼睛上产生的直接照度(lx)；

　　　E_i——人眼睛上的间接照度(lx)。

该公式取系数 8 和 2，是为了使 CIE 的眩光指数 CGI 值在 10～28 之间，与英国的眩光指数 GI 值相一致。

二、视觉舒适概率(VCP)法

美国照明学会基于 Guth 的研究得出的眩光光指数 M 为

$$M = \frac{L_s Q}{PL_f^{0.44}} \tag{6-17}$$

式中　L_s——眩光源的亮度(cd/m²)；

　　　L_f——背景亮度(cd/m²)；

　　　Q——眩光源的表观立体角的函数；

　　　P——位置指数。

这种方法首先利用公式(6-17)决定了眩光指数 M，然后将这个灯具的眩光指数集合起来，同时进行眩光的视觉评价。这种评价指标是采用眩光感觉合格人数占总评价人数的百分率来表示的，即用人数的比率来表示这种照明设备的视觉舒适程度，所以称视觉舒适概率(VCP)法，也称 VCP 法。后来美国照明学会的 RQQ(照明的数量和质量)委员会改写了 Guth 的基本公式，使之更能直接地应用光度学和物理学的概念，然后编制出不舒适眩光评价值和舒适概率计算图(图 6-25)和 VCP 表(表 6-6)。

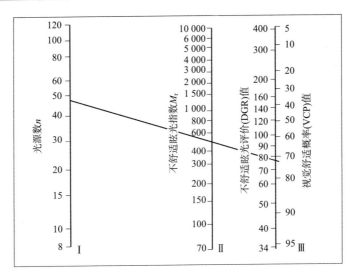

图 6-25 不舒适眩光评价值和视觉舒适概率计算图

表 6-6 VCP 表

房间尺寸(m)		纵向				横向			
	灯具	灯具高度(m)				灯具高度(m)			
长	宽	2.6	3.1	4.0	4.9	2.6	3.1	4.0	4.9
6.2	6.2	70	76	84	90	66	73	83	90
6.2	9.3	65	67	75	82	58	64	72	80
6.2	12.4	63	66	70	75	54	59	65	72
6.2	18.6	62	65	87	71	42	54	59	65
9.3	6.2	70	75	82	88	67	73	81	88
9.3	9.3	63	67	72	79	59	64	70	78
9.3	12.4	60	63	66	71	54	58	63	69
9.3	18.6	59	61	63	66	49	53	57	62
9.3	24.8	58	60	61	64	46	50	53	58
12.4	6.2	71	75	82	88	68	74	81	88
12.4	9.3	64	67	71	77	60	65	70	77
12.4	12.4	60	62	65	70	55	58	63	68
12.4	18.6	58	60	61	64	50	53	56	67
12.4	24.8	57	59	57	62	47	50	52	57
12.4	31.0	57	59	58	61	45	48	49	53
18.6	9.3	64	67	71	17	61	66	70	77
18.6	12.4	60	62	65	69	56	59	63	68
18.6	18.6	57	59	60	63	50	54	56	61
18.6	24.8	56	57	57	60	47	50	52	56
18.6	31.0	55	57	57	59	45	48	49	52
31.0	12.4	62	64	66	70	59	62	65	69
31.0	18.6	59	60	61	64	53	56	58	62
31.0	24.8	56	58	57	60	50	53	53	57
31.0	31.0	55	56	56	58	47	49	50	53

房间内反射率：顶棚 80%，墙壁 50%，地面 20%；

灯具：吊灯（顶棚与灯之间在 18 cm 以上）；

侧面的透光系数：36%；工作面照度：1 100 lx。

图 6-25 中轴Ⅰ为光源的数量 n,轴Ⅱ为不舒适眩光指数 M_t,轴Ⅲ中同时给出了不舒适眩光评价(DGR)值和视觉舒适概率(VCP)值。连接轴Ⅰ上的光源数 n 和轴Ⅱ上的 M_t 的直线与轴Ⅲ相交的位置就是 DGR 值和 VCP 值。VCP 值也可以查表 6-6。表 6-6 的标准编制条件为:顶棚、墙面和地板面的反射系数分别为 80%、50% 和 20%;灯具安装高度分别为 2.6 m、3.1 m、4.0 m 和 4.9 m;均匀布灯的一般照明的照度为 1 100 lx;房间形状为正方形和矩形;观察点在房间后墙中央前方 1.2 m 高处;观察视线为前方水平,视野界线为观察者的上方和左右各 53°。

用该方法限制眩光必须满足下列条件:

(1) VCP 值要达到 70 以上。

(2) 灯具的最大亮度与平均亮度之比,无论从横向观看还是从纵向观看,在与下垂线成 45°、55°、65°、75° 和 85° 的方向上,都不超过 5∶1(最好在 3∶1 之内)。

(3) 灯具的最大亮度,无论从横向观看还是从纵向观看时,都不要超过表 6-7 中的数值。

表 6-7　VCP 法灯具亮度限制值与灯具方向角的关系

与下垂线构成的角度	最大亮度(cd/m²)
45°	7 710
55°	5 500
65°	3 860
75°	2 570
85°	1 695

从表 6-6 可知,除给出房间的相应尺寸外,还给出了灯具的横向观看和纵向观看的 VCP 值。当灯具悬挂高度越大时,眩光越少,VCP 值越高。房间宽度相同时,长度越大 VCP 值越小;当长度相同时,宽度越大 VCP 值越小。当各种尺寸都相同时,横向的 VCP 值小于纵向的。

视觉舒适概率法考虑了影响视觉舒适的关键性因素,可以应用于各种类型的室内照明灯具,也可以应用于特定的照明布置方式等非标准条件下。它的特点是充分运用了主观评价方法,解决了大面积光源不舒适眩光限制的问题,打破了多光源眩光感觉指标的叠加概念,引进了幂指数的概念,所以是一种独特的眩光评价方法。但是,虽然编制了图表,仍然感到步骤繁琐,不便于设计人员在实际工作中应用。因此,该方法只在美国和加拿大被采用。

三、亮度曲线(LC)法

Bodmann、Söllner 和 Senger 对眩光也做了大量的工作,于 1966 年发表了亮度曲线法。这一方法也是建立在实验的基础上,在实验室内进行综合的经验性的眩光评价。

该实验的标准条件是选用若干个 3∶1 模拟办公室,模拟各种实际环境。室内装饰的色彩在实验过程中是不变的:顶棚白色,反射率为 0.70;墙面淡黄色,反射率为 0.50;地面棕色,反射率为 0.20;家具浅棕色,反射率为 0.30。房间内灯具安装高度为 h_s,如图 6-26 所示。房间长宽均用 h_s 表示,宽为 $8h_s$,长度(进深)可以有所变化。室内的平均照度为 1 000 lx。实验中由一组观察者进行评价,以满足 50% 评价人数为准。评价的眩光指数(GI 值)对应的视觉分级见表 6-8。评价实验结果认为,眩光的感觉程度与以下四个因素有关:灯具亮度,平均水平照度,房间尺寸和灯具安装高度,灯具发光面的种类。从这些因素可知,与第二节中眩光的实验研究是一致的。平均水平照度决定了观察者的视觉适应亮度,即背景亮度;房间尺寸和灯具安装高度与眩光源的位置指数有关;灯具的发光面种类则与灯具发光面表观立体角有关。该方法的优点在于克服了多光源所引起的复杂性,把多光源问题处理得简单了。

表 6-8　LC 法视觉分级

眩光指数等级	感 觉 程 度
0	没眩光
1	没有和稍有之间
2	稍有轻微眩光
3	稍有和严重之间
4	严重的眩光
5	严重和不能忍受之间
6	不能忍受的眩光

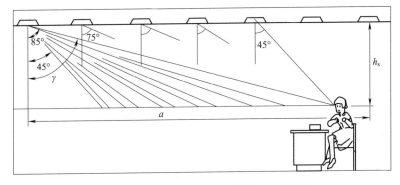

图 6-26　室内灯具眩光角与安装尺寸的关系

a—评价点至最远灯具的水平距离;h_s—灯具安装高度(m);γ—眩光角

亮度曲线法的最初表达形式是用极坐标的形式,如图 6-27 所示。图 6-27(a)表示灯具从纵向观看(灯具长轴与视线平行),图 6-27(b)表示灯具从横向观看(灯具的长轴与视线垂直)。极坐标的一边表示灯具的亮度,另一边表示不舒适眩光程度为 0.4~2.4。极坐标的圆弧面表示眩光角 γ,或用房间尺寸 a 和 h_s 表示的眩光角位置。

当在非标准条件下时,采用图 6-27(c)对照度的变化进行补偿,采用图 6-27(d)对人数变化进行补偿。

要了解室内照明不舒适眩光程度,可将灯具的亮度分布与该图的亮度曲线进行比较。可以认为灯具在标准状态下眩光感觉为 1.4,如不超过 1.4 取此数值为初始值。如果设计照度为 500 lx,根据图 6-27(c)取补偿系数为 -0.3。如果达到 70% 的人数得到满足,则根据图 6-27(d)查得补偿系数为 0.6。其补偿结果眩光感觉程度为 $G=1.4-0.3+0.6=1.7$。房间的标准宽度为 $8h_s$,较窄的房间则会允许更高的亮度值。通过对一系列照明设施的观察研究表明,这个方法在实际生活中可以对眩光进行相当准确的测量。

Fischer 于 1972 年对上述方法加以改进,提出欧洲亮度曲线法,之后又由 CIE 做了局部修改,将亮度曲线的极坐标改为直角坐标,如图 6-28 所示。图 6-28(a)用于所有无发光侧面的灯具和有发光侧面的长条形灯具纵向观看的情况;图 6-28(b)用于所有有发光侧面的灯具,但是

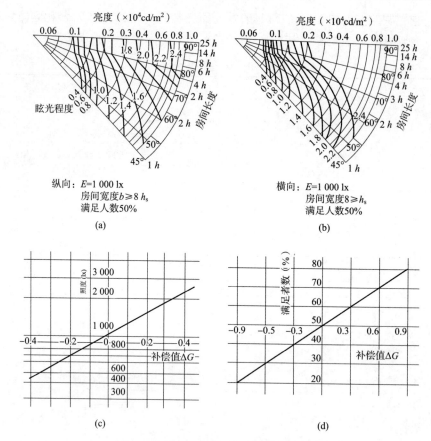

图 6-27　标准状态下灯具亮度的界限

(a)灯具从纵向观看；(b)灯具从横向观看；
(c)由于照度变化引起的补偿；(d)由于满足者人数变化引起的补偿

不包括有发光侧面的长条形灯具纵向观看的情况。

该亮度限制曲线也可以用公式来计算，对图 6-28(a)中曲线

$$\lg L_{75°}=\lg L_{85°}=3+\lg 1.0+0.15F \tag{6-18}$$

$$\lg L_{45°}=3+\lg 1.5+0.40F \tag{6-19}$$

对图 6-28(b)中曲线

$$\lg L_{75°}=\lg L_{85°}=3+\lg 0.85+0.07F \tag{6-20}$$

$$\lg L_{45°}=3+\lg 1.275+0.26F \tag{6-21}$$

上述四个公式中

$$F=(GI-1.16\lg E)^2 \tag{6-22}$$

式中　L——灯具亮度(cd/m^2)，L 的下标 45°、75°和 85°为眩光限制角 γ，如图 6-26 所示。

GI——眩光指数，分别为 1.15、1.5、1.85、2.2 和 2.55，对应质量等级分别为 A、B、C、D 和 E，如图 6-28 所示。

E——照度，用 1 000 lx 作单位或记为 klx。

上述公式(6-22)中的末项为照度变化引起的眩光指数补偿

$$\Delta GI=1.16\lg E \tag{6-23}$$

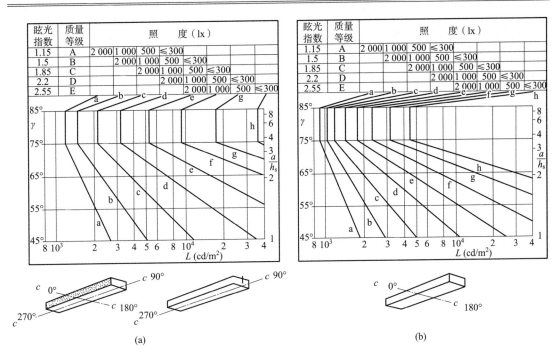

图 6-28 眩光的标准亮度限制曲线
(a)用于无发光侧面的所有灯具和有发光侧面的长条形灯具纵向观看；
(b)用于有发光侧面的所有灯具,但不包括有发光侧面的长条形灯具纵向观看

该补偿值如图 6-27(c)所示。

公式(6-18)～公式(6-21)也可以列出亮度限制值表,见表 6-9。

表 6-9 LC 法的亮度限制值

图 6-28		(a)图(纵向)		(b)图(横向)	
眩光角 γ		45°	75°～85°	45°	75°～85°
曲线上的亮度值 (cd/m^2)	a 曲线	2.71×10^3	1.25×10^3	1.87×10^3	9.40×10^2
	b 曲线	5.08×10^3	1.58×10^3	2.82×10^3	1.05×10^3
	c 曲线	1.16×10^4	2.18×10^3	4.90×10^3	1.22×10^3
	d 曲线	3.49×10^4	3.26×10^3	9.88×10^3	1.47×10^3
	e 曲线	1.29×10^5	5.31×10^3	2.31×10^4	1.85×10^3
	f 曲线	5.96×10^5	9.44×10^3	6.24×10^4	2.42×10^3
	g 曲线	3.44×10^6	1.82×10^4	1.95×10^5	3.29×10^3
	h 曲线	2.46×10^7	2.81×10^4	7.00×10^5	4.64×10^3

使用图 6-28 的亮度限制曲线或表 6-9 时要注意以下几点：
(1)亮侧边高度不小于 30 mm 的灯具作为非亮侧边灯具。
(2)灯具发光面积的长宽比不小于 2:1 时为长条形灯具。
(3)如果采用照度和质量等级的其他组合形式时(例如 B 级 750 lx),可以再附加其他亮度曲线,也可以由公式直接计算确定。
(4)照度范围低于 300 lx 时,可以用公式(6-18)～公式(6-22)进行计算。

这种眩光限制法在德国、法国、意大利、奥地利、荷兰和以色得列等国家采用。

四、亮度曲线法的应用

1. 亮度曲线法的优点

自1983年以来，CIE一直推荐亮度曲线法，并且也越来越多的得到一些国家的应用。我国在《民用建筑照明设计标准》(GBJ 133—1990)以及《工业企业照明设计标准》(GB 50034—1992)的中都采用了这种方法。采用此方法有以下几个优点：

(1) 直观易行，方便于照明设计者选择所需要的灯具。

(2) 可以指导灯具的设计和生产。

(3) 可以向国际标准靠近，与国际照明委员会有共同的技术语言。

2. 我国采用亮度曲线法已经放宽要求

上述亮度曲线法的亮度限制值，在图6-28(a)中(见表6-9之a曲线)γ角为75°~85°时，最低亮度为9.40×10^2 cd/m²；在图6-28(b)中(见表6-9之b曲线)γ角为75°~85°时，最低亮度为1.05×10^3 cd/m²。这个数值与我国当时的国情差距较大，无法执行。例如，以荧光灯为例统计，国内常用灯具的亮度值为1 400~4 400 cd/m²。国内也曾研究和推荐过Ⅰ级质量等级的亮度限制值为3 000 cd/m²(表6-3)。当时，确定我国眩光限制方法和标准时，最重要的问题是要结合实际，符合我国国情，让国内正在采用的或今后一段较长时间内还在继续采用的灯具中绝大部分可以应用，要限制一小部分眩光严重灯具的生产和应用。这样才能既促进照明技术的提高，又不否定国内大多数灯具的使用。为此，在我国当时一段较长时间内，在国家标准中应将CIE的眩光限制标准放宽，把国际标准中国内还不能执行的一部分去掉，待国内条件成熟时再按国际标准补充进去。

在我国《民用建筑照明设计标准》(GBJ 133—1990)中，将CIE推荐的眩光限制亮度曲线法中的质量等级五级改为三级，并且采用其中的B、D、E级分别为我国的Ⅰ、Ⅱ和Ⅲ级，这样做就是为了放宽要求。虽然CIE推荐了A、B、C、D、E五级，然而在欧洲一些国家采用时，也都分别依据本国的国情采用其中的二级或三级，就是该亮度曲线法创始的国家——西德也只采用其中的三级，即采用CIE的B、D、E级分别为西德的Ⅰ、Ⅱ和Ⅲ级。应用亮度曲线法的国家及其所采用的等级列入表6-10，从表6-10可知，当时我国采用的质量等级与西德的一致。

表6-10　眩光质量等级比较表

CIE采用LC法的等级	质量等级	很高	高	中等	低	很低
	符号	A	B	C	D	E
	眩光常数G	1.15	1.50	1.85	2.20	2.55
其他国家采用LC法的等级	奥地利		Ⅰ		Ⅱ	
	法国	Ⅰ			Ⅱ	
	西德		Ⅰ		Ⅱ	Ⅲ
	意大利	Ⅰ	Ⅱ			
	荷兰		Ⅰ		Ⅱ	
中国	质量等级		Ⅰ		Ⅱ	Ⅲ
	眩光指数		1.50		2.00	2.50

这样做的结果，当我们采用Ⅰ级质量等级时，应该利用图6-28(b)曲线限制眩光，而不是图6-28(a)曲线。这时图6-28(a)曲线虽然很严格，但对我国的标准就没有约束力，从而放宽了

我国眩光限制标准的要求。

3. 亮度曲线法的应用条件和实例

亮度曲线法适合于下列条件：

(1)灯具为规则排列时的一般照明。

(2)室内顶棚反射比为 0.50 以上,墙面反射比为 0.25 以上。

(3)室内人员的视线主要是水平的和向下的方向。当室内工作性质要求工作人员向上看或向斜侧上看时,则要求有限制眩光的专门措施。例如采用一定的附加灯罩或格栅,采用漫射型灯具或将灯具安装在特殊的位置上,以及利用建筑物的结构(屋顶上的横槽或突出部分)遮挡视线上的光源,也可以根据不同的需要开启不同位置的光源等。

采用亮度曲线图 6-28 限制眩光时,必须分别考虑灯具的两个主要方位面,如图 6-29 所示,即 C_0—$C_{180°}$ 平面(横向观看)和 $C_{90°}$—$C_{270°}$ 平面(纵向观看)。对于无发光侧面的所有灯具和有发光侧面的长条形灯具,纵向观看时应采用图 6-28(a)或表 6-9 之 a 曲线;对于有发光侧面的所有灯具(不包括有发光侧面的长条形灯具纵向观看)应采用图 6-28(b)或表 6-9 之 b 曲线。

灯具在眩光角内某个方向上的亮度值,可用公式(6-24)计算。灯具生产厂家的技术资料中将给出光强分布曲线,这时的光强是指 1 000 lx 光通量的光强值。

$$L_\theta = \frac{I_\theta \times F}{S \times 1\,000} \tag{6-24}$$

式中　L_θ——θ 方向上的平均亮度值(cd/m^2);

　　　I_θ——配光曲线在 θ 方向上的光强值;

　　　F——光源的总光通,采用初通(lm);

　　　S——灯具出光口在 θ 角方向上的投影面积(m^2)。

如果是在现场用亮度计测量灯具的亮度值,则在某一定的方向上,对灯具的各不同亮度的发光面分别测量其亮度值,然后取其平均值。

当得到灯具在眩光角为 45°、55°、65°、75°和 85°时的亮度曲线时,就可根据灯具的类型,将该灯具的亮度分布曲线放置在图 6-28 中。再根据设计的房间特点和照度值,选定眩光质量等级,从而在图中可以确定某一条标准亮度曲线。将这两条曲线进行比较,就可以得知该灯具是否符合眩光限制标准的要求。当灯具的亮度分布曲线全部落在标准限制曲线的左边时,即符合眩光限制的要求;如灯具的亮度分布曲线全部落在标准限制曲线的右边,则不符合要求。如果一部分在左边,一部分在右边时(即两条曲线相交),则在标准曲线左边的那些 γ 角度内的曲线符合要求,而在右边的那一部分所包含的 γ 角内的曲线则不符合要求,这时应确保室内主要视线方向上的灯具亮度值符合标准要求,在这种情况下房间内的主要视线方向和房间的尺寸则起着决定性的作用。

图 6-30 中给出了荧光灯裸管的亮度分布曲线。荧光灯管属于长条形灯具,当横向观看时(垂直灯轴方向),其灯管的亮度是一个常数;当纵向观看时(平行灯轴方向),眩光角越接近 90°,灯管的亮度值越小。如果将该裸管荧光灯的亮度分布曲线置于图 6-28 中(即为图 6-31),可以确定其眩光的程度。当纵向观看时,其亮度分布曲线应该置于图 6-28(a)中,见 6-31(a)中虚线。从图 6-31(a)可知,当 γ 角为 45°和 85°时,不符合 a 曲线的要求,但符合 b 曲线及其以下的所有曲线;当 γ 角为 55°和 65°时,不符合 a 曲线和 b 曲线的要求,但符合 c 曲线及其以下的

所有曲线;当 γ 角为 75°时,不符合 a 曲线、b 曲线和 c 曲线的要求,符合 d 曲线及其以下的所有曲线。如果横向观看时,其亮度分布曲线应该置于图 6-28(b)中,见图 6-31(b)中虚线。从图 6-31(b)可知,当 γ 角为 45°时,不符合 a 曲线和 b 曲线,但符合 c 曲线及其以下的所有曲线;当 γ 角为 55°时,不符合 a 曲线、b 曲线和 c 曲线,但符合 d 曲线及其以下的所有曲线;当 γ 角为 65°时,不符合 a~e 的所有曲线,但符合 f 曲线及其以下的所有曲线;当 γ 角为 75°和 85°时,对所有的曲线都不符合要求。关于 γ 角究竟应该取哪个值,应根据房间的尺寸 a/h_s 来决定。

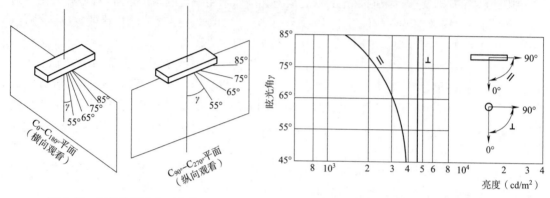

图 6-29　灯具的两个主要方位面　　　　图 6-30　40 W 裸管荧光灯亮度分布图

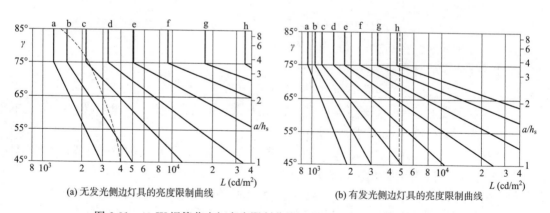

(a) 无发光侧边灯具的亮度限制曲线　　　(b) 有发光侧边灯具的亮度限制曲线

图 6-31　40 W 裸管荧光灯亮度限制曲线置于眩光限制标准亮度曲线之中

五、亮度曲线法与其他方法的关系

国际上三个主要的眩光限制方法(LC 法、CGI 法和 VCP 法)之间的关系,曾由日本的真边春芷等进行过相关性的计算和比较,见表 6-11。这一比较也只能是近似的或粗略的。

在本章第二节眩光的实际研究中已获得眩光常数 G 和亮度限制值之间的关系(见表 6-3)。当眩光常数 G 分别为 8、16 和 32 时,它们可以写成为 2^3、2^4 和 2^5。如果能取眩光指数 GI 分别为 1.5、2.0 和 2.5,则眩光指数 GI 与眩光常数 G 之间的关系可以写成

$$GI = 1.66 \lg G \tag{6-25}$$

有了这样一个关系式后,就可将这里的眩光指数 GI(1.5、2.0 和 2.5)与 CIE 目前推荐的德国的 LC 法中的眩光指数 GI(1.15、1.50、1.85、2.20 和 2.55)统一起来。

表 6-11 不同系统眩光限制方法比较表

LC 法 (中国)	质量等级	I		II		III	
	LC 法 GI(GBJ 133—1990)	1.50		2.0		2.5	
	眩光常数值 G	8		16		32	
LC 法 (西德和 CIE)	质量等级	很高	高		中等	低	很低
		A	B		C	D	E
	眩光指数 GI	1.15	1.50		1.85	2.20	2.55
VCP 法 (美国)	质量等级	I		II		III	
	VCP 机率	75%		65%		45%	
IES 法 (英国和 CIE)	质量等级	I		II		III	
	照度(lx)	750	500	750	500	750	500
	眩光指数 CGI	17.0	18.5	18.5	20	21.5	23.0

表 6-12 眩光指数及其感觉程度比较表

LC 法		CGI 法		国内实验和现场评价的综合结果				
GI	感觉程度	CGI	感觉程度	G	GI	实验室	现场评价	综合结果
0	没感觉	10	没感觉	2		没感觉	没感觉	没感觉
		13	刚刚感到					
1	没有和稍有之间	16	刚刚能接受	4	1	刚刚感觉到		
		19	临界值	8	1.5	刚刚不舒适		感觉到
2	稍有感觉	22	刚刚不舒适					
		25	不舒适	16	2	刚刚不能接受	能接受	能接受
3	稍有和严重之间	28	刚刚不能接受	32	2.5		不舒适	不舒适
4	严重感觉			64	3		不能忍受	不能忍受
5	严重和不能忍受之间							
6	不能忍受							

眩光常数法在国内不只有实验室的实验研究基础,而且还有现场测量、评价和计算的基础。根据一系列的工厂车间和公共建筑现场眩光的调查和实测实例,经过现场的视觉评价和眩光常数的计算,将其评价和计算结果列入表 6-12。从大量的现场视觉评价和计算可知,实验室内的视感觉评价结果有些偏低,现场的评价和计算应该是符合实际的。因此采用综合的评价结果,更向现场的评价和计算结果靠近一些,见表 6-12 之右侧。这样也就将眩光的限制界限放宽了,使眩光指数值可以达到 2.5(即眩光常数值为 32)。表 6-12 中列出了德国的 LC 法,该方法中的眩光指数值从 0~6 分为七级,列入眩光限制标准中为 1.15~2.55 之间的五个质量等级。表 6-12 中还给出了 CIE 推荐的 CGI 法,该方法中的眩光指数值是从 10~28 之间分为七级。各种方法的视觉评价也列于眩光指数值之后,以供参考。

此眩光常数法在我国还曾应用在铁道部颁布的标准《铁路客运车站室内照明眩光限值标准及测量方法》(TB 2012—1987)中。

第四节 我国现行的眩光限制标准

关于室内照明不舒适眩光限制标准的问题，经过国际上多年的应用经验，已经由国际照明委员会(CIE)的 117 号出版物《室内照明的不舒适眩光》(Discomfort Glare in Interior Lighting)1995 编制的技术报告决定。我国在《建筑照明设计标准》(GB 50034—2013)中，同样采用了 CIE《室内工作场所照明》的附录中的统一眩光值(UGR)进行计算。

一、统一眩光值(UGR)

1. 当灯具发光部分面积为 $0.005\ m^2 < S < 1.5\ m^2$ 时，统一眩光值(UGR)应为

$$UGR = 8\lg \frac{0.25}{L_b} \sum \frac{L_\alpha^2 \cdot \omega}{P^2} \tag{6-26}$$

式中 L_b——背景亮度(cd/m^2)；

ω——每个灯具发光部分对观察者眼睛所形成的主体角[图 6-32(a)](sr)；

L_α——灯具在观察者眼睛方向的亮度[图 6-32(b)](cd/m^2)；

P——每个单独灯具的位置指数(详见国际 GB 50034—2013 的附录 A)。

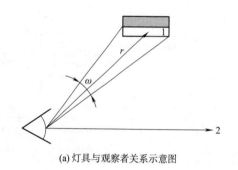 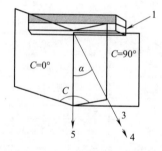

(a) 灯具与观察者关系示意图   (b) 灯具发光中心与观察者眼睛连线方向示意图

图 6-32 统一眩光值计算参数示意图

1—灯具发光部分；2—观察者眼睛方向；3—灯具发光中心与观察者眼睛连线；4—观察者；5—灯具发光表面法线

2. 对发光部分面积小于 $0.005\ m^2$ 的筒灯等光源，统一眩光值应为

$$UGR = 8\lg \frac{0.25}{L_b} \sum \frac{200 I_\alpha^2}{r^2 \cdot P^2} \tag{6-27}$$

$$L_b = \frac{E_i}{\pi}$$

$$L_\alpha = \frac{I_\alpha}{A \cdot \cos\alpha}$$

$$\omega = \frac{A_p}{r^2}$$

式中 L_b——背景亮度(cd/m^2)；

I_α——灯具发光中心与观察者眼睛连线方向的灯具发光强度(cd)；

P——每个单独灯具的位置指数，位置指数应按 H/R 和 T/R 坐标系(6-33)确定(详见国际 GB 50034—2013 的附录 A)；

E_i——观察者眼睛方向的间接照度(lx);

$A \cdot \cos\alpha$——灯具在观察者眼睛方向的投影面积(m^2);

α——灯具表面法线与其中心和观察者眼睛连线所夹的角度(°);

A_p——灯具发光部分在观察者眼睛方向的表现面积(m^2);

r——灯具发光部分中心到观察者眼睛之间的距离(m)。

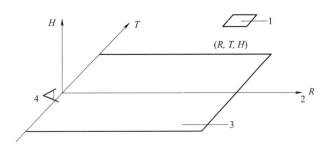

图 6-33 以观察者位置为原点的位置指数坐标系统(R,T,H)

1—灯具中心;2—视线;3—水平面;4—观测者

3. 统一眩光值(UGR)的应用条件应符合下列规定:

(1)UGR 适用于简单的立方体形房间的一般照明装置设计,不应用于采用间接照明和发光天棚的房间;

(2)灯具应为双对称配光;

(3)坐姿观测者眼睛的高度应取 1.2 m,站姿观测者眼睛的高度应取 1.5 m;

(4)观测位置应在纵向和横向两面墙的中点,视线应水平朝前观测;

(5)房间表面应为大约高出地面 0.75 m 的工作面、灯具安装表面以及此两个表面之间的墙面。

二、眩光值(GR)

1. 体育场馆的眩光值(GR)应为

$$GR = 27 + 24 \lg\left(\frac{L_{vl}}{L_{ve}^{0.9}}\right) \tag{6-28}$$

$$L_{vl} = 10 \sum_{i=1}^{n} \frac{E_{eyei}}{\theta_i^2}$$

$$L_{ve} = 0.035 L_{av}$$

$$L_{av} = E_{horav} \cdot \frac{\rho}{\pi \Omega_0}$$

式中 L_{vl}——由灯具发出的光直接射向眼睛所产生的光幕亮度(cd/m^2);

L_{ve}——由环境引起直接入射到眼睛的光所产生的光幕亮度(cd/m^2);

E_{eyei}——观察者眼睛上的照度,该照度是在视线的垂直面上,由第 i 个光源所产生的照度(lx);

θ_i——观察者视线与第 i 个光源入射在眼上方所形成的角度(°);

n——光源总数;

L_{av}——可看到的水平照射场地的平均亮度(cd/m^2);

E_{horav}——照射场地的平均水平照度(lx);

ρ——漫反射时区域的反射比;

Ω_0——1个单位立体角(sr)。

2. 眩光值(GR)的应用条件应符合下列规定:

(1)本计算方法应为常用条件下,满足照度均匀度的体育场馆的各种照明布灯方式;

(2)应采用于视线方向低于眼睛高度;

(3)看到的背景应是被照场地;

(4)眩光值计算用的观察者位置可采用计算照度用的网格位置,或采用标准的观察者位置;

(5)可按一定数量角度间隔(5°…45°)转动选取一定数量观察方向。

第五节 失 能 眩 光

一、失能眩光(Disability Glare)的评价方法

失能眩光是否存在?存在的程度如何?怎样定量判断和测量?这些问题实质上都是评价方法的问题。早在20世纪初就开创了失能眩光评价方法的研究,而且与不舒适眩光的研究同时发展,提出了如下几种评价方法。

1. 失能眩光的等效光幕亮度法

20世纪初 Nutting 研究了亮度和对比度对视觉的影响。在20年代由 Holladay 和 Luckiesh 提出了等效光幕亮度的理论,奠定了失能眩光的理论基础。他们认为失能眩光存在的程度与眩光源的仰角 θ 和光源在视网膜上产生的照度 E 有关。Stiles 发展了上述理论,并提出了由眩光源产生的等效光幕亮度(Equivalent Veiling Luminance)的定量计算公式

$$L_V = K \frac{E}{\theta^n} \tag{6-29}$$

式中 K、n——常数。

公式(6-29)不考虑眩光源的表现面积和亮度的大小,这一点与不舒适眩光是不同的。不管眩光是高亮度小面积,还是低亮度大面积,只要在观察者的视线方向上射在视网膜上的照度 E 和眩光源的仰角 θ 相同,就可以说眩光效应大小相同(图6-34)。

这一基本理论认为,由于眩光的存在会引起临界对比度的增加,而这一增量等效于某一个光幕亮度的作用结果。Holladay 认为是均匀地覆盖在背景和目标上的光幕亮度减少了目标的等效对比度,这个等效对比度的减少量就等于视场内眩光源所引起的对比度损失。因为这个光幕亮度是根据等效视觉效果建立起来的,所以称等效光幕亮度。

等效光幕亮度可以用一个实验装置进行两次测

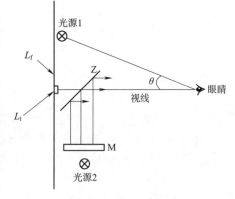

图 6-34 等效光幕亮度原理
Z—平板玻璃;M—乳白玻璃

量来实现。选一个简单形状的目标进行测量,第一次测量是当视场内存在着眩光源时,测量目标的临界对比度;第二次测量是当视场无眩光源时,经过一个反射系数为 ρ 的平板玻璃 Z 产生一个光幕亮度 L_V 后再测量,如图 6-34 所示。

$$L_V = \rho L_M \tag{6-30}$$

式中　L_M——M 处的均匀亮度。

由于光幕亮度的存在,减少了目标的等效对比度。无眩光时的对比度 C 为

$$C = \frac{L_t - L_f}{L_f} \tag{6-31}$$

有眩光存在时的对比度 C' 为

$$C' = \frac{(L_t + L_V) - (L_f + L_V)}{L_f + L_V} = \frac{L_t - L_f}{L_f + L_V} \tag{6-32}$$

式中　L_t——目标的亮度(cd/m^2);

　　　L_f——背景的亮度(cd/m^2);

　　　L_V——等效光幕亮度(cd/m^2)。

调节光幕亮度 L_V,让观察者选择的亮度值保持对某目标的观察条件与第一次(有眩光时)的观察条件相同。这样就建立起等效的视觉条件,这时光幕亮度使对比度减少的数量就等于失能眩光使对比度减少的数量。这样就可以定时地评价失能眩光存在的程度。

在 CIE 第九届大会上推荐了这一理论和计算公式。对于多光源时则取等效光幕亮度的算术和

$$L_V = \sum_{i=1}^{m} KE_i / \theta_i^n \tag{6-33}$$

式中　i——光源数目。

В. В. Мешков 进一步研究认为,等效光幕亮度不仅取决于眩光源的作用角 θ 和眩光源在视网膜上的照度,而且也与眩光源的亮度和眩光源至眼睛的距离有关,并提出了光幕亮度计算公式。

当眩光源亮度为 $L_s \leqslant 10^6 \text{ cd/m}^2$ 时

$$L_V = (3\lg L_s - 8.54) \frac{I\cos\theta}{l^2 \theta^n} \tag{6-34}$$

式中　L_s——眩光源在视线方向上的亮度(cd/m^2);

　　　I——眩光源在视线方向上的光强(cd);

　　　l——眩光源至眼睛的距离(m);

　　　θ——眩光源离开视线的仰角(°)。

当眩光源亮度为 $L_s > 10^6 \text{ cd/m}^2$ 时,眩光源在视网膜上成像的尺寸变小,并为一个常数,这时 $K = 9.46, n = 2$。因此,公式(6-34)可以写成

$$L_V = 9.46 \frac{I\cos\theta}{l^2 \theta^2} \tag{6-35}$$

这样,就可以用眩光源的光强 I、距离 l 和作用角(仰角)θ 来计算等效光幕亮度,从而可以确定失能眩光。公式中的 K 和 n 值是实验常数,它与许多因素有关。许多研究者证实,常数 K 和 n 还受眼睛生理特点的影响,例如年龄、民族、环境、专业经验、健康状况等因素。K 值与目标的大小、观察时间等有关,n 值反映了眼睛的光学构造特点。由于 K 和 n 值不同,眩光计算结

果也不同。各研究者所得的 n 值大体趋于一致,而 K 值的变化范围较大,见表 6-13。

表 6-13 失能眩光公式中的 K 和 n 值

作　者	K	n	备　注
Holladay(1927)	9.2	2.0	$2.5°<\theta<25°,0<L_s<19\ cd/m^2,0<E<6\ lx$
Stiles(1929)	4.16	1.5	$1°<\theta<10°,0<L_t<11\ cd/m^2,0<E<11\ lx$
Stiles 和 Craloford(1936)	10	2.0	$4°<\theta<100°$
Moon 和 Spencer(1947)	10π		
Fry 和 Alpern(1953)	7.1	2.5	$1°<\theta<8°$
Мешков(1961)	9.46	2	$10^6\ cd/m^2<L_s$
Vos 和 Bodmann(1963)	29	2.8	
Boyntonetal(1964)	4.85	2	
Fisher(1965)	$(0.2A+5.8)\pi$		A 为年龄
Watson(1970)	15.1π	2.2	用于背景不均匀的街道照明
Cole(1979)	10π	2	
伊藤(1981)	0.04~200	2.5~2.8	$L_s=\sim 50\ 000\ cd/m^2,\theta=0.7°\sim 10°$ $L_f=0.5\ cd/m^2\mbox{、}1.0\ cd/m^2\mbox{、}10\ cd/m^2\mbox{、}80\ cd/m^2\mbox{、}600\ cd/m^2$ $\omega=0.87\times 10^{-3}\ sr\mbox{、}0.44\times 10^{-3}\ sr\mbox{、}0.22\times 10^{-3}\ sr$

伊藤等人 1981 年发表了较全面的数据。他们做了全面系统的研究,其研究范围:眩光源亮度 L_s 可达到 $50\ 000\ cd/m^2$;背景亮度 L_f 分别为 $0.5\ cd/m^2$、$1.0\ cd/m^2$、$10\ cd/m^2$、80 和 $600\ cd/m^2$;眩光源的表观立体角 ω 为 $0.87\times 10^{-3}\ sr$、$0.44\times 10^{-3}\ sr$ 和 $0.22\times 10^{-3}\ sr$,眩光源的仰角 θ 为 $0.7°\sim 10°$。实验结果见表 6-14。

表 6-14 伊藤得到的 K 和 n 值

眩光源亮度 L_s (cd/m^2)	n	K				
		背景亮度 L_f(cd/m^2)				
		0.1	1.0	10	80	600
40 000	2.54	200	125	35	5.5	0.75
20 000	2.7	190	110	23	2.9	0.46
10 000	2.8	180	100	15	2.0	0.23
5 000	2.55	130	40	5.3	0.6	0.085
2 500	2.5	80	25	2.5	0.2	0.04
1 200	2.65	72	13	1.4	0.18	—
600	2.7	45	7.0	0.8	0.1	—
300	2.7	40	4.3	0.52	0.06	—

从上述研究结果可以看到,K 值与背景亮度和眩光源的亮度有关,在伊藤以前的研究中 K 值虽不同,但都在伊藤所研究的范围之内。他们的结果不同,是因为各自研究的范围不同,

而 n 值,由于伊藤的研究结果,使得几乎取得一致的数据($n=1.5\sim2.8$)更接近一致($n=2.5\sim2.8$)。

2. 失能眩光的眩光系数法(临界亮度差法)

Островский 和 Watson 分别在街道照明中把有眩光时和无眩光时的临界亮度差之比定义为眩光系数 S

$$S=\frac{\Delta L_s}{\Delta L} \tag{6-36}$$

式中 ΔL_s——有眩光源时临界亮度差;

ΔL——无眩光源时临界亮度差。

因为有眩光时临界亮度差提高,所以 $S \geqslant 1$。因此,实际上有眩光时降低了视觉的对比灵敏度。这一方法实质上是等效于光幕亮度法的另一种表示方法。

3. 失能眩光的眩光指数法

由于视度仪出现以后,借助于视度仪可以直接测量视度值。从而有可能由眩光系数法发展为眩光指数法,这一方法实际上是上述眩光系数法的继续。因为当有眩光存在时,临界亮度差提高。根据视度定义,视度与临界亮度差成反比例,所以降低了视度值。这样就可以把无眩光时和有眩光时的视度值之比,再定义为眩光指数 P

$$P=1\,000(S-1) \tag{6-37}$$

式中 P——眩光指数,$P<1$;

S——眩光系数,$S>1$。

$$S=\frac{V_1}{V_2}$$

式中 V_1——无眩光时的视度值;

V_2——有眩光时的视度值。

此方法已用在苏联建筑法规人工照明标准(СНип,1971)中,用来限制室内照明的失能眩光。

4. 失能眩光的 DGF 法

在 CIE No. 19 报告(1972)中概括了 Blackwell 的研究,提出一个心理物理指标(Criterion Psychophysical Measurement),用来评价失能眩光,这种指标叫 DGF(Disability Glare Factor)。用有眩光时的等效对比度与参考条件下的等效对比度之比来表示

$$DGF=\frac{\tilde{C}}{\tilde{C}_{ref}} \tag{6-38}$$

式中 $\tilde{C}$——在实际照明条件下(有眩光)目标的等效对比度;

$\tilde{C}_{ref}$——在参考照明条件下(无眩光)目标的等效对比度。

由于受光幕亮度的影响,当有眩光存在时观察目标的等效对比度降低,所以 DGF 是小于 1 的系数。由于眩光的存在,视觉临界对比度提高,即对比灵敏度降低,所以 DGF 也可以用相对对比灵敏度的比值来表示。根据视度的定义,视度值与相对对比灵敏度成正比,所以 DGF 也可以用相对视度值表示

$$DGF=\frac{L\,RCS_e}{L_e RCS} \tag{6-39}$$

或
$$DGF = \frac{RV_e}{RV} \tag{6-40}$$

式中　L——无眩光时的背景亮度值；

　　　L_e——有眩光时背景亮度的有效值；

　　RCS——无眩光时的相对对比灵敏度；

　　RCS_e——有眩光时的相对对比灵敏度；

　　　RV——无眩光时的相对视度值；

　　　RV_e——有眩光时的相对视度值。

从上述公式可知，DGF 法实质上是光幕亮度法的继续和发展，并且由于可以用视度仪测量视度值，虽然是两个相对视度之比，实际上与上述的眩光系数法是相同的。

5. 限制失能眩光的其他方法

除上述四种方法以外，还有相对视力法和视觉疲劳法。

在日本，曾采用"明视比"法，即有眩光和无眩光的视力之比，亦可称为相对视力法，用来评价眩光的存在

$$V_r = \frac{\lg V'}{\lg V} \tag{6-41}$$

式中　V_r——相对视力（明视比）；

　　　V'——有眩光时的视力；

　　　V——无眩光时的视力。

用视力评价眩光的存在可以理解，因为眩光的存在会使视度降低，从视功效曲线上各参变量之间的关系分析，可以看出有眩光时必然会导致视力下降，然而此方法没有推广。

此外还有少数采用视觉疲劳法的。因为眩光的存在会引起视疲劳，因此从测出的视疲劳程度就可以衡量眩光的程度。此法也不赘述。

二、失能眩光评价方法之间的关系

上述几种失能眩光的评价方法，均具有较严密的视觉理论基础和实验基础。分析上述方法，可以得出如下结论：

(1)前四种评价方法，均以 Holladay 的等效光幕亮度理论为基础。一些国家从不同的角度研究，发展成为临界亮度差法、眩光系数法和眩光指数法，其本质和视觉理论是相同的，最后均可导致用相对视度的比值来表示。

(2)等效光幕亮度的理论，不仅是失能眩光的理论基础，而且许多视度仪也以此为理论基础制成，应用于照明技术中，使等效光幕亮度理论发展到一个新的高度。

(3)在失能眩光的评价方法中，等效光幕法最初是应用于评价直射眩光效果的，后来发展到用来评价反射眩光中的光幕反射（模糊反射）。从近几年的发展情况来看，后者可能比前者更应予以注意。

(4)等效光幕法本来是从室内照明的评价中发展起来的，后来多用于室外街道照明等的眩光评价中。虽然至今主要还是用于评价街道照明质量的方法，但由于可以评价光幕反射，所以今后可能会广泛用于室内照明质量的评价中。

(5)在 CIE 的 No.19/1 和 No.19/2 出版物中，除了推荐用视度水平（Visibility Level）制

定照度标准外,还着重研究了影响视度水平的三个因素:对比显现系数(CRF),表示光幕反射的特征;失能眩光系数(DGF),表示由于眩光使能见度(视度)失去了一部分;短暂适应系数(TAF),表示由于视觉的不适应,引起视度水平的变化,只有考虑和计算这三个因素以后的视度水平(VL)才是实际照明条件下的真实视度水平

$$VL = \tilde{C} \times RCS \times CRF \times DGF \times TAF \tag{6-42}$$

式中　$\tilde{C}$——等效对比度;

RCS——相对对比灵敏度。

根据视度的定义和相对对比灵敏度的定义可知,等式后面的前两项实际上就是视度值。

当制定照度标准时,这些照度标准值都是假定在相同照明质量条件下的照度值。如果照明质量不同,则应考虑上述三个因素的影响,这样才能保证与良好的照明质量条件下有相同的视度水平。

根据以上论述不难看出失能眩光与视功效特性或视度之间的关系。

三、失能眩光与不舒适眩光的关系

关于失能眩光与不舒适眩光的关系,这是许多人都感兴趣的课题,至今无人能给予明确的实质性的论述。现仅就我们所能得到的资料进行分析,提出如下看法。

由表6-13和表6-14的研究结果可知:

(1)表征失能眩光存在程度的光幕亮度 L_V 也和不舒适眩光常数一样随着眩光源亮度的增加而增加。因为 L_V 正比于 K,而 K 值随眩光源亮度的增加而增加。

(2)光幕亮度 L_V 与不舒适眩光常数一样,随着背景亮度的增加而减少,因为 K 值随背景亮度的增加而减少。

(3)失能眩光与不舒适眩光一样,也与眩光源的方位角 θ 成反比。在这里 θ 相当于不舒适眩光中的 $P(\theta)$ 函数(位置函数)。

(4)失能眩光和不舒适眩光均与眩光源的表观立体角 ω 有关,当 ω 角增加时,光幕亮度 L_V 也在增加,由图6-35可以说明。

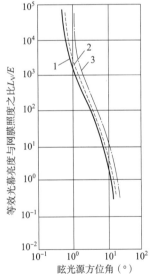

图6-35　眩光源表现立体角大小对光幕亮度影响(伊藤,1981)

1—$\omega = 0.22 \times 10^{-3}$ sr;

2—$\omega = 0.44 \times 10^{-3}$ sr;

3—$\omega = 0.87 \times 10^{-3}$ sr

由上述可知,影响失能眩光和不舒适眩光的因素在许多方面是相同的。

Iftekhar Ahmed 等人认为,不舒适眩光与其他有害刺激一样,遵守时间强度定律。例如 Blooh 定律就提出光源亮度 L_s 和光源的作用时间 t 之乘积为一常数($L_s \cdot t =$ 常数),该常数是使人产生不舒适感的界限。此观点虽没用于眩光的评价中,但是,与不舒适眩光研究的开创者之一 Feree 的观点有些相似,根据这一理论将来是否可以找到不舒适眩光的生理基础,建立起视网膜上光量子的积累理论?如果可能的话,那时就可以将多少个光量子作用到多少个视网膜细胞上的生理依据与不舒适眩光的心理感觉尺度建立起定量的联系。因为眩

光接受者——人,是一个统一的整体,不管失能眩光还是不舒适眩光,它们都是对同一个人产生的光刺激作用,这个定量的联系是应该能够建立起来的。

Епанешников 于 1962 年首先把不舒适眩光的眩光指数(Holladay 和 Luckiesh、Guth 研究的)与失能眩光系数(Мешков 研究的)进行了定量的比较,见表 6-15。这就说明失能眩光和不舒适眩光虽然是两个平行的系统,但它们都对同一个人眼睛产生刺激,而同一个人的感觉尺度之间应该是有联系的。

表 6-15 眩光程度比较表

眩光源的尺寸和位置	Мешков 失能眩光系数			Holladay 不舒适眩光常数			Luckiesh、Guth 不舒适指数		
	适应亮度(cd/m^2)			适应亮度(cd/m^2)			适应亮度(cd/m^2)		
	10	40	120	10	40	120	10	40	120
$\theta=10°$ $\omega=5\times10^{-3}$ sr	1.000 3	1.005	1.006	1.65	2.14	2.17	107	190	242
$\theta=10°$ $\omega=10^{-2}$ sr	1.000 2	1.006	1.009	1.71	1.91	2.16	133	195	277
$\theta=20°$ $\omega=10^{-2}$ sr	1.001 0	1.004	1.005	—	—	—	134	223	312
$\theta=30°$ $\omega=10^{-2}$ sr	1.004 0	1.005	1.006	—	—	—	174	262	339

CIE.T.C.3—4 技术委员会报告曾提出,若不舒适眩光解决了,失能眩光自然就解决了,说明二者是有联系的。只不过失能眩光比不舒适眩光对人的视觉作用得更大,亦即由心理眩光发展到生理眩光的问题。

综上所述,如能用统一方法评价两种不同的眩光效应,应该是一个值得研究和解决的问题。

第七章 视觉测量仪器和测量方法

第一节 视度仪的研制和发展

视觉测量可分为两类：一类是观察目标清楚程度的测量，测量仪器采用视觉测量仪器，简称视度仪（Visibility Meter）；另一类是视觉疲劳的测量，采用的仪器有不同的名称。本章将重点介绍视度仪，同时也介绍一些视觉疲劳的测量方法和仪器。

中国的视度仪研制工作开始于 1963 年，当时的建设部建筑科学研究院建筑物理研究所光学室有一项《关于制定我国照明设计标准方法的研究》课题。于是，学物理科学的人就试图从物理学的角度开始考虑如何能更科学的制定我国的照明设计标准，而不只是到工业企业的现场进行广泛的调查、实测和统计，由此开始了视觉测量方法的探讨。经过广泛的国内外调研，所得到的资料见本章第五节。有了国内外的相关资料，再结合当时的国情，于 1965 年研制了 SD-0 型（初型）视度仪。1977 年，全国科学的春天大会之后，首先应全国仪器仪表学会第二届年会北京会议的邀请参会发言，论文也在该会的论文集上发表；紧接着又在全国心理学会第二届年会保定会议上得到了当时老专家们的称赞。当时著名心理学家北师大教授张厚璨女士也对此给予了肯定和称赞，备受鼓舞。会后又有心理学会第二届第一副理事长当时的杭州大学校长陈立老先生专程到北京建筑物理研究所，并由研究所主管副所长和室主任等亲自陪同观看 SD-0 型视度仪的具体测量效果，并高度评价："这是中国的心理物理学仪器的诞生"。该仪器在 1973～1979 年我国自主制定的第一本国标《工业企业照明设计标准》(TJ 34—1979) 中，发挥了巨大的作用。1981 年，在丹东市科技局局长肖树召先生资金的支持下，物理研究所与丹东无线电 16 厂合作，将视度仪正式试投入批量生产，定为 SD-1 型视度仪。并在建设部中国建筑科学研究院和丹东市科技局主持的鉴定会上，由当时参加仪器鉴定会的各方专家组成的专家组共同签署了同意生产第一批产品的鉴定意见。国防科工委 507 研究所以及北京大学心理学系等单位各购买一台，开始使用。

1981 年，国际照明委员会（CIE）应届主席 de Boer 先生（荷兰）专程到北京邀请中国参加国际照明委员会（CIE）。期间同时参观了中国建筑科学研究院物理所，观看并赞扬了建筑物理研究所视觉实验室的 SD-0 型视度仪和获得中国人眩光指数公式的实验室。

1986 年，中国首次设立国家科技进步奖。SD-1 型视度仪的研制者两人均获得建设部国家科技进步二等奖。1987 年，由唐山市光学仪器厂生产小型 SD-2 型视度仪若干台。该小型 SD-2 型视度仪具有双眼视距可调的功能，可供儿童使用。当时的上海医科大学少儿卫生教研室使用的就是 SD-2 型视度仪，北京医院眼科和一些师范学院心理学系也投入使用。关于 SD-1 型和 SD-2 型视度仪的应用可以在有关眼科或者卫生保健等期刊上查到。2013 年初，由原国防科工委 507 研究所发展成立的中国航天员中心再次提出购买视度仪，并希望再组织生产。2014 年末第三次改进后的 PZ-1 型视度仪（Polarized Light Visibility Meter）制造完成，并投入使用。中国航天员中心正在进行创新实验研究，在此之前，该单位已经应用过 SD-1 型视度仪多年。新的年轻科技工作者也试用过 SD-0 型视度仪,也具有一定效果,并且得到一些实验数据(详见第三章)。PZ-1 型视度仪实际上也可以称为 SD-3 型视度仪,是经过近两年研制改进而诞生的光机电组合仪器。各型视度仪的照片如图 7-1~图 7-4 所示。

图 7-1　SD-0 型视度仪

图 7-2　SD-1 型视度仪

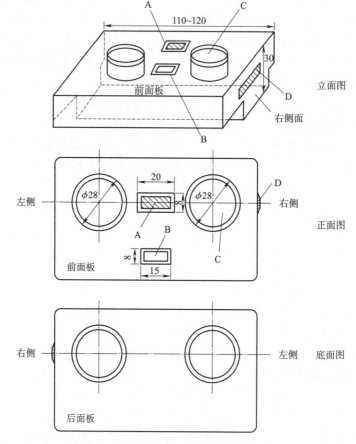

图 7-3　SD-2 型视度仪

A—调解双目镜视距离的螺纹;B—读数窗口;C—石英玻璃镜;D—手拨轮

图 7-4　PZ-1 型视度仪(即 SD-3 型视度仪)

第二节　视度仪的技术领域和作用

　　SD 型视度仪属于心理物理学领域或人类功效学范畴的视觉光学仪器。视度仪在医学眼科或在照明工程和技术研究中,可以在不同的照明数量和质量条件下,定量的测量视感觉的清楚程度;也可以在海上航行、航空航天方面用来定量的测量各种气候条件下特殊目标的视度,即能见度或可见度。

　　过去在航海领域,为了能够衡量出不同自然(阴暗或雾气)条件下观测目标(敌舰或障碍物)的视度,曾经利用光楔来制作光学仪器,但是随着科学技术的发展也早已被淘汰。近代在医学或照明工程和技术研究中均用多人的主观评价来评估照明质量,即光线够不够多,照明质量够不够好(哪种光色易可见或是否眩光等)。这类主观评价不是定量的,是靠大多数人的感觉统计的结果,不够准确。而且,不同的人种、肤色、环境和地区视感觉也可能不同。随着照明科学的迅速发展,这种评价方法不能适应工程技术的需要。偏振光式视度测量仪(即 SD 型视度仪)在这种情况下适时而生,它采用光学原理和机械与电子有关技术解决了视感觉的定量测量问题,其作用如下所述。

一、气象能见度的测量

　　视觉测量开始于 19 世纪海上军舰之间的能见度测量,由于天气、水雾和阳光等的影响,用各种办法制作光楔,改变军舰之间的透过率,用透过率的大小决定能见度。因此,经过开发和改进,视度仪可以用来测量航空方面的气象能见度。

二、视力的测量

　　中小学生的视力检查工作量极大,每检查一次视力,百个学生,医生要检测数千次,如果千人就要近万次。如果有个仪器能一次测量就得到结果,医生就轻松了,而视度仪即可满足需求,使视力检测变得简单和快捷。

三、视觉阈值的测量

　　视觉阈值是眼睛在各种物理条件下,心理物理学的视觉界限。不同职业的劳动需要了解和掌握观察者的视觉阈值,为劳动者提供良好的劳动环境。例如航空和航天飞行员在极强光或极弱光的变化下,其视觉的明适应或暗适应时间长短或其观察目标的阈值等,都应该有个定量的评估,将物理量转化为心理物理量来定量的测量人们的视觉阈值,这可以使用视度仪来完成。

全国许多大学,尤其是师范学院和理工科大学都设有心理学系。北京大学心理学系的陈舒永老教授就曾经说过,在给学生讲心理学的阈值时就很难理解(正像高等数学中的"无穷小")。但有了视度仪,让学生做个实验,亲自测量一下马上就理解了。

四、视觉疲劳的测量

在劳动卫生和保健方面,由于人们长时间的精细视觉作业后,会产生视觉疲劳,有时很严重,是一种病态。劳动保健或医院的检查和治疗就可以使用定量评价视觉疲劳的视觉光学视度仪,被检测者只要看一眼就可以知道视力下降或上升多少。

照明是一个朝阳行业,凡是有人的地方就必须有照明。在照明工程和照明技术中,各种工作和场所都需要优良的照明方案。现在的照明产品发展迅速,各种光源一代比一代节能,各种灯具花样繁多,尤其是 LED 灯的出现,迅速占领市场。各种光源的视觉效果需要评价,即照明的数量和质量好坏(照度的高低、均匀度、色彩、眩光)等都需要有视觉的定量评价。历来照明的好坏都是靠观看者自己表述,这只是定性的,没有定量的客观数据。偏振光式视度测量仪(即 SD 型视度仪)的发明解决了这个问题,可以定量的测量作业目标的视度,寻找工作环境影响工作效率的原因,评价和指导改善劳动环境。

第三节 SD 型视度仪的实际应用

自从 SD 型视度仪诞生以来,曾经用它进行过以下的测量。

一、视觉阈值的测量

被人们看清楚的目标必须有三个物理条件(见本书第三章),即目标的大小、目标得到的照度和目标与其背景的对比度。当其中任何一个物理量达到一定阈限时,就可以用视度仪进行测量。视度与三个物理量之间的关系如图 3-2 所示。采用公式(3-1),测量出视度 V 值,因为已经知道 C 值,即可得到临界对比度 C_0。

二、视功能特性曲线的测量

在制定我国标准《工业企业照明设计标准》(TJ 34—1979)时,用 SD 型视度仪进行了视功能特性曲线的测量实验,获得了五个视角在五种照度条件下临界对比度与照度的关系数据,如图 3-4、图 3-5 和图 3-6 所示。即那时的研究就获得了中国人眼睛的视功效特性曲线,且还将视度仪的测量与裸眼的测量结果进行了比较,得到了满意的符合一致的结果。该数据及研究也应用到制定国家标准之中。

三、现场实际工件等效对比度的测量

实际工件的视度测量见第三章,可分为平面目标与实际有三维立体感的等不同形状的工作目标。测量结果见图 3-23、表 3-4 和表 3-6,这里不再叙述。

四、视觉疲劳的测量

应用 SD 型视度仪还可以进行视觉疲劳的实际测量。在进行上述视觉阈值、视功能特性曲线和现场实际工件的视度测量时,主试者发现有时候同一位观察者在同一个物理条件下的视度值明显的下降,这是为什么?主试者与观察者讨论研究一致发现:按照视度定义,临界对比度在一定亮度和一定视角条件下应该是一定的;在前后条件不变的情况下,视度 V 也应为一定的数值。然而由于观察者(疲劳者)视觉对比灵敏度下降,即临界对比度增加,使得视度值 V 下降,并大大地超过了应有的测量误差范围。这是因为观察者的眼睛明显感到疲劳,即视觉疲劳。当然,要进行视觉疲劳的测量须很好的控制观察条件,特别是控制观察者的心理和生理因素。这一发现如获至宝,因为工作中又有了测量视觉疲劳的仪器和方法,之后就开启了用视度仪进行视觉疲劳测量的应用。

例 1 见本章第六节图 7-26,给出了两位观察者经过 3 个小时的连续视觉工作前后的实验结果。

例 2 见本书第四章图 4-4,是教室视觉阅读的视觉疲劳实验,是在卫生部的《中小学校教室采光和照明卫生标准》(GB 7793—1987)进行编制的过程中,由山西医学院少儿卫生教研室主任赵融教授带领团队,在该校用 SD 型视度仪进行的视觉疲劳实验,得出照度在 1 000 lx 时,视觉疲劳最低,同时提出照度标准值为 200 lx 为益。

当时国内在视觉疲劳研究上虽进行了一些其他工作,但还没有一个较理想的指标,SD 型视度仪为此提供了一种衡量视觉疲劳的良好指标。采用视度仪测量视觉疲劳时,应该注意疲劳后的测量,不要让眼睛有暂短的休息和调节,因为这样会消除疲劳,尤其是对少儿和青年观测者更应如此。

五、评价照明的数量和质量

由于视度仪能够测出亮度、视角和对比度等参量的变化所引起的视度变化,因此,可以用它来进行有关照明的视觉效果的研究,评价照明中照度水平的合理性及照明质量的优劣等。凡是有人的地方就要有照明,是为了给人们的工作、生活等提供必要的视看条件,满足工作上视觉的需要,使照明既有利于工作,又能保护视觉健康。如果一个照明系统能做到既满足视觉上的要求,又能合理的使用光能,减少能源的不必要损失,显然是利国利民的。这里,视度仪为评价照明能否满足视觉上的需要提供了一种衡量手段。

照明质量的好坏是客观存在,评价其好或不好必须用眼睛来衡量,而且定量的用眼睛来衡量就要靠视度仪。本书第五章照明质量与视觉效果中就给出了国内外的研究结果,国内的具体测量数据见第五章第四节。

六、提出和评价照明设计标准值

当时,SD 型视度仪的研制就是为满足此目的。在我国电力短缺的 20 世纪,提出较低的照度标准值或评价照度标准值达到多少的视觉效果是既能保证人们的视觉要求又能节省电力的?详见第四章第一节和第三章图 3-26。

七、研究驾驶员以及航天员的视觉状态

20 世纪 80 年代,国防科工委 507 研究所的吴文灿教授用过 SD-1 型视度仪,曾有论文发表。到了 90 年代第二代科研学者牟晓菲女士为研究人造卫星航天员上天的照明方案也用了 SD-1 型视度仪。直到 21 世纪,该研究所第三代科研人员又使用 SD-0 型视度仪进行了视觉测量,其数据结果令人满意。

近 20 年,飞机和航天器中驾驶员多数时间是在观看许多不同色彩的仪器仪表。研究目标与背景亮度的关系时,仪表盘上数字和有关符号要使驾驶员迅速看得清楚是非常重要的。何种色彩的背景和目标能使驾驶员看得更清楚?中国航天员中心采用 SD 型视度仪进行了测量,具有一定的指导意义。这些仪表盘多数是液晶显示屏,字符的清晰度无疑是影响视觉作业的重要因素。在观察目标的字符时,其字符的大小、色彩和亮度对清晰度有重要的影响。因此,中国航天员中心的第三代科研者采用 SD 型视度仪进行了下面的测量。选择观测者甲、乙、丙三人。年龄和性别分别是甲:35 岁,女;乙:34 岁,男;丙:34 岁,女。目标采用固定的尺寸,目标的背景色彩和目标的亮度比选用 27 种。其视度值见表 7-1,其色彩亮度比见表 7-2,汇总结果如图 7-7 所示。从图 7-5 可见,三位观测者尽管有些差异,但是总的规律是一致的,也可以看出三人之间的视力差异。因此可以通过 SD 型视度仪在 27 个方案中选择出理想的方案。

表 7-1 观察者甲、乙、丙三人的视度测量结果

27 种色彩编号	视度值		
	甲	乙	丙
1	49.31	43.83	31.20
2	32.76	29.08	28.42
3	18.86	13.36	15.17
4	13.89	12.77	15.05
5	16.36	13.36	16.94
6	40.31	25.43	34.43
7	27.78	16.65	19.04
8	11.45	8.65	9.56
9	9.03	6.45	8.11
10	40.86	39.76	51.63
11	10.98	8.70	12.87
12	10.40	9.09	8.86
13	16.50	11.95	11.37
14	69.79	29.76	43.83
15	59.68	31.58	57.73
16	23.13	21.56	22.44
17	19.04	14.11	11.70
18	14.81	13.36	15.82

续上表

27 种色彩编号	视 度 值		
	甲	乙	丙
19	18.52	12.22	16.50
20	30.83	20.93	20.33
21	22.90	12.87	14.81
22	7.83	7.05	8.97
23	14.34	11.21	17.09
24	30.47	15.30	26.86
25	22.21	15.05	15.56
26	6.69	5.60	7.70
27	14.69	9.56	14.81

表 7-2　27 种色彩亮度比

27 种色彩编号	亮 度 比	27 种色彩编号	亮 度 比
1	灰白 4.2∶1	15	蓝红 3.3∶1
2	灰红 3.1∶1	16	蓝红 2.0∶1
3	灰红 1.6∶1	17	蓝红 1.5∶1
4	灰红 1∶1.8	18	蓝红 1∶1.7
5	灰红 1∶3.2	19	蓝红 1∶2.7
6	灰黄 3.0∶1	20	蓝黄 2.1∶1
7	灰黄 2.3∶1	21	蓝黄 1.7∶1
8	灰黄 1.4∶1	22	蓝黄 1∶1.6
9	灰黄 1∶1.7	23	蓝黄 1∶2.6
10	灰绿 2.7∶1	24	蓝绿 2.0∶1
11	灰绿 1.4∶1	25	蓝绿 1.6∶1
12	灰绿 1∶2.0	26	蓝绿 1∶1.6
13	灰绿 1∶3.4	27	蓝绿 1∶2.7
14	蓝白 3.4∶1		

因为该试验的上述结果有明显的规律和效果,故该研究所又提出要求再次生产 SD 型视度仪,于是就研制了 PZ-1 型(即 SD-3 型)视度仪。

八、上海医科大学的教学和科研仪器

20 世纪 80 年代,唐山光学仪器厂曾经生产了一批 SD-2 型视度仪。上海医科大学少儿卫生教研室曾利用该仪器研究了《小学语文课本字体对视功能影响的研究》这一课题,视度仪发挥了其应有的作用。

九、复旦大学光源与照明工程系教学仪器

复旦大学特别重视航空驾驶室的照明视觉研究。大量的信息流量及控制需求使飞行员视

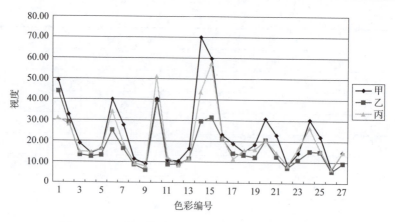

图 7-5　507 所三位测试者用视度仪测量的数据分布图

觉任务的数量增多、难度加大。飞机驾驶舱内有将近两百个仪表、按钮、把杆和信号灯。驾驶员依靠眼、耳与手的感觉去获得外界的信息。然后迅速做出判断,这是个相当复杂的视觉操作过程。中国拥有自主知识产权的民用飞机已加入世界市场,其中央操纵台等照明设计、驾驶舱区域的泛光照明设计,包括机舱内观察和舱外观察的不同要求、观察者对观察舱内不同部位显示器的要求、观察者不同的心理对照明提出的不同要求等。保证飞行员的视觉功效,确保飞行安全,这就是驾驶舱照明设计的根本任务。图 7-6 为复旦大学学生使用 SD-1 型视度仪测量视觉效果。

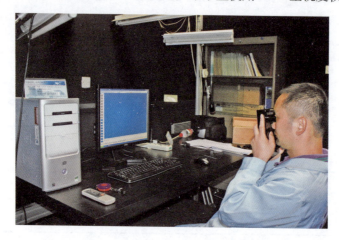

图 7-6　学生正在使用 SD-1 型视度仪测量视觉效果

十、国际上几种视度仪的应用方向

国际上各种视度仪除用来研究视觉效果、评价照明的数量和质量外,根据各种视度仪的功能及其研究范围,都有各自特殊的应用并发表了它们的应用结果。如苏联学者还用视度仪进行眩光指数的测量以及光帷(幕)反射的研究等;美国的 Blackwell 还用其视觉工作评价器作对比显现系数(CRF)测量、道路照明评价等;英国的 Slater 等将其用在室内照明研究,评价室内的照明环境等。特别值得提出的是美国的 Eastman 用其对比阈限视度仪进行色视度的测量,从中揭示色对比与亮度对比的某些关系。这恐怕只有不带内部光源的视度仪,才能做这方面的研究工作。

视度仪作为一种衡量视觉效果的心理物理仪器,在照明技术、卫生学、心理学以及人类功效学方面都可以得到应用。在国内心理学业界也把视度仪作为一种实验心理学的仪器应用在科研和教学方面的研究。随着各领域的需要与应用,视度仪将会发挥它应有的作用,而因此它本身也会得到改进,更加趋于完善。

第四节　SD型视度仪的光学机械电器及其测量

为了制定我国的照度标准,20世纪60年代初我们在探讨了美国 H. R. Blackwell 视觉工作评价器和苏联 Л. Л. Дашкевич 视度仪的基础上,根据偏振光(Polarized Light)的原理制成了SD型视度仪的试用型。70年代初在该试用型的基础上作了改进,改变了其中的机械传递方式,提高了精度。虽然这时的视度仪仍采用读出角度值后查表(或曲线)得到视度值的方法,由于仪器的原理和构造比较合理,在实际应用中均得到了较为满意的实验数据。20世纪80年代末根据其他学科的需要,尤其是心理物理学的要求,为了消除或减少视觉测量中心理上的主观习惯误差,在原有的原理和构造上,增加了电子运算显示器,可以不被观测者察觉而直接读出视度值。因此就形成了这种带有电子运算显示器的SD-2型视度仪。

一、SD型视度仪的光学原理及其优势

SD型视度仪的原理如图7-7和图7-8所示。图7-7中的分束起偏棱镜是由石英晶体做成的握拉斯通棱镜,当光线通过棱镜时,被分解成两束光线,其中一束称为寻常光(o光),另一束称为非寻常光(e光),此两束光的偏振方向是互相垂直的。当检偏器的偏振方向与o光的偏振方向平行时,只允许o光通过,不允许e光通过;当检偏器的偏振方向与e光平行时,只允许e光通过,不允许o光通过。若检偏器的偏振方向与o光的偏振方向成某一个β角时,则按矢量分解的原理,o光通过的光强E_o与$\cos^2\beta$成正比,e光通过的光强E_e则与$\sin^2\beta$成正比。这样就可以通过改变检偏器与光束起偏棱镜的偏振方向之间的夹角,改变o光和e光的强弱,以达到改变观察目标亮度的目的。从目标背景上发来的光线也有同样的原理,但因背景面积有足够的尺寸,从而在目标背景中的两光束就可以叠加在一起而互相弥补,达到目标背景中的背景亮度保持不变。因此,这个原理可以达到保持背景亮度不变的条件下,改变目标与其背景的亮度对比度的目的。

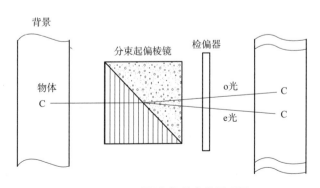

图7-7　SD型视度仪的光学原理图

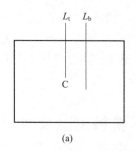 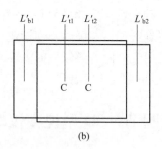

图 7-8 用 SD 型视度仪测量目标的视窗效果
(a)未经过仪器的观察目标;(b)经过仪器后观察目标的图像

L_t—目标亮度;L_b—背景亮度;

L'_{t1}—临界条件下 o 光形成的像的亮度;

L'_{b1}—临界条件下 o 光形成的背景的亮度;

L'_{t2}—临界条件下 e 光形成的第二个像的亮度;

L'_{b2}—临界条件下 e 光形成的第二个背景的亮度

下面通过用视度仪测量的物像(图 7-8)来具体说明 SD 型视度仪的工作原理。根据视度的定义,某个物体的视度 V 等于该物体的实际对比度 C 相对于其临界对比度 C_0 的倍数(见第三章)$V=C/C_0$。

当没有经过仪器时,所观察到的目标与其背景之间的亮度对比度 $C=(L_t-L_b)/L_b$(见第三章)。当经过仪器观察时,并且检偏器和光束起偏棱镜的偏振方向与 o 光的偏振方向平行时,即 $\beta=0°$ 时,仍然看到与原来对比度相同的一个目标,如图 7-8(a)所示。随着检偏器以光线的传播方向为轴进行转动时,原来的目标逐渐变弱,在原像附近又出现目标的第二个像,并且随着角度的增加逐渐变强。当原像逐渐减弱达到视觉阈限(临界对比度)时,停止检偏器转动,读出转角 β(或相应的视度)。这个临界条件下 o 光形成的像的亮度为 L'_{t1}、形成背景的亮度为 L'_{b1},如图 7-8(b)所示。这时,公式(7-1)和公式(7-2)成立

$$L'_{t1}=\tau L_t \cos^2\beta \tag{7-1}$$

$$L'_{b1}=\tau L_b \cos^2\beta \tag{7-2}$$

式中 τ——常数,仪器透过率。

由 e 光形成的第二个像的亮度和背景的亮度分别为 L'_{t2} 和 L'_{b2},这时公式(7-3)和公式(7-4)成立

$$L'_{t2}=\tau L_t \sin^2\beta \tag{7-3}$$

$$L'_{b2}=\tau L_b \sin^2\beta \tag{7-4}$$

因为这时原来的光已经消失到了临界状态,所以临界对比度 C' 为

$$C'=\frac{L'_t-L'_b}{L'_b} \tag{7-5}$$

这时原像目标的亮度是由两部分组成的,即

$$L'_t=L'_{t1}+L'_{t2} \tag{7-6}$$

原像背景的亮度是由两部分组成的,即

$$L'_b=L'_{b1}+L'_{b2} \tag{7-7}$$

将公式(7-1)和公式(7-4)代入公式(7-6)中,将公式(7-2)和公式(7-4)代入公式(7-7)中,可以

得到
$$L_t' = \tau(L_t\cos^2\beta + L_t\sin^2\beta) \quad (7\text{-}8)$$
$$L_b' = \tau(L_b\cos^2\beta + L_b\sin^2\beta) \quad (7\text{-}9)$$

因为 $\cos^2\beta + \sin^2\beta = 1$，所以由公式(7-9)可得
$$L_b' = \tau L_b \quad (7\text{-}10)$$

由公式(7-10)可知，通过仪器的背景亮度 L_b' 等于仪器的透过率与原来背景亮度之积，与 β 角无关。即不管检偏器转到任何角度，视场背景亮度始终保持不变。

将公式(7-8)和公式(7-9)代入公式(7-5)，可以得到通过仪器的临界对比度为
$$C' = \frac{L_t - L_b}{L_b}\cos^2\beta \quad (7\text{-}11)$$

由公式(7-11)可知，因为是在临界条件下，所以 C' 就是视度定义中的临界对比度。而且与实际对比度 C 之间只差 $\cos^2\beta$。将公式(7-11)代入视度定义的公式(3-1)中即可得到
$$V = \frac{1}{\cos^2\beta} \quad (7\text{-}12)$$

由此可以得出结论：SD 型视度仪测量视度时，视度值仅仅与检偏器相对于起偏棱镜转角 β 的余弦有关，与其他因素无关。如果 SD 型视度仪电子显示器故障或根本就没有的时候，用户可以自制单侧对数 V-β 曲线图或表（V 是对数坐标侧），可以精确的查到 β 角度时的视度值 V，方便快捷。可以说在观测中，只要转角 β 数值准确，单侧对数 V-β 曲线表可以做得任意放大，决不影响视度值的准确度。

该仪器的优势：(1)该仪器看到目标的亮度可以连续改变，而背景亮度可以保持不变，这是其第一大优势。(2)该仪器内不需要任何内部光源，这是其第二大优势。(3)该仪器可以单眼观测，也可以双眼观测。

采用双折射原理，光由双折射棱镜分成两束，一束光经偏振片检偏连续减弱后使目标与其背景的对比度可以连续降低至阈限值及其以下。同时又由于两束光线在视场中心附近互相叠加而补偿了背景的亮度，保持背景亮度在测量过程中永远为恒定值。SD 型视度仪是一台双目观测的仪器，能尽量如实反映被观测目标及其所在的视场状况，如目标的色彩和目标的立体感等。同时也可用单眼观测，对于双眼视力不平衡等原因，可能效果更好。

二、SD 型视度仪的机械电器及其性能

SD 型视度仪由光学观测部分和机械传递部分以及电子运算显示三个部分组成，光学角度的变化，通过正余弦旋转变压器或角度传感器连接起来，将 β 角的变化经过软件计算后输入显示器，显示器将计算视度的结果在显示屏上显示出来，就可以得到各种角度的视度值。

SD 型视度仪的机械构造如图 7-9 所示。整个传动系统是蜗轮蜗杆结构，通过齿轮使检偏器与电器轴同步转动。光线通过棱镜后被分成的两束光，其间夹角为 $60'$。因此，视角小于 $60'$ 的目标都可以被分成两个完整独立的像。每个观察孔的视场角均可达到 $60'$。该仪器的光学透过率为 $\tau = 0.40$。观测部分还附有读数盘，可通过窗口读出 β 角，也可直接读出视度值。

第一代运算显示部分最初是在用 400 周稳幅源产生并提供给旋转变压器的激励电源（输入电压），经过旋转变压器转换成与偏振片旋转角度 β 有关的电压 $U\cos\beta$，该电压回输至运算显示器，转换成直流信号并经模数转换和计数译码器转换成数码信号，经接口电路至计算器进

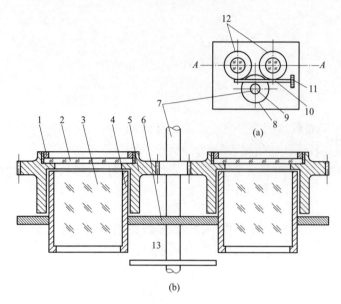

图 7-9 SD 型视度仪的机械构造图
(a)光学和机械构造图;(b)A-A 剖面图
1—偏振片压圈;2—偏振片;3—石英棱镜;4—固定棱镜的套筒;5—偏振片旋转齿轮;
6—棱镜固定夹板;7—正余弦旋转变压器轴或角度传感器轴;8—齿轮;9—蜗轮;10—蜗杆;
11—手拨轮;12—偏振片齿轮;13—读数盘

行运算并显示测量结果。节拍发生器产生节拍信号,用来控制数字输出门等的动作时序,保证计算器的正常运算。

第二代改进之后的运算显示部分,应用角度传感器 7,测量时转动手拨轮 11,通过蜗杆 10 带动蜗轮 9,使左右两个偏振片齿轮 12 与角度传感器齿轮 8 同步转动。从而使两个偏振片 2 与角度传感器轴 7 以及连接其上的读数盘 13 同步转动。当观测者看到被测目标达到临界视觉条件时,即停止转动手拨轮。

将角度传感器轴 7 转过的角度再用运算器计算成视度值,在显示器上直接把视度值显示出来。角度传感器作为测量值采样器,其转轴 7 通过齿轮 8 与偏振片齿轮实现与偏振片同步转动。角度传感器与运算显示器进行电连接。运算显示器读取角度传感器信号,再经模数转换器转换成数码信号,经接口电路到微处理器进行运算并以数字显示出测量结果。这样就可以在显示器上直接把视度值显示出来。

在软件部分中,经过编制计算程序(省略),将该转角即上述的 β 角经过一系列运算可以在显示器上显示出来。例如 $\beta=45°$ 时,视度 $V=2$;β 角可精确读到 $0.01°$;视度值可精确到小数点后 $1\sim 2$ 位。

电器运算的结果显示在图 7-10 中。图 7-10(a)是开始观测时的读数,图 7-10(b)和图 7-10(c)是显示器背面的底板电子结构。

SD 型视度仪能够如实的反映被观测物所在视场的状况,如颜色、立体感等。仪器设计过程中也尽量考虑到心理因素的影响,测量过程中能保持视场亮度不变,保证测量过程中视觉的稳定性。使用方法易掌握,用数字显示,测量的准确度较高。可以在科学研究工作中使用,并提供能够说明问题的数据。可以用来研究视觉效果和有关视觉心理学中的某些问题。视度仪

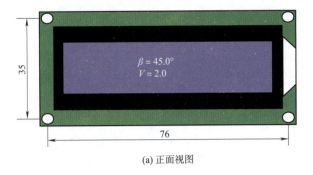

(a) 正面视图

(b) 底面视图

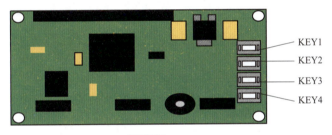

(c) 底板视图

图 7-10　SD 型视度仪电器控制系统

是一种视觉测量仪器,是主观感觉量的度量仪器,它的误差来自两部分,一是观察者的心理因素影响以及熟练程度等因素所产生的误差,称之为主观测量误差;另一方面是由于仪器本身精确度所引起的误差。

通常,在这类仪器中,主观误差起主要作用,并且是不可避免的,即使严格挑选,视觉正常、较为熟练的实验人员也是如此。这是由于人眼阈值的不稳定性造成的。考虑到上述原因,要求仪器本身尽可能的减少误差,使得仪器本身所产生的误差尽量小于主观误差。为此,SD 型视度仪的最大相对误差,在常用的视度测量范围内 $V=1\sim10$ 时为 1%,$V=1\sim100$ 时为 4%。可以说,这样的不准确度比起通常视觉测量的主观误差来说是很小的。因此,用视度仪做视觉实验时,可以认为是足够准确的。为了减少麻烦,该转角即上述的 β 角与视度值,免除计算或显示。也可以通过另设的运算器计算或事先制成曲线,查曲线图找到视度值。

三、SD 型视度仪的安装、调试和使用

视度仪的安装和调试也是一个重要环节。第一步是光学部件之间的安装并调试让双光轴方向一致,再让双光束同步并协调。第二步是电子显示和计算结果一致,并与观测者读数一致，PZ-1 型(SD-3 型)视度仪已经用 β 角为 $45°$ 时准确的定标。第三步是机械的统一协调与配合。下面是 PZ-1 型视度仪的构造部件使用方法和注意事项。

1. PZ-1 型视度仪简介和原理

PZ-1 型视度仪，即偏振光式视度仪，是在照明领域中视觉心理物理学方面的视觉光学仪器，是由光学、机械和电子三部分组成，统称光机电一体化仪器。视度，也称可见度或能见度，它表示人们看目标(物体)的清楚程度。对于有正常条件的人来说，目标的视度与该目标的物理条件及其所处的物理环境有关。(1)一个目标要能够被看见，就要有一定的大小即在一定观察距离条件下的一定视角 α；(2)该目标与其背景要有一定的亮度(包括色彩)对比度，简称对比度 C；(3)有一定的照明(照明质量和数量)条件下的亮值 B。PZ-1 型视度仪就是用来测量处在上述各不同物理条件下目标视度的仪器。视度是一个视觉上的心理物理量，它是上述三个物理量的函数，即 $V=f(\alpha,C,B)$。当上述条件之一恶化到一定程度时，即达到目标刚刚被看见又刚刚看不清时，是该目标的临界可见条件，即视觉阈值。一个可以看清楚的目标其可见条件，一定要高于其临界可见条件，高出的程度越大其视度也越大。当视角和亮度一定时，对比度就可以用来衡量目标的视度。PZ-1 型视度仪就是用改变对比度的办法来测量视度的。目标的视度定义为该目标的对比度相对于其临界对比度的倍数，表示为

$$V=\frac{C}{C_0}$$

式中　V——视度；

　　　C——对比度；

　　　C_0——临界对比度。

当视角和亮度一定时，该目标的临界对比度 C_0 是一定的。当目标的对比度等于临界对比度时，视度等于 1，即临界条件时视度等于 1。视度是一个心理物理量，为了计算上的方便、易理解和更有规律性，这里引进相对视度的概念，并用 v_R 表示。相对视度的定义是一定视角的目标在某个亮度条件下的视度(V)对数值与最佳亮度条件下的最大视度(V_{max})对数值之比，即

$$v_R=\frac{\lg V}{\lg V_{max}}$$

可将上式写成：当 $C=C_0$ 时，$V=1$，$\lg V=0$；相对视度 $v_R=0$，刚刚看见了又看不清楚；当 $C>C_0$ 时，相对视度 $v_R>0$，看得清楚；当 $C>C_0$ 时，且 $C_0=\xi\alpha$ 时，相对视度 $v_R=1$，看得最清楚。即相对视度范围 v_R 是 $0\sim1$ 之间的数值，v_R 的大小表示着物体的相对可见程度，也即 $0\sim100\%$。

过去人们说是否看清楚目标？只能定性的说，不能定量的说。有了视度仪后，可以准确的测量出看目标的清楚程度是 $0\sim100\%$，均可以定量的描述。PZ-1 型视度仪就是用偏振光原理改变目标与其背景的亮度对比度达到临界对比度以便测量目标视度的仪器。经过严密的光学计算以及充分的实验测试，视度值 V 只与仪器内的 β 转角有关。视度值 V 与 β 的关系为

$$V=\frac{1}{\cos^2\beta}$$

此公式得出的结论是视度值 V 只与 β 角有关，与其他任何因素无关；视度值 V 就是观测者当时的直接视感觉值。

PZ-1 型视度仪测量视度时，视度值仅仅与检偏器相对于起偏棱镜转角 β 的余弦有关，与其他因素无关。如果视度仪电子显示器故障或根本就没有的时候，用户可以自制单侧对数 V-

β 曲线表,可以精确的查到 β 角度时的 V(对数坐标侧)视度值,方便快捷。

2. PZ-1 型视度仪的部件和作用

(1)PZ-1 型视度仪是一个高 216 mm、宽 180 mm、厚 44 mm(最大处 44 mm+13 mm+40 mm)的黑色长方盒,重 1.9 kg。仪器前面(物镜面)有一对物镜,后面(目镜面)有一对目镜。

(2)仪器前面板上两物镜还配有两个遮挡盖(保护盖),根据需要和观测者的具体情况可以分别用左眼或右眼,或再分别使用左窗口或右窗口进行观测,这样测得的数据会更准确,因为多数人的双眼视力不一致。

(3)仪器前面有电子数据显示窗,后面有参考读数视窗。右侧边有拨动 β 角的手拨轮,左侧面是电源插孔和开关,"0"为断,"1"为通。电源主要是市电,并配有市电电源适配器,可直接与 220 V 市电连接。仪器也配有 9 V 积层电池及其电池盒,以便室外短时间使用。如果需要,可打开后面板的电池盖,更换电池。当 9 V 积层电池电压过低时会影响测量。

(4)手拨轮是 β 角的唯一传递部件,该拨轮要小心拨动。其向上或向下拨动都可以改变 β 角。β 角在 0°~45°内视度值变化很小,因此测量时最好从 β=45°时开始,此时 V=2.0。随着角度的增加视度值增加更快,在 80°之后,几乎是直线上升。例如 β=85.0°时,V=131.6;β=85.5°时,V=162.4,之后的角度不应再使用,因此在高角度时要特别小心慢慢地拨动。

(5)仪器的显示窗在测量时可以同时显示出观测时的 β 角和视度值 V。β 角可以准确到 0.1°,只要观测者能看到的任何微小变化都可以显示出来。视度值可以准确到小数点后一位数。这些数据由主试者读出并记录,以免观测者自读会有追前效应,影响观测者心理物理指标的精确和客观。

(6)在仪器的后面还有一个小视窗,使观测者不必翻转仪器就能够直接看到 β 角的参考数据。该视窗还可以使观察者很容易找到开始测量的起点,即 β=45°。

(7)本视度仪在仪器最下边还有一个螺纹接口,是连接照相机的三脚架接口处,仪器高度可用三脚架调节。在室内外测量时均可应用,即安全又稳定,避免较重仪器长时间手持的不便。

3. PZ-1 型视度仪使用方法和操作步骤

在正式开始观测之前,应该先熟悉仪器的各部件,之后进行数次的试观测练习后再进行正式观测。

(1)开始正式观测时,首先将 β 角参考视窗调到基本位置,即 β 角大约为 45°时,看到目标的双像,此时视度值 V=2。

(2)连接电源,打开电源开关到"1"挡即通电。

(3)观测者慢慢向下(或上)转动拨轮时,看到左侧(或右侧)像逐渐增强(或减弱),该像为主要注视目标,应连续注视该目标的消失。

(4)观测者再向上转动拨轮,该目标就逐渐变弱,直到该目标达到视觉阈限时停止拨动,这时的读数是消失阈限。

(5)由主试者在显示窗上看到结果,并进行记录,这时记录的是消失阈值。

(6)观测者继续向上转动拨轮,该目标逐渐变得更弱,直到完全看不到任何影子,即完全从视线中消失后,再慢慢返回向下拨动直到该目标又呈现,又达到刚才视觉消失阈限时的状态停止拨动,这时是呈现阈限。

(7)由主试者再在显示窗上看到结果,并进行记录,这时记录的是呈现阈值。

(8)为了使观测者保证阈值测量更准确,建议在此状态下的阈值附近,进行3~5次消失与呈现的连续测量。分别取其数次的消失阈值平均值与呈现阈值平均值以及总平均阈值,基本上就能获得准确的测量阈值。要注意的是应该尽快完成各步骤,不要拖得时间过长产生视觉疲劳,避免影响阈值的正确结果。

(9)观测结束后,应该用手拨轮将参考视窗中的 β 角调回到 $45°$,以便下次使用。

视度仪使用时应注意:

(1)仪器较重应轻拿轻放,特别要小心不能单手握住高出前面板 40 mm 高的传感器套筒,它不能承担仪器的全部重量。

(2)要小心保护手拨轮、前物镜、后目镜以及电子视窗窗口。

(3)电源适配器和开关在不用时要适时拔出电源连线而关闭。

(4)仪器的 β 角只能是在 $0°\sim90°$ 范围内,恰巧是 $0°$ 或 $90°$ 时读数是不准确的。仪器的参考视窗提供了 $5°$、$45°$ 和 $85°$ 三条红线,供参考。尽量不要越过 $5°$ 和 $85°$ 的两条红线。

4. PZ-1 型视度仪附图和 PZ-1 型视度仪使用注意事项

PZ-1 型视度仪外形如图 7-11、图 7-12 所示。

图 7-11:目镜面(双目镜、角度读数窗口、手拨轮和独立电池盖)。

图 7-12:物镜面(双物镜、视度读数窗口,侧面为电源插口与开关)。

图 7-11　目镜面(观测者可粗读角度)

图 7-12　物镜面(监测者可精读视度与角度)

PZ-1 型视度仪使用注意事项:

(1)要求显示屏先后或同时显示两个数值:例如 $\beta=45.0°$,$V=2.0$。

(2)角度范围 β:$3.5°\sim86.5°$,准确到 $0.1°$;视度 V 值精确到小数点后 1 位。例如:$\beta=30.0°$,$V=1.3$;$\beta=86.5°$,$V=221.1$ 等。可以制作一套 β 为 $3.5°\sim86.5°$ 与 V 的数据储存(即 V-β 的关系曲线或表格)。

(3)显示屏以 $\beta=45.0°$ 定位,即仪器开始工作时,显示屏上显示 $\beta=45.0°$。

(4)仪器使用时有两束光,即 o 光和 e 光,两者均可分别先后下降或上升,分别显示出所存的数据。

(5)也可以是 o 光下降或是 e 光上升,前者由 $45°$ 下降可至 $3.5°$,并且后者由 $45°$ 上升可至

86.5°。两者均可达到视觉测量的目的。

（6）当 o 光由 45°下降至 3.5°时，其视度值可以采用 e 光由 45°上升至 86.5°的数据。例如：前者由 45°下降至 30°时，视度值不是后者上升时的 $V=1.3$，而是其上升时 $90°-30°=60°$时的数值。这是因为两束光在交替转换互补的工作所致。

第五节　视度仪的国际发展概况及几种视度仪原理简介

目前世界上出现了各种形式的视度仪，有的在照明技术中得到较成功的应用。视度仪除了在照明技术领域中应用外，也出现在其他科学技术领域中，由于各种领域的情况不同，其形式、结构等也有所不同。

一、1897～1947 年原始时代的视度仪

1. 1897 年俄国[①]卫生工作者的光补偿器滤光片的视度仪

最早企图用来进行视觉测量的仪器应该是俄国卫生工作者 P. A. Кац 在 1897 年提出的"光补偿器"。它是一个像太阳镜那样的东西，如图 7-13 所示。两个中性的镜片有相同的透过率($\tau=0.40$)，用它来观察大小不同的文字，以便确定某种照明条件对哪一号大小的文字观看最合适。

2. 1919 年第一次世界大战英国仿云雾光楔的视度仪

在第一次世界大战期间，英国的 Loyd 和 Jones 在研究海上目标的能见度时发现，由于目标和观察者之间存在大气散射而形成光幕，使得目标的能见度降低，而且由于大气情况的不同（如雾的浓淡），形成的光幕不同，使目标的能见度也就不同。

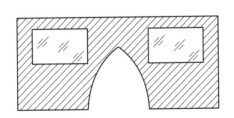

图 7-13　Кац 光补偿器(1897)

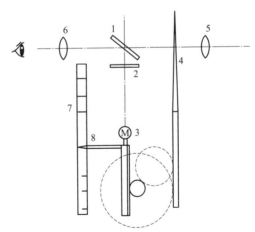

图 7-14　Loyd 和 Jones 视度仪原理(1919)
1—镀银半透膜玻璃板；2—乳白玻璃；3—灯泡；4—可调光楔；
5—物镜；6—目镜；7—标尺；8—指针

他们仿照这种原理，于 1919 年设计如图 7-14 所示的视度仪。图 7-14 中，灯泡 3 的光经过

---

① 俄国：俄罗斯帝国，1721 年建立，1917 年灭亡。发生在这一时期的事件或研究，本文均称"俄国"

乳白玻璃 2 散射在镀银半透膜玻璃板 1 上。目标经物镜 5 和可调光楔 4 后，在 1 上成像，该像是投在目标与眼睛之间的光幕上。进行测量时，调节灯泡与乳白玻璃板之间的距离可以形成不同明亮程度光幕。同时调节光楔 4，改变目标的亮度。虽然这个仪器设想很好，却没能做到视觉测量的定量化，只能按灯泡的位置和光楔的厚薄来表示不同目标的视觉差异，没有测量的实际意义。

3. 1935 年英国 Luckish 和 Moss 的旋转可变滤光片视度仪

如图 7-15 所示，它是一对可同步旋转的圆环形的中性颜色光楔，用摄影胶片来控制曝光量而制成。其减光度则按其黑度分成 20 个等分，用来制作视度测量仪。该仪器过分简单，也不能够进行定量测量。

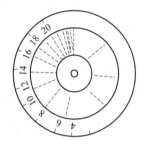
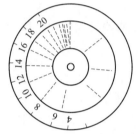

图 7-15　Luckish 和 Moss 的旋转可变滤光片视度仪(1935)

4. 1945 年苏联 Дашкевич 的半透膜光楔改变进入瞳孔光的视度仪

可变光栏视度仪企图模仿眼睛，他们用控制瞳孔光流的办法企图研制出视度仪，如图 7-16 所示，他们用调节双棱镜 1 的办法，将目标 A 的两个像 a_1 和 a_2 用改变光栏 2 的大小来改变光线的强弱，使两个像 a_1 和 a_2 达到视觉阈限。这种方法没有考虑到视觉测量中的各个量之间的变化关系，只是看到市场变暗影响观察的现象，也没有考虑到视觉系统亮度适应的工作特性。因此，这种方法用来定量测量视感觉是不可能的。

5. 1947 年苏联 Труханов、Дашкевич 和 Сокоров 等用半透膜光楔改变亮度减少光流法视度仪

与 Loyd 和 Jones 视度仪相类似的还有苏联在 20 世纪 40 年代前出现过的几个视度仪，如图 7-17 所示，两个原理图作为代表。与 Loyd 和 Jones 视度仪在原理和形式上不同，在该仪器中，用半透膜光楔改变亮度来减少光流法，使眼睛 1 看到的背景 5 上目标 6 时，是通过可移动的楔形滤光片 4 进行观看的。楔形滤光片 4 又是由可以通过调节距离改变光通量大小的光源 3 进行照明。到达楔形滤光片 4 上之前的这些光通量，也已经通过乳白玻璃 2 使光线均匀扩散。用这种方法企图通过减少进入眼睛的光流得到观测目标的视觉阈限来完成视度测量。

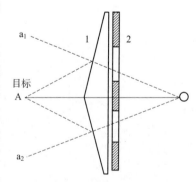

图 7-16　Дашкевич 视度仪
原理图(1945)

1—双棱镜；2—可变光栏；A—物体；
a_1、a_2—物体 A 的成像

与此同时还有其他两家：(1)1947 年苏联 Сокапов 的半透膜光楔视度仪；(2)1947 年苏联的 Дашкевич 的用棱镜加可变光栏来改变对比的视度仪

等,这里不多赘诉。

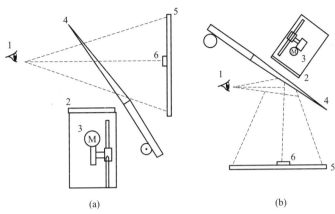

图 7-17 Труханов、Дашкевич 和 Сокоров 视度仪原理图(1947)
1—眼睛;2—乳白玻璃;3—光源;4—楔形滤光片;5—背景;6—目标

二、1955～1981 年成熟时代的视度仪

前面提到的各种企图测量视度的仪器,可以说是在视度概念没有建立(或不完整)时期的产物。虽然其中有的也在特定的领域中得到了应用,但要用它来进行照明技术中视觉效果的研究还是不可能的。然而通过上述各种仪器,使人们得到启发,并形成了较完整而正确的概念。正如视度定义所指出,视度是被视物的可见程度高出视觉阈限的程度。因此,测量视度的仪器应能使被测物由被测的视觉状态变化至视觉阈限,并能计量出这一变化量来。这个变化量选用对比度(或对比灵敏度)最为合适(即用 $V=C/C_0$ 的关系)。因为对比度大小反映视度的不同,而临界对比度(阈限)又随背景亮度和视角而变化,并能在视觉中反映出来。这样就能将视度 V 随对比度、亮度和视角的不同而不同的关系反映出来。另外,从前面所述早期仪器的测量情况分析和经验可知,要使测量结果稳定,应保证在改变对比度的同时保持背景亮度不变,这样不仅视度的参数之一背景亮度恒定,而且也使视觉适应稳定。

在照明技术中,评价视觉效果较有成效的视度仪都是按改变对比度、视角和光通三方面的要求来设计的。但在既改变对比度又保持背景亮度不变的实施方法上,又可将仪器的形式分成两类:一类是参照前述 Loyd 的方法,在仪器中设置内部光源,用该光源的光流量产生光幕,将光幕迭加在视场上来改变对比度,达到阈限条件,并保证背景亮度不变;另一类是不设内部光源,直接通过光学机构,引入目标背景的或背景附近的亮度,来补充由于调节对比度时下降的背景亮度,以保持背景亮度的恒定。

这两类仪器在使用中是比较有成效的,前者可用(1959)美国 Blackwell 的视觉工作评价器(简称 VTE)为代表,后者可用苏联(1955)Дашкевич 双目偏振视度仪为代表。

在此时期之前后发展起来的比较成熟的视度仪有:(1)1955 年苏联 Дашкевич 双目双折射棱镜视度仪;(2)1959年美国 Blackwell 旋转半透膜光楔视度仪;(3)1968 年美国 Eastman 旋转半透膜光楔视度仪;(4)1975 年英国 Slater 降低对比视度仪;(5)1976 年英国 O'Donnell 旋转扇视度仪;(6)1981 年西德 Kirschbaum 手提式视度仪。下面简单介绍几种视度仪的光路原理图。

1. 1955 年苏联 Дашкевич 双目双折射棱镜视度仪

双目偏振视度仪。它是苏联军事科学院光学教授 Дашкевич 继前面提出的两个视度仪之后于 1955 年提出来的。该仪器开始用于军事等方面，后来在照明技术中得到了广泛的应用。该仪器采用双折射原理，光由双折射棱镜分成两束，经偏振片检偏后减弱其中一束。又由于两束光线在市场中心附近互相叠加而补偿了背景的亮度，使目标与其背景的对比度降低至阈限值，同时又能保持背景亮度在测量过程中为恒定值。它不需内部光源，双目观测就像一副眼镜一样，如图 7-18 所示。

2. 1959 年美国 Blackwell 旋转半透膜光楔视度仪

Blackwell 视觉工作评价器（VTE）。这是一种带内部光源以产生光幕的视度仪，自 1959 年发表了其 1 型视度仪之后，经局部改进以适应相应目的而相继发展了 2 型、3 型和 4 型视度仪（1970）。其 1 型视度仪原理如图 7-19（a）所示，它具有内部视标光路 $S+\Delta S$，作为标准视标，通过使外部视标与内部视标建立等效关系而求得等效对比度，同时由光路中各个量之间的数量关系，结合等效对比度可计算出视度。2 型和 3 型适用于观察较远物体，2 型较为轻便。前三种都是单眼观测的，4 型改为双眼观测，但使用了两个光源，在光路结构上，为了使左右眼匹配，其元件加工是必须很严格。

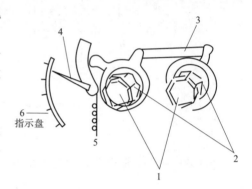

图 7-18　Дашкевич 双目偏振视度仪（1955）
1—双折射棱镜；2—偏振片；3—连杆；4—指针；
5—弹簧；6—指示盘

这四种型式的视度仪虽然光路各异，但在光学原理上是相同的，它们都是通过可变滤光片（圆形光楔）这一关键性元件来定量控制光源发出的光幕强弱，并调节视场对比度来实现测量目的。

3. 1968 年美国 Eastman 旋转半透膜光楔视度仪

美国 Eastman 对比阈限视度仪。这是一种构造简单不带内部光源的仪器，如图 7-20 所示。光线分束器是一个镀银的能严格控制反射光和透射光比例的，且连续可变的圆形光楔，用它来改变对比度而保证背景亮度不变，透镜和反射镜用来引进视场背景亮度上的光源，在分束器上形成光幕。该仪器为单眼观察，测量视度范围为 9～98。

4. 1975 年英国 Slater 半透膜光线分束器

Slater 视度仪光路如图 7-21 所示，其原理与 Blackwell 的视觉工作评价器相似。它们都是带内部光源的视度仪。都是由光楔或光分束器来调节目标视场亮度。同时由内部光源来的光线，经光楔等调节，在光分束器上形成光幕，达到既改变对比度又不降低视场亮度的目标。这台视度仪器是单眼观察。

5. 1976 年英国 O'Donnell 旋转扇视度仪

英国 O'Donnell 旋转扇视度仪。它与美国 Eastman 的旋转扇式视度仪在原理上很相似，其原理图如图 7-22 所示，是英国 O'Donnell 于 1976 年提出的。该仪器用电动机带动一个转动的扇形盘来代替光分束器，并用扇形盘开口的大小来控制目标射来的光，由盘的实心部分反射从目标背景来的光线，从而保证了测量过程中背景亮度不变。该仪器视场为 5°，测量范围为 100。但是，应该注意到如果用该仪器测荧光灯等有频闪效应的灯光下目标时，测量是困难的，甚至是不可能的。

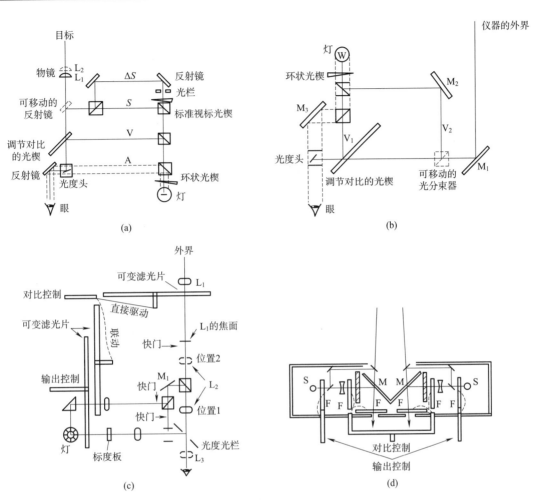

图 7-19 Blackwell 视觉工作评价器(1959)
(a)1 型;(b)2 型;(c)3 型;(d)4 型

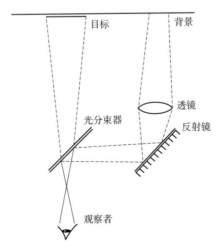

图 7-20 Eastman 视度仪原理图(1968)

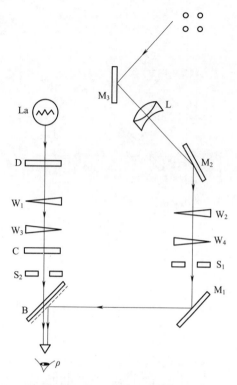
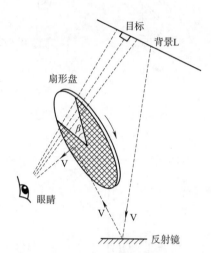

图 7-21　Slater 视度仪光路图(1975)
La—灯；S_1、S_2—狭缝；D—漫射屏；B—分束器；
W_1—亮度调节光楔；P—观察者；W_2—补偿光楔；O—目标；W_3—光幕光楔；
M_1、M_2 和 M_3—反射镜；W_4—目标光楔；L—聚合透镜；C—滤色片

图 7-22　O'Donnell 视度仪原理图(1976)

6. 1981 年西德 Kirschbdum 半透膜光线分束器

西德 Kirschbdum 手提式视度仪。该仪器光路图如 7-23 所示，可知此视度仪也是带内部

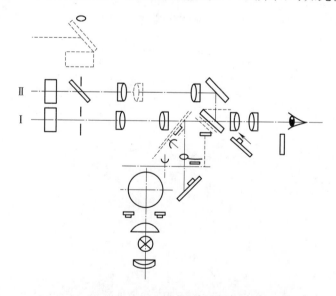

图 7-23　Kirschbdum 手提式视度仪光路图(1981)

光源的,与1959年美国Blackwell旋转半透膜光楔视度仪和1975年英国Slater半透膜光线分束器视度仪相同。

从20世纪50年代之后的这三种视度仪的光路图中可以看到,该类视度仪的内部结构相当复杂,所用的光学零部件繁多,再加上仪器内的光源,它们需要的材料、加工、组装、调试、标定直到维护管理均复杂繁琐,不能长期应用和推广是可想而知的。

比较以上两类视度仪,带光源的视度仪往往光路较为复杂。光源产生光幕与外面目标背景的颜色有差异,可能会影响测量。但是它可以进行内部定标,容易用比较方法测出等效对比度。引用目标实际背景作为光幕的仪器看到的是视场的真正状况,不存在着色差异的问题,但是由于实际背景亮度有时不均匀,也会影响测量。另外,由于反射或透射元件引起的光损失,使得通过仪器观察的视场亮度与实际略有差异,虽然能保证观测过程的稳定,但这种差异在考虑视度与照度(或亮度)的关系时必须给予注意。上述两种类型视度仪中,多数为单眼观察,较少双眼观测,然而用双眼观测的仪器可能更为合理。在科学技术发展的历史长河中,根据当时的技术经济条件不同,视度仪的构思出现了种种不同的形式,并且各有其当时的优缺点。视度仪本身及其应用,用视度评价照明的视觉效果一样,都是还在发展中的问题。

在此历史时段,由于照明技术的发展和各种视觉测量技术和设备纷纷呈现。在1972年CIE No.19报告中提出要根据各种照明条件所达到的可见度来评价照明效果,这一要求不是凭空提出,是在照明技术界纷纷进行视度测量技术的研究有了明显的成果下提出的。在此时期之前后发展起来的比较成熟的视度仪更为便于比较,现将上述各种视度仪列于表7-3。

表7-3 国外视度仪发展概况表

序号	年代	国家	作者	原理	主要原件	照明方式	观察方式	应用
1	1897	俄国	Кап	控制亮度	滤光片	外部	双眼	劳动保护
2	1919	英国	Loyd	改变对比	楔形光楔	内部	单眼	军事
3	1935	英国	Luckish和Moss	改变亮度	旋转可变滤光片	外部	双眼	照明技术
4	1945	苏联	Дашкевич	改变进光瞳孔	半透膜光楔	内部	单眼	—
5	1947	苏联	Труханов	改变亮度	半透膜光楔	内部	单眼	—
6	1947	苏联	Сокапов	改变亮度	半透膜光楔	内部	单眼	—
7	1947	苏联	Дашкевич	改变对比	棱镜加可变光栏	外部	双眼	照明技术
8	1955	苏联	Дашкевич	改变对比	双折射棱镜	外部	双眼	照明技术
9	1959(1型) 1970(2、3、4型)	美国	Blackwell	改变对比	旋转半透膜光楔	内部	单眼+双眼	照明技术
10	1968	美国	Eastman	改变对比	旋转半透膜光楔	外部	单眼	照明技术
11	1975	英国	Slater	改变对比	半透膜光线分束器	内部	单眼	照明技术
12	1976	英国	O'Donnell	改变对比	旋转扇	外部	单眼	照明技术
13	1981	西德	Kirschbdum	改变对比	半透膜光线分束器	内部	单眼	照明技术

然而1955～1981年多种成熟的视度仪,特别是苏联和欧美的仪器不能不说是科学完美,但均没有得到CIE的推荐或应用,本人大胆的推测,设想原因如下:

(1)CIE的主要科学骨干技术人员当时是以北美照明学会等英国、德国、法国、澳大利亚等照明科技人员为主；(2)美国 Blackwell 的仪器高度精细复杂，难以在国际上统一推广并应用；(3)二次世界大战后多年来，世界一直存在两大阵营，苏联的技术在那个年代难以发挥并推广。作为国际组织的 CIE 应该避开采用还不统一的仪器，尽量吸收各方理论来制定标准。从照明的眩光限制方法分别采用过 GI 法、VCP 法、LC 法和 IES 法等的变换就可以看出原因。当然，科学技术是有生命力的，如果是科学的，没有大的推广和应用，也会有局部的生命力。

从 19 世纪 90 年代到 20 世纪 80 年代，视度仪的发展与应用已经走过了近一个世纪，开发出 13 个品种的视度仪。我国从 1964 年至今的 SD 型视度仪也开发了四个型号，SD-0 型到 PZ-1 型，并且都得到了一定程度的应用。直到 2013 年中国航天员中心还要求再为其研制并生产视度仪，在科技领域研究人的因素更显得为重要。人类更好的发展和利用科技，也使科技更好的适应人类需要，让人类的工作效率更高、更舒适、更有享受感、更有幸福感。

第六节 视觉疲劳的测量仪器和方法

视觉疲劳的测量方法很多，大致可分为两类：一类是视觉运动系统疲劳的测定法；另一类是视觉感觉系统疲劳的测定法。下面仅就目前收集到的国内外采用的几种方法简要介绍。

一、能见度测量法

这种方法是视觉运动系统疲劳和视觉感觉系统疲劳的综合测量方法。由于眼肌等运动系统疲劳和视神经等感觉系统疲劳，使得眼睛识别物体的能力减小，看物体不清楚，这些疲劳结果的综合反映是物体的能见度减小。根据视度的定义公式(3-1)可知，对于一个有一定大小的物体与其背景之间有一定的对比度 C，如果照明条件一定，该 C 值是不变的。物体的能见度减小就是临界对比度 C_0 提高了，临界对比度提高的原因就是视运动系统和视感觉系统疲劳，使眼睛的对比灵敏度较差，即眼睛识别能力不高，因此使同一物体在相同条件下的能见度减小。此方法是以能见度的变化来衡量视觉疲劳的，所以视度仪也是视疲劳测量仪器。

采用视度仪测量视觉疲劳时，要使观察目标及其照明等物理条件保持不变，还要使观察者的心理状态和生理状态保持稳定，在这种情况下，测量观察者视疲劳前后的能见度。这种视疲劳前后能见度的变化大小可以准确地度量眼睛的疲劳程度。

在图 7-24 的实验中，选择 40 岁左右的甲和乙两位中年视觉稳定的观测者，分别在长和宽为 2.0 m×2.0 m、高为 2.0 m 的良好照度条件的视觉实验室内，无不舒适眩光也无失能眩光，观察照度为 1 900 lx，使用 SD-0 型视度仪进行观测。观测目标为标准的郎道尔环，视角为 4′，且有五种对比度，即 $C=0.92$、$C=0.50$、$C=0.45$、$C=0.34$ 和 $C=0.22$ 五种。连续观测 3 h，观测开始时间为 t_1，3 小时后为 t_2。图 7-24 中(a)~(e)为甲、乙两位观测者在五种对比度条件下在 t_1~t_2 时间内，用视度仪测得的视度 V 与时间 t 的关系。从图 7-24 可知，视度随观测时间的延长而下降。两位观测者的观测规律很好地显示出是一致的，同时观察者也均主述视觉疲劳严重。如果用视度值的倒数 $y=\dfrac{1}{V}$ 表示视觉疲劳，则图 7-24 中(f)~(j)表示了视疲劳 y 与时间 t 的关系，(f)~(j)图中的 y 值是以 t_1 时的视疲劳为 1 计算出来的，即 $y=\dfrac{1}{V_2}\Big/\dfrac{1}{V_1}=\dfrac{V_1}{V_2}$。从

图 7-24(f)~(j)可知,经过 3 h 的视觉识别作业后,最严重的视疲劳可以由初始时的 1.0 高至 1.6,即如果用百分数 100% 表示初始视疲劳,则 t_2 时的视疲劳可达 160%。

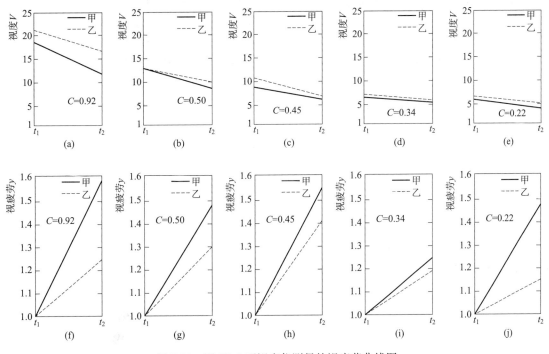

图 7-24　用 SD-1 型视度仪测得的视疲劳曲线图

采用 SD 型视度仪测量视觉疲劳时,特别要注意视疲劳后的测量,不要让眼睛有暂短的休息或调解,因为这样会消除疲劳,尤其是对少儿和青年观察者更为重要。

二、调节时间变动率法

采用一种光学仪器,使眼睛对同样的目标交替地变换观察距离,一会看近目标(近视觉),一会看远目标(远视觉)。该仪器的原理如图 7-25 所示。该仪器还能同时记录眼睛的调节速度,因此可以用调节时间变化的速度来衡量眼睛的疲劳程度。这种测量方法主要反映出视运动系统的疲劳程度。因为视运动系统的疲劳,使眼睛远近运动的调节能力降低,如果不疲劳,这种调节能力应该是较强的。采用调节时间变动率为指标,度量视疲劳的实验结果见第五章中的图 5-2、图 5-4、图 5-8、图 5-9 和图 5-11。关于调节时间变动率的这种光学仪器及其应用,日本的松井近藤和永井久(1963)对此做出了有意义的研究成果。

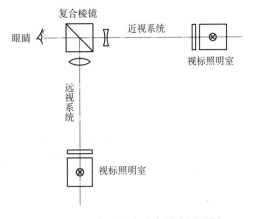

图 7-25　调节时间变动率测定原理图

三、视觉机能调节测定法

视机能调节测量仪除测量一般的视觉机能疲劳外,还能测量光的颜色和视觉疲劳的关系。在日本已经研制出 H·S 式自记眼疲劳计。日本的铃春昭弘(1962)对此做出了有意义的研究成果。

四、近点测量法

这种方法是用近点测量仪测定的,仪器是根据人眼睛看物体的最近距离(近点)的变化设计的。这种方法在国内应用较多,仪器也比较简单,不需要一些光学元器件,只需一把有标度的尺子,上面有可滑动和视标即可。

对于一定的观察者来说,在正常情况下,眼睛的近点是一定的,大约 5~10 cm。当视觉疲劳时,这个近点的距离就会变大。因此,可以用这种近点距离的变化大小来衡量视觉疲劳的程度,这种方法应该以测量视觉运动系统的疲劳为主。该方法在我国国标《工业企业照明设计标准》(TJ 34—1979)的制定工作中曾经采用,其实验结果如第四章中图 4-3 所示。

五、闪光融合频率法

采用闪光融合频率法制成的闪光融合频率仪国内早有产品,其原理是根据人的眼睛在正常情况下大约可以分辨出 25 频闪/s,当视觉疲劳时能分辨的闪光次数远远低于这个数值,例如 16 次或 18 次,比这种临界值再高的闪光就会融合在一起,看成一个连续的光点,而看不出闪动。因此,可以用这种能分辨闪光次数的变化来度量视觉疲劳的程度。这种方法应该以测量视感觉系统疲劳为主。

该方法曾应用在我国国标《中小学校教室采光和照明卫生标准》(GB 7793—1987)的制定工作中,其实验结果如第四章中图 4-4 所示。

六、明视持久度法

此方法比较古老,最早是苏联采用的,我国 20 世纪 50~60 年代也采用过。在研究我国纺织厂照度标准值时,曾经结合现场的工人评价提出纺织车间的照度标准值,现在因为有更合适的方法,故很少采用。该方法的原理是眼睛注视着一个似乎是几个方块组成的图案,当眼睛不疲劳时,就会看到这些方块的位置为一个在上方,两个在下方,这时称为明视时间,明视时间坚持的长短称为明视持久度。当眼睛疲劳时,就会看到方块图案中一个在下方,两个在上方。

七、眨眼次数法

保健医生常常采用此法。一般经验认为视疲劳程度的大小,反映在疲劳眼睛的眨眼次数上,不疲劳的眼睛通常很少眨眼或不眨眼。如果眼睛疲劳,则不由自主地就眨起眼来。因此,主试者通过侧面的观察和记录,可以统计出视疲劳的变化。

八、主观评价法

在没有客观指标测量视觉疲劳的时候,也可以请视觉疲劳者主诉眼疲劳的症状和程度,用以评价照明的数量和质量的优劣,这种方法称为主观评价法。当统计的人数或次数相当多时也可以找出一定的分布规律，从而确定照明与视觉疲劳的关系。例如荧光灯的光闪烁等情况下，就可以明显地主观评价视觉疲劳的严重程度。

除上述方法以外，在视感觉系统的疲劳测定方面，还有视感电图测定装置，多用在眼科研究和临床。由于眼科医学的需要，在这方面发展很快，深入研究对于客观地了解视觉变化有着重要的作用。

第八章　室内照明和道路照明及其设计

第一节　室内照明及其设计

一个良好的照明设计应该包括两个内容：一是工作目标的照明，以便有效地显示所从事的作业；二是环境的照明，为工作者提供一个安全舒适的视觉环境。对工业企业领域的照明设计来说，应该把前者放在第一位，后者放在第二位。对于民用建筑领域来说，后者显得更重要。当然，民用建筑的一些长时间视觉作业场所也不能忽视前者。

不论是工作目标的照明还是环境照明，都要有合适的照明数量和照明质量相配合，因此就要选择适当的照明方式和照明种类。

一、照明方式和照明种类

1. 照明方式

照明设计中经常采用的照明方式有以下几种：

(1) 一般照明

在一个房间内对局部地方没有特殊要求，只要求整个场所明亮所设置的照明为一般照明。当室内工作不固定或不适合在局部地方装设照明的场所，也应该设置一般照明。通常照明设计指的是这种照明方式的设计。这种照明方式常常是在整个室内采用一种灯具进行有规则的排列，以产生近似均匀的照度。

(2) 局部照明

由一个或一组灯具专门对某一种特殊工作部位提供的照明。在照度要求较高的场所或视觉工作目标需要特殊照明的场所，常常要设置局部照明。这种照明方式对一般照明的照度贡献很小，因此采用局部照明时常与一般照明联合使用。在工作场所不允许只装设局部照明。

(3) 分区一般照明

在一个较大的工作或活动场所，需要在其中的一个区域内提供与整个房间一般照明不同照度时，这个场所的一般照明叫作分区一般照明。分区一般照明的场所往往是比整个场所照度要求较高的场所。

(4) 漫射照明(泛光照明)

用一个或多个较大面积的光源，也可以用许多小光源从多方向来照明，使得被照明的目标不产生强烈的阴影，这种照明称为漫射照明。漫射照明光线柔和，常常应用在视觉环境要求较高的场所。

(5) 定向照明

光线主要来自一个特殊的方向，使得被照明的目标在受照面的后方产生强烈的阴影，这种照明称为定向照明，定向照明往往应用在视觉工作目标对照明方向有特殊要求的场所。

在有些资料上还规定有间接照明、半间接照明、一般漫射照明和半直接照明。本文中分类法来自 CIE 的灯具光通分类法。

2. 照明种类

照明设计中的照明种类，常用的有正常照明、值班照明、警卫照明、障碍照明和应急照明。应急照明包括疏散照明、安全照明和备用照明。这些照明种类要根据照明场所的需要选取，但是无论什么建筑或活动场所，都必须有正常照明。本节所论述的照明设计，指室内正常照明的一般照明设计。

二、室内照明设计的一般视觉要求

1. 室内视觉工作环境对照明的要求

(1) 在照明设计时，应该注意视觉工作环境的照度分析。

(2) 在与视线成 15°角的范围内所能看到的表面称为直接视觉工作环境。直接视觉工作环境与视觉工作环境的实际尺寸和形状以及工件的尺寸和形状有关，也与观察者眼睛到工件的距离以及与眼睛看工件时所对着的表面(近背景或远背景)至工件的距离有关。

(3) 在进行一般照明设计中，当视觉工作有可能出现在房间任何位置的场合时，提供的照明应该保证距墙 50 cm(学校教室为 30 cm)，或略大于这一数值处的各点照度均不低于整个房间平均照度的 70%(均匀度 $E_{最小}/E_{平均}$ 为 0.70)。当有不只是一个工作面需要进行考虑时，这种要求应该适用于最高的工作面或主要的工作面，因为低处工作面比高处工作面容易达到均匀度的要求。当视觉工作被固定在特定的位置或特定的一条线上(工作台或工作流水线上)时，距该工作位置或工作线处约 50 cm 处的照度均不应低于国家标准中规定照度值的 70%。

(4) 在采用一般照明和局部照明共用的照明方式时，除有特殊照度要求的独立场所外，整个房间的平均照度不应低于国家标准所规定的照度值。高照度区与其周围环境不应有明显的边界，而应逐渐融合在一般照明的照度之中，以防止观察目标与其背景之间有过份的视觉亮度差。

(5) 采用一般照明的相邻工作场所，应该避免二者之间的照度有明显的差异，其差异最好不要超过 10:1。当工作人员从高照度的工作房间进入走廊、楼梯间或其他可能发生危险的场所时，这个原则更应该注意。当涉及迅速动作的场所时，例如白天从明亮的马路进入较暗的停车场，这种要求就显得更重要。在接近建筑物入口处的门厅、走廊和楼梯间等处，由于白天室外较亮，所以白天比夜晚需要更高照度。这种高照度可以由人工照明或引进室外天然光来满足。当采用天然光时，应采取措施保证天然光线不产生失能眩光和不舒适眩光。

(6) 根据视觉特性的要求，工作环境的亮度应该稍低于工作目标本身的亮度。如果工作目标的背景亮度高于工作目标的亮度，或者工作背景包括有一个极高的亮度源，这时工作目标边界内细节的能见度将会受到削弱。除了影响能见度外，目标和整个环境之间的过分亮度差也会使眼睛容易疲劳。

(7) 为了吸引和保持对于一个重要工作场所的注意力，常常采用局部照明。采用局部照明时应该严格按照眩光限制标准的要求，屏蔽灯泡的高亮度。

(8) 对于需要长时间集中精神进行工作的场所，照明设计中应设法消除由环境引起的精神分散。当工作目标很小并保持靠近眼睛时，适当遮挡工作目标后边多种亮度和复杂形状的背景表面，提供一种平淡的、清爽的背景，或者是提供一种能提高对比度的背景，对于改进视觉效果、提高工作效率、减少视觉疲劳是大有好处的。至少应该在直接视觉环境中没有明显的视觉细节的干扰因素。这是因为在所规定的视觉范围内,如果有容易引起眼睛注意的干扰因素就能大大增加视觉疲劳。如果在这一环境内存在着明亮的光源,也是分散注意力、妨碍工作的干扰,应该加以避免。

2. 消除或减少有害反射

在视觉工作环境中还要消除影响目标能见度和视觉舒适度的有害反射。这种有害反射的影响有以下几点:

(1)降低目标对比度的反射。例如,用铅笔写的字迎着光线就较难看清楚,甚至有时看不见。这是因为光线的方向不适合,使得铅笔书写的字显得灰白或完全消失。印刷品上的油墨或复写纸、蜡纸等也可能受到同样的影响,这就是前面提到的光幕反射。

(2)存在反射眩光。室内一些光泽金属的表面或其他高反射系数的表面,将顶棚上光源的高亮度反射到视线内,形成不舒适眩光或失能眩光,同时还可能使人产生精神分散和烦恼情绪。

在照明设计中要消除这些有害反射应该做到以下几点:

(1)布置好灯具与工作台的相对位置。虽然这在实际设计时很难实现,但只要可能应尽量做好安排,使得在正常位置不存在有害的反射。在办公室或教室内,这种有害反射是一种相当普遍的现象。最好的布灯方案是使桌子放置在两排灯具之间的下方,而不是排在某一排灯具的正下面。长条形灯具应平行于桌子的侧边布置。如果桌子不可避免地要布置在灯具的正下方,则应该选取蝙蝠翼配光的灯具,使得从灯具射下来的主光强在桌面上分别向两侧反射,而不是正对着工作人员的眼睛反射。

对于有规则排列桌子的办公室或教室,桌子左侧边应靠在有窗的墙面上,长条形灯具的长轴应该与该侧墙平行。对于桌子不规则排列的办公室,往往桌子位置的方向有些微小的变化就可以有效地减少那些有害的反射。

(2)用局部照明增加工作面照度。当用上述方法不可减少或消除这些有害反射时,就应该增加局部照明,用提高工作面照度的办法来弥补有害反射造成的视觉功效的损失。当然,增加局部照明的照度并不等于原来照明用的灯具、灯泡及其形状以及灯具灯泡的位置绝对保持原来的状况,只是改变灯泡的功率,因为这是不可能的。假如将 15 W 的灯泡换成 150 W,就其灯丝形状而言,就已经变形了,何况灯具的位置等也会有所变化。例如,在制图板上使用可移动的工具,在仪表玻璃壳内部安装小的局部照明,都是属于这一类情况。

这里提到的亮度,是指灯具下方的最大亮度值或工作面区域内所反射的其他表面的最大亮度值,而不是眩光限制曲线中所确定的平均亮度值。

(3)限制光源的亮度。如果光幕反射非常严重,而上述方法又不能采用时,不妨采用降低引起光幕反射光源的亮度。降低光源的亮度,可以采用遮挡的办法,挡住来自光源的不适宜的光线。

(4)避免采用光泽的表面。为了减少有害反射,室内的办公用品或家具应采用非光泽的材料,尤其是不能采用光泽的深色表面,因为它能清晰地反映出顶棚上的光源和其他明亮物品的映像。

3. 室内亮度分布与色彩装修

在照明设计时,除了控制灯具的直接眩光、消除或减少有害反射以外,还需要控制室内主要表面的亮度和颜色。

(1) 室内亮度分布

在室内视觉环境中避免明显的亮度差别也是应当特别注意的,因为明显的亮度差别能够引起视觉的不舒适、烦恼和疲劳,在进行长时间精细视觉作业的场所尤为突出。大面积的明亮区域(如被直射阳光照射的白墙)能够增加眩光的危害,而与灯具亮度不相称的大面积黑暗背景也有相同的作用。前面已经指出,一般工作环境的平均亮度应稍低于工作面的亮度,视觉效果才能处于最佳的状态。但是,如果工作环境的亮度比工作面的亮度低得过多,小于1:4时,视觉不舒适感也会明显增加。这些现象只有当工作者在舒适的视觉环境中工作一段时间以后,才能体会到亮度分布不合理时的不舒适感。

在我国国标《民用建筑照明设计标准》(GBJ 133—1990)中给出了工作房间表面装修的反射比和照度比,见表8-1。表8-1中的反射比指该表面的反射光通量与入射光通量之比,也称反射率或反射系数。照度比为该表面的照度与工作面上的照度之比。

表 8-1　工作房间表面装修的反射比和照度比

表　面　名　称	反　射　比	照　度　比
顶　棚	0.7～0.8	0.25～0.90
墙面、隔断	0.5～0.7	0.4～0.8
地　面	0.2～0.4	0.7～1.0
家具、设备	0.25～0.45	—

表8-2中列出了典型材料的反射比和推荐范围的反射比,还给出孟氏明度标尺,以便进行大致的比较。

(2) 彩色装修

室内装修的反射比和照度比确定之后,还应该重视室内的色彩装修与配色。设计时对色彩的严格度量可能会遇到困难,因为在设计一种颜色的方案时,必须考虑到不同人的兴趣、风格和环境的变化。一般可以规定一些主要的原则,以协助设计者在设计时给出简单的、使人愉快的色彩方案,形成与房间功能相呼应的色彩要求。

一般来讲,在室内的色彩装修上,应该采用反射比高的、彩度小的材料和颜色。虽然对于偶然的观察者来说,大量的、鲜艳的颜色似乎使人愉快,具有吸引力。但在长时间的工作期间,经常要看到这些颜色时,这种吸引力会逐渐消失,甚至会使人产生烦恼。对于大面积的非工作区域,例如门厅、餐厅、冷藏室等场所,采用鲜艳的颜色是可能令人满意的。

人们的情绪要受到环境的影响。室内主要表面的颜色应该简单明了,不要太引人注目,要构成整体的协调与平衡。在室内应该有主体颜色与其他局部一二种颜色的色平衡,或与同一种颜色但不同反射比的深浅的色平衡。要防止因颜色引起疲劳,就必须避免颜色单调。任何一种颜色过量就会显得单调,因此也有必要通过主体色与其他辅助色进行色平衡,以便活跃室内的气氛。在小房间或中等面积的房间,墙的颜色应该是主体颜色,设备和家具可以采用平衡色。大型房间,墙面只占视野的一小部分,因此室内的主体设施应该既是主体色又是平衡色。

在适当的场所,采用暖色或冷色进行适当的配合,有助于在室内产生温暖或寒冷的感觉。暖色指由红色和黄色派生出来的颜色,例如米色、棕色和褐色;冷色主要指由蓝色和绿色派生出来的颜色。用冷色衬托暖色,能获得令人满意的效果,反之用暖色衬托冷色也能有令人满意的效果。灰色可以用于暖色,也可以用于冷色的配色之中,灰色是中性色调,单独使用时近似于冷色调。设计者有这种经验：在冷色背景下观看暖色工作面比较舒适，而在暖色背景下观看冷色工作面时，效果不如前者。

表 8-2　典型材料的反射比和推荐范围

典型材料		推荐范围	
反射比		孟氏明度	反射比
100% 95% 氧化镁（新表面）	白和近白	10.0 天棚	100% 95%
90% 85% 新石膏、白瓷砖		9.5	90% 85%
80% 乳白色瓷砖		9.0 墙面	80%
75%		8.5	75%
70% 浅色塑料壁纸	浅色	8.0	70%
65%			65%
60% 奶油色砖		7.5	60%
55%		7.0 家具、设备	55%
50% 新石棉片		6.5	50%
45% 无色软纤维片		6.0	45%
40% 油漆山木	中等色	5.5 地面	40%
35% 浅浇水泥		5.0	35%
30% 水泥砂浆面		4.5	30%
25% 无色软木		4.0	25%
20% 灰砖、琉璃砖		3.5	20%
15%		3.0	15%
10% 深色上光木料	深色	2.5	10%
7% 黑红色木料		2.0	7%
5%		1.5	5%
3% 无光黑漆		1.0	3%
2%		0.5	2%
1% 黑平绒、黑金丝绒		0.0	1%
0%			0%

在工作区域和周围环境中，选色、配色应与主体色有相近似的反射比，以减少不重要部分的影响。人的眼睛对亮度对比的感觉比对颜色对比的感觉更灵敏些，在不存在亮度对比时，如果不直接观看，颜色对比并不十分引人注意。因此建筑结构的部件，如顶梁、框架、通风管道和容器等均涂以与背景反射比相近似的颜色，使人们不易注意到，但不要涂成单一颜色引起单调的感觉。

4. 光源颜色的选择

室内照明设计中，对光源颜色的选择要十分重视。当对工作件的颜色辨识有特殊要求时，应该选用具有适当颜色特性的光源。当这种工作件只占有室内很小的一部分时，可以采用局部照明达到这一要求，而其余部分则选择普通光源进行一般照明。

通常情况下，除了满足工作的需要以外，光源的色表和显色性还应与房间的类型相适应，尤其是要与房间的使用目的和房间的配色相适应。对工作件颜色所要求的显色性是较精确的，但是要产生一个使人愉快和满意效果的色彩环境就不是那么容易定量地评价。

在一般的工业生产车间里,尤其是重工业生产,简单的视觉作业的场所对光源颜色的要求不必过高。相反,在半装饰性的室内,例如商店、旅馆和特殊要求的办公室等室内设计中,光源与房间配色就显得特别重要。有时选择高显色性的光源,使这种设计更经济合理。关于光源的色表和显色性选择,参见第一章第二节。

光源的颜色也与照度有关(见图 5-23)。如果照度低而色温过高,则室内显得单调、寒冷。我们常常发现,在较暗的餐厅中常选用低色温的白炽灯或蜡烛(色温为 1 925 K),给人以温暖亲切的感觉而受到欢迎。

如果室内部分地区经常要受到日光照射,所选择的人工照明光源的色温要与天然光很好的配合,一般以具有色温为 4 000 K 以上的光源为好。

在照明设计中,如果没有特殊的要求,可以根据照度值来选择光源的色温,在照度≤300 lx 时选择暖色光源。在我国,就目前而言,一般办公室和学校教室等场所照度标准值为 300 lx。因此,按习惯在我国最好是低于这种照度值时再选择低色温的光源。

三、室内照度计算方法

1. 概述

在进行照明设计时,室内工作面上的照度计算可分成两个部分:一部分是从光源射来的直射光;另一部分是从空间各反射面反射来的反射光。这两个部分的光合起来构成计算点的照度值,因此计算照度的方法,常用的可分为两种:逐点计算法和平均光通量法。这里主要讲平均光通量法。

(1) 平均光通量法

该方法可以计算出两部分光同时在工作面上产生的照度值,一般室内照明设计均可采用这种方法。平均光通量法简称光通法,其根据是照明设计中的单位面积电力容量法。过去常采用单位面积用电量来估算照度。但是,由于照明技术的不断发展,新光源和新灯具的不断出现,光源的发光效率和灯具的效率也在逐步提高,电力容量法已不能满足计算上的要求。因此促进了平均光通量法的发展,以后平均光通量法又发展为利用系数法和概算曲线法两个方法。

(2) 利用系数法

利用系数法就是采用灯具的利用系数值代入照度计算公式,计算出直射光和反射光的总平均照度。利用系数法的来源是 W. Harison 和 E. A. Anderson 提出的三配光法,他们总结了许多模型实验数据,第一次发表了灯具的利用系数法。该方法是把灯具的配光分成垂直、水平和间接三个分量。对于这三个分量,求出由于室形尺寸和室内各表面的反射系数不同所产生的利用系数的变化,并编制出利用系数表。在这种方法中要用到室空间比或室指数的概念,推导出灯具配光形状与室空间比(或室指数)和利用系数的关系。由于该方法以实验数据为依据,所以得到的利用系数也较准确、合理和实用,因此在国际上得到广泛应用。

(3) 概算曲线法

概算曲线法也是根据灯具的基本数据,编制出灯具概算图表,再根据室内的反射条件给出室内面积和所需灯数与照度的关系。因此,可以通过概算图表计算用灯数量,也可以通过用灯数量计算出照度值。

2. 用利用系数法计算平均照度

(1) 室空间的划分和室空间比的计算

为了适应灯具的不同安装形式和不同工作面高度,在室内照明设计前先将房间划分成室空间、顶棚空间和地面空间三个空间。用这三个空间比分别表示三个空面的尺寸特征,这样能扩展此方法的应用范围。三个空间比为

$$室空间比\ RCR=\frac{5h_{RC}(L+W)}{L \cdot W} \tag{8-1}$$

$$顶棚空间比\ CCR=\frac{5h_{CC}(L+W)}{L \cdot W} \tag{8-2}$$

$$地面空间比\ FCR=\frac{5h_{FC}(L+W)}{L \cdot W} \tag{8-3}$$

式中　L——房间长度(m);
　　　W——房间宽度(m);
　　　h_{RC}、h_{CC} 和 h_{FC}——分别为相应各空间的高度(m),如图 8-1 所示。

有时灯具的技术资料上给出的不是室空间比,而是室指数(Room Index),室指数和室空间比的表达方式恰恰相反,只相差一个常数,可互相换算。室指数为

$$RI=\frac{L \cdot W}{h(L+W)} \tag{8-4}$$

(2) 计算墙面平均反射系数和顶棚有效反射系数

室内光的反射分量与室内各表面的反射系数有关。反射系数高时光吸收少,增加室内的照度,因布光的利用率高,利用系数值也大。为了简化计算方法,把墙面、顶棚和地面都看成是均匀的漫反射表面。如果将窗子和室内较大的装饰面积等都综合考虑进去,这时就可以求出墙面的平均反射系数

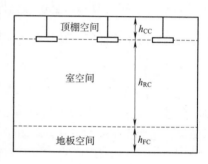

图 8-1　室空间的划分

$$\rho_{wav}=\frac{\rho_w(A_w-A_g)+\rho_g A_g}{A_m} \tag{8-5}$$

式中　ρ_{wav}——墙面平均反射系数;
　　　A_w 和 ρ_w——墙面的总面积和墙面反射系数;
　　　A_g 和 ρ_g——窗玻璃面积和窗玻璃反射系数。

顶棚空间的有效反射系数及平均反射系数为

$$\rho_{cc}=\frac{\rho A_o}{A_s-SA_s+\rho A_o} \tag{8-6}$$

$$\rho=\frac{\sum \rho_i \cdot A_i}{\sum A_i} \tag{8-7}$$

式中　ρ_{cc}——顶棚空间有效反射系数(%);
　　　ρ——顶棚表面的平均反射系数(%);
　　　A_o——顶棚面积(m^2);
　　　A_s——顶棚空间所有面积(m^2);
　　　$\rho_i A_i$——第 i 个反射面的反射系数和面积。

如果室内一般照明灯具是吸顶安装时,则顶棚的表面反射系数就是顶棚的空间有效反射系数。

上述计算公式不只适用于顶棚空间,也适用于地面空间。因此也可以用此办法计算地板空间的有效反射系数。但是,由于地面布置比较复杂,反射系数也不稳定,所以使得地板空间有效反射系数的计算比较困难。然而,由于地板有效反射系数对灯具的利用系数修正较小,因此工程设计中可以省掉这一步,从而简化了计算方法。只有在低矮的房间内,地板反射又较强时才修正地板面对利用系数的影响。

如果房间的顶棚空间(或地板空间)不是矩形的,则可以粗略计算或查阅换算系数表。

(3)利用系数的确定

灯具安装在室内,可用图8-2表示灯具发出的光线射向四面八方。其中光线1射到工作面上;光线2、3和4经过顶棚和墙面的反射后落在工作面上;还有一部分光线5被灯具的反射面以及室内的反射面所吸收;最后一部分光6通过窗户射向室外。在这里将直射和反射到工作面上的光通量与光源发出的总光通的比值称为利用系数。对于某一灯具,经过光学测量后都可以给出该灯具的利用系数表。所以在计算照度时,只要查阅灯具技术资料,就可以获得灯具的系数值。经过实验和计算可知,对于低矮的房间,其室空间比 RCR 值较小,但利用系数值 u 较大,对于高大房间 RCR 值较大,其利用系数值较小。某一灯具的利用系数值见表1-20。

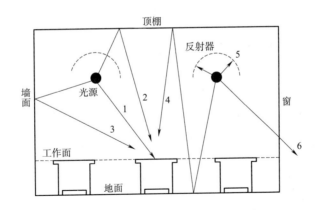

图8-2 灯具光线的去向

(4)平均照度的计算公式

室内平均照度为

$$E=\frac{F \cdot N \cdot u \cdot K}{A} \tag{8-8}$$

已知照度值后,可变换该公式,计算所需灯具的数量

$$N=\frac{E \cdot A}{F \cdot u \cdot K} \tag{8-9}$$

式中　E——室内平均照度(lx),可查阅国家照明设计标准;

　　　A——室内地面面积(m^2);

　　　F——光源的额定光通量(lm),灯具或光源的技术资料上均可查到;

　　　N——灯具的数量;

u——灯具的利用系数,查阅利用系数表(一般生产厂家给出);

K——照度维护系数,查阅照明设计标准。

3. 采用概算曲线法计算照度

这种方法是从利用系数法简化出来的。它是在给定灯具型式和平均照度的条件下,求出房间面积和所需灯具数量的关系曲线。它也适用于房间平均照度的计算,有一定的准确度。

在计算灯具概算曲线时,选择室内平均照度为 100 lx 作为标准条件,并以典型的房间长宽比 $L:W=2:1$ 为代表进行计算。

假设 $W=x, L=2x$

室空间比
$$RCR=\frac{5h(L+W)}{LW}=\frac{15h}{2x} \tag{8-10}$$

房间面积 $A=L \cdot W=2x^2$

因此
$$x=\sqrt{A/2} \tag{8-11}$$

将公式(8-11)代入公式(8-10)得到

$$A=\frac{112.5h^2}{(RCR)^2} \tag{8-12}$$

如果将公式(8-12)代入(8-9),再将 RCR 从 1 到 10 的所有利用系数值 u 和 100 lx 的照度考虑进去,就可以得到一系列的面积 A 和灯具数 N 的关系值,从而绘制出灯具的概算曲线。对于灯具的悬挂高度和室内的装修条件也可以有选择的余地,某一灯具的概算图详见第一章的图 1-47。

从图 1-47 中可知,在照明设计中,如果确定了室内面积 A 和安装高度 h,就可以知道应该采用的灯具数量,这个数量是达到 100 lx 照度时所需要的灯具数,从而可以计算出选取某个灯数时,所能达到的照度值。

4. 采用逐点法计算直射照度

在照明设计中,直射照度的计算时常是用得到的,这里仅简单介绍其基本方法。

(1)点光源的直射照度计算

假设有一个点光源 L,如图 8-3 所示,距工作面的垂直距离为 h,在工作面上的 P 点产生直射水平照度 E_h,根据光强的定义(见第一章第一节)计算 E_h

$$E_h=\frac{I_\theta}{l^2}\cos\theta \tag{8-13}$$

式中 I_θ——θ 方向的光强(cd);

l——光源 L 至 P 点的距离(m);

θ——光线入射角,如图 8-3 所示。

从图 8-3 可以看到,在 P 点处的法线照度 E_n、水平照度 E_h、O 方向的垂直面照度 E_{vo} 和方位角为 φ 时 φ 方向的垂直照度 $E_{v\varphi}$,它们与 l、d 和 h 的关系列于表 8-3。

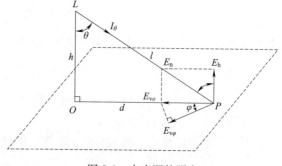

图 8-3 点光源的照度

表 8-3　工作面上 P 点各种照度与 l、d、h 的关系

	l	h	d	$E_a \times$
$E_a=$	$\dfrac{I_\theta}{l^2}$	$\dfrac{I_\theta}{h^2}\cos^2\theta$	$\dfrac{I_\theta}{d^2}\sin^2\theta \cdot \cos\theta$	1
$E_h=$	$\dfrac{I_\theta}{l^2}\cos\theta$	$\dfrac{I_\theta}{h^2}\cos^3\theta$	$\dfrac{I_\theta}{d^2}\sin^2\theta \cdot \cos\theta$	$\cos\theta$
$E_{v0}=$	$\dfrac{I_\theta}{l^2}\sin\theta$	$\dfrac{I_\theta}{h^2}\sin\theta \cdot \cos^2\theta$	$\dfrac{I_\theta}{d^2}\sin^3\theta$	$\sin\theta$
$E_{v\varphi}=$	$\dfrac{I_\theta}{l^2}\sin\theta \cdot \cos\varphi$	$\dfrac{I_\theta}{h^2}\sin\theta \cdot \cos^2\theta \cdot \cos\varphi$	$\dfrac{I_\theta}{d^2}\sin^3\theta \cdot \cos\varphi$	$\sin\theta \cdot \cos\varphi$

根据表 8-3 可以计算 P 点的各种照度。

(2) 线光源的直射照度

图 8-4 中给出了线光源及其所产生的照度。同样，在 P 点处有一个法线照度和三个分量照度。法线照度 E_n、水平照度 E_z、垂直照度 E_x 和垂直照度度分量 E_y 分别为

$$E_n = K_n \frac{I_\theta}{l} \tag{8-14}$$

$$E_z = K_n \frac{I_\theta}{l}\cos\theta \tag{8-15}$$

$$E_x = K_n \frac{I_\theta}{l}\sin\theta \tag{8-16}$$

$$E_y = K_y \frac{I_\theta}{l} \tag{8-17}$$

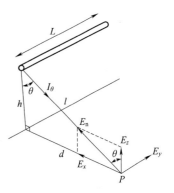

图 8-4　线光源的照度

式中　I_θ——单位长度的光源在 θ 方向上的光强 (cd/m²)；

L——线光源的长度 (m)；

l——线光源与被照点 P 的垂直距离，$l^2 = h^2 + d^2$ (m)；

θ——l 与垂线 h 的夹角 (°)；

K_n 和 K_y——由 L/l 决定的照度系数值，可查图 8-6 曲线。

当被照点 P 不在线光源的一端所引起的垂直线上时，如图 8-5 所示，这时的照度计算分别按线光源 L_1 和 L_2 进行，然后再进行相加减即可。

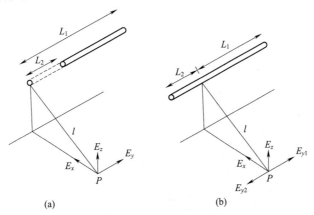

图 8-5　线光源的照度

(a) 被照度点在线光源一端延长线的垂直线上；(b) 被照点在线光源的垂直线上

图 8-5(a)中的照度分别为

$$\left.\begin{aligned} E_z &= E_{z1} - E_{z2} \\ E_x &= E_{x1} - E_{x2} \\ E_y &= E_{y1} - E_{y2} \end{aligned}\right\} \quad (8\text{-}18)$$

图 8-5(b)中的照度分别为

$$\left.\begin{aligned} E_z &= E_{z1} + E_{z2} \\ E_x &= E_{x1} + E_{x2} \\ E_y &= E_{y1} + E_{y2} \end{aligned}\right\} \quad (8\text{-}19)$$

灵活地利用上述公式,就可以得到所需要的照度值。

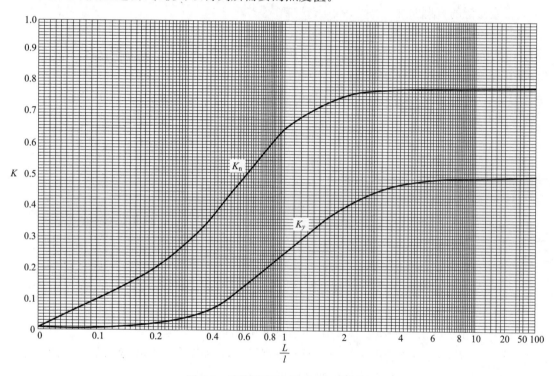

图 8-6　计算照度时 K_n 和 K_y 系数值

四、照明设计实例——学校教室的照明设计

这里介绍一个当时的学校教室照明设计实例,在今后的照明设计中,均应查阅最新版标准。

1. 学校教室的视觉特征和光环境

学校教室是一个教学场所。因此,学校教室的采光和照明都要适合这里的视觉特征。学校的采光和照明不仅直接影响学生和教师视觉作业的完成,而且也影响到非视觉作业的完成。CIE 曾做过调查和研究,发现学校光照效果的好坏,对学生智力的发挥起着重要的作用。有充分的实例说明,一个教室光线分布的好坏会直接影响学生的记忆能力、逻辑思维能力以及学生注意力的集中程度。

教室光线的好坏,不只是照度高就行,而且要有良好的光环境,使得光线分布合理。学生在教室内的视觉工作,包括书本上的阅读和书写、黑板上的阅读和书写、看教师、看挂图,有时可能还看幻灯或电视。除了完成大量不同形式的阅读以外,还要连续不断的完成一些书写作业,要不断的改变长距离的阅读(黑板)和短距离的书写(笔记本)。这就要求学生的眼睛不断地看远看近,看明看暗,不断地调节眼睛的机能,以便适应教室的视觉环境。

这种视觉作业的特征,给照明电气工程师和建筑工程师提出了一些具体的要求。学校的采光和照明设计,不仅要做到光的数量够,还要做到照明质量好,使师生有一个减少视觉疲劳和舒适愉快的光环境。

被光线照亮的房间,其表面的亮度决定于各主要表面的照度和材料的反射系数。所以除进行照度计算外,还要重视室内各主要表面的反射系数。室内各反射面的反射系数取决于室内的装修材料。在《中小学校建筑设计规范》(GBJ 99—1986)中分别规定了各主要表面的反射系数,顶棚反射系数规定为 0.70~0.80,一般采用无光的白色装修材料,有利于提高空间亮度,减少灯具与顶棚之间的亮度差。同样原因,侧墙和后墙也采用相同的反射系数和材料。前墙取反射系数为 0.50~0.60,有利于减少与黑板之间的亮度差。黑板采用无光泽的墨绿色毛玻璃,反射系数为 0.15~0.20,以免与前墙形成极端的对比。地面采用耐脏的反射系数为 0.20~0.30 的无光泽材料,使地面亮度保持不刺眼的程度。因为地面的照度可能接近于桌面上的照度,选取低反射材料才有助于视觉平衡。桌面介于不断地往返于黑板和书本的视觉活动之间。并且由于桌面上的照度较高,所以反射系数要低些,这样可使亮度较为适应,最好选 0.35~0.50 的中等反射系数。这样就可以使教室形成一个协调、舒适、视疲劳低、视觉工效高的视觉光环境。

上述这些规定主要是为了形成一个适宜的亮度比。与亮度比同时存在的,还形成一个颜色对比,颜色对比能够适当地改善视知觉,特别是亮度对比较低时,颜色对比可以对学生起到兴奋或调解的作用(关于颜色装修的原则见本节前述)。如果以低矮的小房间作为教室(普通教室),因墙面为主要视环境区,所以宜采用浅色装修材料。一般为白色,也可以用一些浅蓝、浅黄或浅绿色的高反射系数的材料。

2. 室内照明设计程序及设计实例

这里选择一个教室作为实例,其主要参数如下:

反射系数:顶棚为 0.80,侧墙和后墙为 0.75,前墙为 0.55,地面为 0.20,黑板为 0.15,门为 0.50,窗玻璃为 0.10。这是一个长、宽、高分别为 9.4 m、6 m 和 3.6 m 的普通教室,南侧开有 2.1 m×1.8 m 的三个窗户,黑板设在两墙上,窗侧的主光线从学生的左侧方向射入室内。对其进行照明设计的步骤如下。

(1)查阅有关标准

在《中小学校建筑设计规范》(GBJ 99—1986)(简称《规范》)和《中小学校教室采光和照明卫生标准》(GB 7793—1987)(简称《标准》)中,均规定课桌面的平均照度为 150 lx,其照度均匀度为 0.7,灯具允许的最低悬挂高度为 1.7 m,照度补偿系数为 1.3。

(2)光源的选择

教室是视觉要求较高的场所,并且要求人工照明要与天然光相配合,考虑发光效率等问题,选择 $R_a>80$、色温 $T>4\,000$ K 的 40 W 荧光灯。

(3)灯具的选择

在编制《规范》时曾进行了教室照明的现场实验,实测结果表明选用市场销售的简易式

40 W荧光灯灯具和富士式控罩型 40 W 荧光灯灯具时,要达到国家标准规定的 150 lx 需安装 8 个或 9 个灯具(见《规范》7.2.2 和 7.2.3 条的条文说明)。为了节约用电,选用 YZT40-1 型高纯铝氧化抛光的书写荧光灯灯具,估计用 6 个灯具可满足要求,此灯具的配光曲线见第一章图 1-43。此灯具的效率 $\eta=82\%$,最大允许距高比在 $C_{0°-180°}$ 剖面为 1.79,在 $C_{90°-270°}$ 剖面为 1.24。其技术参数同第一章第三节中的蝙蝠翼配光的 40 W 荧光灯灯具,选用蝙蝠翼配光的荧光灯灯具,可减少学生课桌面上的反射眩光和光幕反射。

(4)灯具数量的概算

该灯具的概算图表如图 1-47 所示。从图中可知,当教室的面积为 6 m×94 m 时,达到 100 lx 照度,按安装高度为 2 m 计,大约需要 5 个灯具,考虑到教室还要安装黑板灯,也会同时增加室内的照度。另外,已经采用高于概算图表中的反射条件和维护系数值(《规范》中规定 $K=1/1.3=0.77$),这也可以提高室内的照度。因此,可进一步设计和计算。

(5)室内空间比的计算

根据教室的尺寸代入公式(8-1)计算室空间比 RCR。小学课桌面的高度取 0.7 m,灯具悬挂长度为 0.9 m,因此灯具的安装高度 $h=3.6-0.7-0.9=2.0(m)$。教室的长度为 9.4 m,考虑到第一排学生课桌的前沿要求距黑板为 2 m,并且讲台和黑板另有黑板灯具照明,因此教室的计算长度可按 8 m 考虑。将以上数据代入公式(8-1),可得 RCR 值为 2.86。

(6)室内平均反射系数的确定

因为前墙的反射系数与侧墙和后墙不同,再考虑玻璃和门的影响,因此需要计算墙面的平均反射系数,计算结果为 $\rho_{wav}=0.60$。顶棚的反射系数计算结果为 $\rho_c=0.80$,地面反射系数为 $\rho_f=0.20$。

(7)确定灯具的利用系数

该灯具的利用系数表,见表 1-20。用内插法求得 $\rho_w=0.60, \rho_c=0.80, \rho_f=0.20, RCR=2.86$ 时的利用系数 $u=0.71$。

(8)计算灯具的数量

将以上数值,代入利用系数法的计算公式(8-9),其中 K 取 1.3 的倒数,$K=0.77$。计算灯具的数量($N=5.54$ 取 $N=6$),再以 $N=6$ 代入公式(8-8),得到照度 $E=162$ lx。

(9)布置灯具方案

本教室采用 6 个蝙蝠翼配光的 40 W 荧光灯灯具,可以达到 162 lx 照度。因此,布灯方案可以确定如图 8-7 所示。从图中可知 40 W 荧光灯管是顺着学生视线排列的,这样排列有助于减少直接眩光和反射眩光。

(10)验算距高比

两个灯具之间在 $C_{0°-180°}$ 方向距离为 3 m,根据最大允许距高比 $d/h=1.79$ 计算,高 $h=2$ m 时,距离 d 可达到 3.58 m;$C_{90°-270°}$ 方向距离为 2.35 m,根据最大允许距高比 $d/h=1.24$ 计算,当 $h=2$ m 时,d

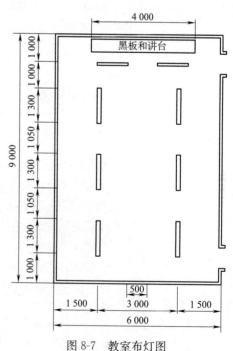

图 8-7 教室布灯图

可达到 2.48 m。计算结果,两个方向均不超过最大允许距高比。这样,教室的照明均匀度可以得到保证。

3. 黑板照明设计

由于教室的黑板面是垂直于地面的,所以只靠室内一般照明照度是不够的。过去,我国的中小学校没有规定设置黑板照明,因此,黑板照明均靠室内的一般照明,照度不但不够,而且还低于课桌面的照度,这是很不合理的。我国的《规范》(GBJ 99—1986)和《标准》(GB 7793—1987)中均规定学校教室必需设置黑板照明(当时的黑板照度规定为 200 lx),并且黑板面的平均照度为 200 lx,均匀度为 0.7。根据以上规定,凡是新建、改建和扩建的学校,均须按上述要求设置黑板照明。

黑板灯的安装位置如图 8-8 所示,黑板灯的安装高度 h 和距离前墙的距离 l 之间的关系如图 8-9 所示。采用的黑板灯具是 CIE 推荐的斜配光 YZB40-1 型荧光灯灯具。该灯具的配光曲线如图 8-10 所示。一般的中小学校教室黑板尺寸均为长 4 m、宽 1 m。为了保证黑板照明的垂直照度和均匀度,采用两个 40 W 荧光灯较为合适。

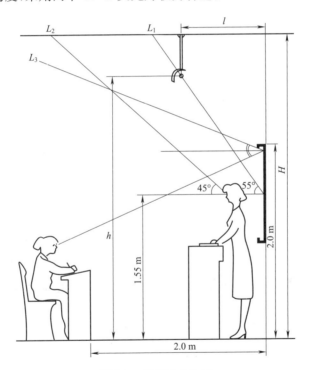

图 8-8 黑板灯的位置

H—教室内层高;L_1—教师眩光界限;L_2—教师非眩光区;L_3—学生眩光区;h—黑板安装高度;l—黑板与前墙距离

有的学校将黑板灯设置在前墙上方,因此可以使灯具接近黑板,只要保持图 8-9 中的关系,就可以使黑板照明的照度和均匀度得到满足。就可以保证教师和学生的视线均不在直接眩光区和反射眩光区。照度值可以用逐点法进行计算或验算,这里不赘述。

4. 现场实测和评论

以上的计算和设计都是理论上的结果,检验理论的最好方法是进行现场实测。

按照前述设计,采用 YZT40-1 型教室灯具和 YZB40-1 型黑板灯具安装在某学校,并进行现场测量。测量结果与设计非常一致,桌面初始平均照度为 216 lx,均匀度为 0.70,维护照度为 216 lx×0.77＝166 lx。且顶棚的平均照度大于桌面平均照度的 1/5。黑板照度和均匀度远远超过规定的标准。

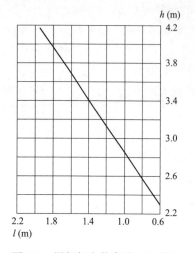
图 8-9　黑板灯安装高度 h 与前墙距离 l 关系图

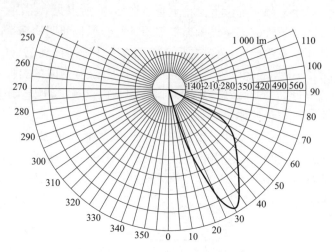
图 8-10　YZB40-1 型黑板灯配光曲线

在学校的普通教室内采用上述 YZT40-1 型灯具 6×40 W 照明,基本上能满足《规范》要求。但是如果采用简式荧光灯 6×40 W,则课桌面照度达不到 150 lx,必须采用 8 个或 9 个 40 W 荧光灯,虽然多消耗了电能,却提高了空间亮度。如果采用富士型 40 W 荧光灯灯具,由于该灯具是喷漆或搪瓷的内反射面,没有定向的反射分量,且因其内反射面曲线不是按专门要求制造的,因此不能形成蝙蝠翼式配光曲线,并且效率或利用系数值也不高。如果采用这种灯具 6×40 W,肯定不会提高照度值。如果采用 8 个或 9 个 40 W 此种灯具,也仅仅是提高桌面照度,其他效果不会有更好的改善。

第二节　交通道路和生活道路照明及其设计

一、交通道路与生活道路的特点

交通道路照明与生活道路照明都是室外照明的重要部分。由于道路照明的出现,使人们的夜晚户外活动时间大大地延长了。在一定程度上丰富甚至创造了人们的夜生活。随着人们生活水平的不断提高,对于交通道路及室外生活道路场所的功能照明已经不仅仅是使人们眼前不再漆黑一片,而对于亮度、清晰度、显色性等方面都有了更高的要求。交通道路与生活道路场所可根据其对于人们生活中所起的作用不同而不同。需要掌握交通道路与生活道路场所功能照明所要求的照度和亮度分布,这里将其分成交通性道路和生活性道路两种。

1. 交通道路照明的功能

这里所说的交通道路主要指机动车交通道路,包括高速公路、主干路、次干路、支路。尽管在这些道路两侧一般设置供非机动车通行的车道和供人徒步使用的步行道,但根据其主要的功能和形态,仍然将其称为交通道路。交通道路照明的功能重点是解决机动车行驶的需要。

2. 生活道路照明的功能

生活道路主要是指居住区道路,它主要供行人和非机动车通行,有些也有人车混用的现象,包括散步道、小街道、街心花园、生活区道路、小公园等场所。由于这些道路在居住区内部,所以夜晚也会有大量的行人,而且人们的行走速度不会太快,这里的夜晚往往充满了生活气息,也统称为室外生活道路场所,也可简称生活道路。生活道路照明的主要服务对象是行人。

二、交通道路照明要求及其设计

1. 交通道路照明的功能要求

交通道路照明的功能主要是为机动车驾驶人员提供一个良好的适于驾车行驶的视觉环境,使机动车能够安全、快速的在道路上行驶。同时,机动车驾驶人员还需要一定的视觉舒适感。

为了能够使机动车安全、迅速和舒适的行驶,根据人类视觉系统的工作原理,以及对机动车驾驶员的视觉作业特点及其所需视觉信息的分析研究,结合大量的实验室研究和现场试验,最终确定了机动车交通道路照明的评价指标。它包括路面平均亮度、路面亮度总均匀度、路面亮度纵向均匀度、眩光控制、环境比、诱导性等几项指标。道路照明评价指标即道路照明设计应该满足的技术指标。

(1)路面平均亮度

路面平均亮度是根据国际照明委员会(CIE)的有关规定测得或计算得到的路面上预先设定的各个点的平均亮度值。它是决定能否看见路面上障碍物的最重要指标。

由于道路照明的亮度较低,此时的人眼处于中间视觉状态,驾驶员的视觉分辨能力主要取决于路面的亮度。在一定范围内,路面的亮度越高,眼睛的灵敏度就越高,因此察觉物体的机会也就越大。驾驶员安全驾驶最主要的保证即是能够看清路面的障碍物。而对障碍物的分辨又主要取决于路面的亮度。所以 CIE 建议以亮度而不再以照度作为评价机动车道路照明的指标。世界上绝大多数国家现在都采用亮度值来建立自己的标准。

我国《城市道路照明设计标准》(CJJ 45—2015)中既规定了不同级别道路的平均亮度维持值,也规定了平均照度维持值,见表8-4和表8-5。

表 8-4 我国机动车道照明标准值

| 级别 | 道路类型 | 路面亮度(B) | | | 路面照度(E) | | 眩光限制阈值增量 TI(%) 最大初始值 | 环境比 SR 最小值 |
		平均亮度 L_{av}(cd/m²) 维持值	总均匀度 U_o最小值	纵向均匀度 U_L最小值	平均照度 $E_{h,av}$(lx) 维持值	均匀度 U_E最小值		
Ⅰ	快速路、主干路注2	1.50/2.00	0.4	0.7	20/30	0.4	10	0.5
Ⅱ	次干路	1.00/1.50	0.4	0.5	15/20	0.4	10	0.5
Ⅲ	支路	0.50/0.75	0.4	—	8/10	0.3	15	—

注1:摘自《城市道路照明设计标准》(CJJ 45—2015)表 3.3.1;详细见其注:1~4 条。
注2:含迎宾路、通向大型公共建筑的主要道路、位于市中心和商业中心的道路。

表 8-5 我国交会区照明标准值

交会区类型	路面平均照度 $E_{h,av}$(lx),维持值	照度均匀度 U_E	眩光限制
主干路与主干路交会	30/50	0.4	在驾驶员观看灯具的方位角上,灯具在 80°和 90°高度角方向上的光强分别不得超过 10 cd/1 000 lm 和 30 cd/1 000 lm
主干路与次干路交会			
主干路与支路交会			
次干路与次干路交会	20/30		
次干路与支路交会			
支路与支路交会	15/20		

注:摘自《城市道路照明设计标准》(CJJ 45—2015)表 3.4.1,详细见其注:1~2 条。

在机动车道路照明设计中,虽然依据亮度建立标准比依据照度建立标准科学合理,但是对于亮度值的测量工作比较费时费力,而照度的测量相对要简单很多。因此,在没有条件对亮度进行测量的地方,应该利用照度的测量来确定路面的照明是否符合标准。通过计算和实测可以得出亮度和照度的换算系数,见表 8-6,当然这种系数也只是近似的。一般情况下亮度 B 与照度 E 之间的关系是与路面反射系数 ρ(一般情况下为 0.2~0.25)和数学中的 π 有关,例如 $B=\rho E/\pi$。

表 8-6 平均照度与平均亮度的换算系数

路面种类	平均照度换算系数[1×(cd/m²)]
沥青	15
混凝土	10

注:摘自《照明设计手册》(第二版)。

(2) 路面亮度总均匀度

在保证路面平均亮度的同时,还要保证路面最小亮度值在允许范围内,路面上最小亮度与平均亮度的比值即路面亮度总均匀度

$$U_0 = L_{min}/L_{av} \tag{8-20}$$

路面上最小亮度与平均亮度相差不能太大,以免影响驾驶员对较暗区域障碍物的察觉率。为了保证路面亮度总均匀度,我国道路照明设计标准中规定了路面亮度总均匀度的最小值。

(3) 路面亮度纵向均匀度

路面亮度纵向均匀度是指同一条车道中心线上最小亮度与最大亮度的比值

$$U = L_{min}/L_{max} \tag{8-21}$$

驾驶员在路上行驶,除了要保证对路面上障碍物的辨认率,还要考虑驾驶员长时间驾驶的身心感受。如果在行驶的过程中反复出现亮暗变化,即所谓的"斑马效应",则会使驾驶员烦躁,从而危及到交通安全。为了减弱这种干扰,就要使同一条车道中心线上的最小亮度和最大亮度的差别不能过大,我国道路照明设计标准同样规定了其最小值,见表 8-4。

(4) 路面眩光控制

机动车道路上形成的眩光分为失能眩光和不舒适眩光两类。使视力减弱的眩光称为失能眩光;使眼睛产生不舒适感的眩光称为不舒适眩光。道路照明中我国曾经采用过失能眩光限制方法。失能眩光的度量,是用在失能眩光存在时它降低了视觉目标的能见度,并用相对阈值

增量(TI)来计算。它表示了当存在眩光时,为了达到同样看清物体的目的时,在物体及背景之间的亮度对比中所需要增加的百分比来补偿。但是,现在有了新的《城市道路照明设计标准》(CJJ 45—2015),已经取消了眩光限制和补偿。而不舒适眩光通常是在室内照明中,通过主观评价来确定其等级。关于照明中的眩光,详见本书第六章。

(5) 交通道路的环境比

如果道路上的物体能够以明亮的路面作为背景,那么它就很容易被驾驶员看到,然而道路上有些物体不是以路面为背景的,例如高大车辆的上半部分、靠近路边的物体以及道路转弯处的物体等,它们是以道路周边环境为背景的,为了能让驾驶员看清这部分物体,道路周边环境的照明也十分必要。

环境比即车行道两侧边缘相邻 5 m 宽带状区域的平均照度与该车道上 5 m 宽带状区域或 1/2 路宽(选择两者的较小者)的平均照度之比。当空间不允许时,路边两侧相邻带状区域的宽度可以选择窄一些。对于双向车行道,应该将两个方向的车行道一起作为单行线处理,如果两个方向的车行道中间设有 10 m 以上宽度的分隔带,则按照两条车行道单独计算。

(6) 交通道路的诱导性

道路照明设计的诱导性也是一项重要的评价指标。虽然诱导性不能用光度参数来表示,但是它对于交通安全和舒适性都有着非常重要的作用,路面的诱导性好,驾驶员就很容易看清楚道路的变化和正确理解道路前进的方向。

诱导性分为道路设施诱导和光学诱导两类。道路设施诱导是利用道路的诱导辅助设施,比如道路的中线、路缘、隔离带、分车带以及路面标线等使驾驶员明确自身所在位置和道路前进的走向。光学诱导则是指通过灯杆和灯具的排列、灯具造型、灯光的颜色等方面的变化,来指示道路走向的改变或者将要接近交叉路口等特殊地点的信息。

2. 交通道路照明设计

在交通道路照明中,其照明方式一般包括常规照明(灯杆照明)、高杆照明、纵向悬索照明、栏杆照明等。

常规照明是道路照明中使用最为广泛的照明方式。这种照明方式采用的灯杆高度在 15 m 以下,每只灯杆的顶端安装 1~2 个路灯灯具。其布置方式一般有五种:单侧布置、双侧交错布置、双侧对称布置、中心对称布置和横向悬索布置,如图 8-11 所示。照明灯具的安装高度、间距和配置方式等要使路面亮度分布均匀、经济合理。合理的配置就非常重要,对于不同宽度的道路,灯具可采用下列不同的布置方式。

(1) 单侧布灯

所有的灯具均布置在道路的一侧,如图 8-11(a)所示,这种布置方式适合于较窄的道路。要求灯具的安装高度等于或大于路面的有效宽度,路面的有效宽度 W_{eff} 如图 8-12 所示,一般采用单侧布置的道路宽度不超过 12 m。单侧布置优点是具有良好的诱导性,但不设置灯具的一侧路面亮度会明显低于另一侧,因此使两个方向行驶车辆的照明条件不同。

(2) 双侧交错布灯

灯具按照道路的走向交替排列在道路的两侧,如图 8-11(b)及图 8-13 所示,这种布置方式比较适合于路面较宽的道路。要求灯具的安装高度不小于路面有效宽度的 0.7 倍,一般采用双侧交错布置的道路宽度不超过 24 m。双侧交错布置优点是亮度总均匀度要好于单侧布置,但是其亮度的纵向均匀度一般比较差,诱导性也不及单侧布置。

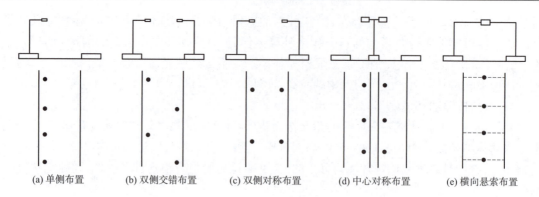

(a) 单侧布置　　(b) 双侧交错布置　　(c) 双侧对称布置　　(d) 中心对称布置　　(e) 横向悬索布置

图 8-11　路灯的布灯方式

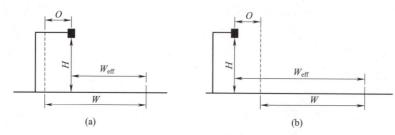

路面有效宽度（W_{eff}）和路面宽度（W）与灯具悬挑长度的关系
(a) $W_{eff} < W$　　(b) $W_{eff} > W$

图 8-12　单侧布置灯具图示

（3）双侧对称布灯

灯具相对排列在道路的两侧，如图 8-11(c) 所示，这种布置方式适合于宽路面的道路。要求灯具的安装高度不小于路面有效宽度的一半，一般采用双向对称布置的道路宽度不超过 48 m。双向对称布置路面亮度总均匀度及路面亮度纵向均匀度都比较好。

（4）中心对称布灯

灯具安装在位于中间分车带上的 Y 形或 T 形灯杆上，分别向分车带两侧的道路照明，如图 8-11(d) 所示。这种布置方式适合于有中

图 8-13　双侧交错布灯方式

间分车带的双幅路。要求灯具的安装高度不小于单向道路的有效宽度。中心对称布置的光效率要比双向对称布置高一些，诱导性也更好一些。

（5）横向悬索布灯

灯具被悬挂在横跨道路的悬索上，如图 8-11(e) 所示，这种布置方式适合于树木稠密、遮光比较严重的道路，或者是那些楼群密集、难以安装灯杆的狭窄街道。这种布置方式灯具的安装高度一般都比较低，加上悬挂的灯具容易摆动或转动，所以容易对驾驶员造成间歇性的闪烁眩光，故一般情况下不推荐采用这种布置方式。

一般情况下采取哪种布灯方式，还应考虑道路横断面的形式、宽度及照明要求，并应符合

下列要求：

灯具的悬挑长度不宜超过安装高度的 1/4，灯具的仰角不宜超过 15°。灯具的布置方式、安装高度和间距可按表 8-7 选取经计算后确定。

表 8-7　灯具的配光类型、布置方式与灯具的安装高度和间距的关系

配光类型	截光型		半截光型		非截光型	
布置方式	安装高度 H(m)	间距 S(m)	安装高度 H(m)	间距 S(m)	安装高度 H(m)	间距 S(m)
单侧布置	$H \geqslant W$	$S \leqslant 3H$	$H \geqslant 1.2W$	$S \leqslant 3.5H$	$H \geqslant 1.4W$	$S \leqslant 4H$
双侧交错布置	$H \geqslant 0.7W$	$S \leqslant 3H$	$H \geqslant 0.8W$	$S \leqslant 3.5H$	$H \geqslant 0.9W$	$S \leqslant 4H$
双侧对称布置	$H \geqslant 0.5W$	$S \leqslant 3H$	$H \geqslant 0.6W$	$S \leqslant 3.5H$	$H \geqslant 0.7W$	$S \leqslant 4H$

注：W 为有效路面宽度(m)。

三、生活道路照明要求及其设计

1. 生活道路照明要求

生活道路的功能照明主要是为行人提供安全和舒适的照明，由于行人的行走速度和视觉作业特点与机动车行驶的速度和驾驶员的视觉作业特点明显不同，所以照明设计要求也有根本的差别。

(1)照度

行人的行走速度较慢，因此就意味着有足够的时间适应亮度的变化，对于路面上的亮度均匀度就没有交通性道路要求那样严格。但是，行人主要依靠路灯提供的照明，不能像机动车那样有车前灯来帮助，所以生活道路上的最小照度就显得相当重要了。

如果只考虑人们在道路上的安全行走，照度水平只要能够显现路上的障碍物和凹凸不平即可，那么只需要 1 lx 的照度就能满足上述要求。但是对于夜间路上行走的人们来说，面部识别是满足心理需要的一项重要指标，所以，照度要求就要高一些，我国道路照明标准中提出了关于人行道路的照明标准，见表 8-8。

表 8-8　人行道路的照明标准

夜间行人流量	区域	路面平均照度维持值 E_{av}(lx)	路面最小照度维持值 E_{min}(lx)	最小垂直照度维持值 E_{vmin}(lx)
大流量的道路	商业区	20	7.5	4
	居住区	10	3	2
中流量的道路	商业区	15	5	3
	居住区	7.5	1.5	1.5
小流量的道路	商业区	10	3	2
	居住区	5	1	1

(2)均匀度

如前所述，行人对于均匀度的要求远低于机动车的要求，如果最大照度与最小照度之比不超过 20:1，行人就不会出现视觉的适应问题。

生活性道路在满足功能性照明的同时，人们还希望照明能够创造一定的氛围和情调，即景

观照明和场景的要求,这些要求往往不希望场所的照明过于均匀,所以我国道路照明标准对于生活道路照明的均匀度没有提出具体的要求。

(3) 眩光限制

行进中的人们没有固定的视觉目标,且行进速度较慢,有足够的时间来适应视场中的亮度变化,所以眩光对于行人来说并不会带来太多的麻烦。在这些场所中,由眩光形成的那种诱人的、生机勃勃的气氛往往受到行人的欢迎。故对于生活道路上的眩光问题,只要不把裸灯安装在眼睛的水平线上即可,一般要求灯具的安装高度小于 1 m 或大于 3 m。

2. 生活道路照明的设计

生活道路照明的设计中,其照明方式与交通道路相似,只是相对于交通道路需要更多地考虑行人的通行要求。

(1) 光源选择

生活道路功能照明对于光色和显色指数的要求均比交通道路高,其光源主要有高强度气体放电光源:金属卤化物灯、细管径荧光灯以及自镇流荧光灯等。这些光源显色性均比较好,且金属卤化物灯可以制成不同光色的光源,被广泛应用于生活道路的照明中,如图 8-14 所示。

图 8-14 生活道路照明

(2) 灯具选择和布置

这类道路的灯具选择一般将功能性与装饰性相结合来考虑,因为灯具的风格和造型往往被纳入环境总体效果之中,也是夜间观赏的主要对象。一般根据场所不同选择相应要求的灯具,如全漫射型灯具、多火组合灯具、下射式筒型灯具、反射式灯具等。

全漫射型灯具光分布所产生的水平照度很低,但是垂直照度和半柱面照度会较高,因此适合于具有较大面积的场所;下射式灯具在水平面上照射的范围较小,但是节奏感较强,灯的近下方照度会比较高,而产生的垂直照度和半柱面照度则较低,所以适合于对路面照明效果和灯具造型效果要求较高的场所。

(3) 灯具的安装

灯具的安装主要有柱顶(或杆顶)安装、建筑立面安装、悬挂式安装和立地式安装等。

柱顶安装方式使用广泛,通常将灯具安装在大约 3~8 m 高的柱顶或杆顶,这种安装方式照明范围相对较广,不仅有利于保障夜晚安全,而且能够使人们对环境的整体感加强。在不影响建筑物使用的前提下,将灯具安装在建筑物上,也容易取得较好的效果。这样安装的装饰性灯具造型清晰,如果使用指向性好的灯具,不仅能满足照明的要求,同时还可以对建筑立面起到装饰和美化的作用。悬挂式安装可形成很强的视觉诱导性,增加环境的空间魅力,并且可以赋予环境独特、亲切的特征。对于需要突出植物特点以及绿色点缀的场所,可以采用立地式安装的方式,使绿化和绿色节点得以强化。

四、高杆照明

1. 高杆照明的要求和设计

高杆照明是将灯具安装在高度大于或等于 20 m 的灯杆上,灯杆的高度一般指杆底法兰至灯具中光源所在平面的垂直距离。高杆照明主要用于大面积照明,如道路的立体交叉、平面交叉、广场、停车场、货场、机场停机坪、港口等场所。

高杆照明的灯具及其配置方式,灯杆安装位置、高度、间距以及灯具最大光强的投射方向等,应符合下列要求:

按照使用环境的要求选择灯具配置方式。高杆照明的灯具配置方式主要有平面对称布置、径向对称布置和非对称布置三种。例如对于宽阔道路及大面积场地周围的高杆照明,宜采用平面对称布置方式;对于车道布局紧凑的立体交叉或者需要布置在场地内部的高杆照明,宜采用径向对称布置方式;对于多层大型立体交叉或车道布局分散的立体交叉处的高杆照明,宜采用非对称布置方式。无论采用哪种布置方式,其灯杆间距与灯杆高度之比均应根据灯具的光度参数通过计算来确定。

高杆照明设计注意事项:

(1)灯杆的位置选择应该保证不影响交通安全,维护时不会影响交通和场地的使用。

(2)灯具的最大光强瞄准方向和垂线夹角不宜超过 65°。

(3)市区设置的高杆灯不仅要满足照明要求,还要考虑与周围环境的协调。

2. 高杆照明的优缺点

高杆照明作为大面积照明的一种手段,目前已经得到了迅速发展和广泛应用,高杆照明与普通照明相比具有以下优点:

(1)可以灵活的增减每根灯杆上的灯具数量,可以比较容易的获得被照面上所需的照度或亮度。

(2)可以在同一根灯杆上配置不同功率和不同配光特性的灯具,以满足各种不同形状的被照场地需要。

(3)由于灯具的安装高度高,高杆照明不仅可为场地的地面提供照明,还可以照亮周围的空间和环境,使被照场地与周围环境的亮度比得到改善,视场范围大大增加,有利于提高驾驶员的可见度。

(4)相比于常规照明,灯杆的数量少,使被照场地显得规整,灯具可以有多种造型,配合环境烘托气氛,起到美化城市的作用。

(5)高杆灯的灯杆位置选择余地较大,容易避开对交通或维护有妨碍的位置,降低了撞杆事故的发生概率,维修时也不会影响正常交通。

高杆照明的缺点是一次性投资费用较高;由于灯具安装高度高,会有一部分光通量落入不需要照明的区域,不仅光的利用率低,而且对于居住区等需要在夜晚进行严格控光的区域造成不利的影响。

五、栏杆照明

栏杆照明是在车道两侧地上约 1 m 高的位置设置灯具。这种方式仅适用于车道宽度较窄的道路,但对于坡度较大的路段和弯道,要特别注意眩光的控制,如图 8-15 所示。

这种照明方式的优点是不用灯杆,街道两侧空间整洁。缺点是灯具容易被损坏和污染,建设费用和维护费用较高,车道有阴影,容易造成亮度分布不均匀,所以栏杆照明只限于特殊场合使用。

六、交通道路和生活道路中照明器材的选择

1. 光源的选择

交通道路功能照明中所使用的光源以前主要是气体放电光源,包括高压钠灯、金属卤化物灯、高压汞灯等,其中以高压钠灯为主。

高压钠灯具有寿命长、光效高、质量稳定以及规格类型多、透雾性好等特点,已成为道路照明中的主流光源,特别在机动车交通道路上都优先采用高压钠灯。

金属卤化物灯光效高、寿命长、显色性好而且能够制成各种光色、各种尺寸规格的光源,因此在道路照明中也占有一席之地,目前主要应用于那些对显色性和光色有较高要求的道路。

高压汞灯最主要的优点是透雾性好、价格低廉、防振性好,而且具有相对较好的耐候性,所以在有透雾性以及尘埃较重的场所使用。但是由于其光效低,显色性不好,所以已经属于限制使用的光源。对于交通道路等用于室外照明的场所,光源选择时应综合考虑光源的寿命、光效以及色温与显色性等指标。用于室

图 8-15 栏杆照明

外的光源需要考虑气候的影响,而且灯具安装环境复杂,更换比较困难,所以选择寿命长的光源显得尤为重要;另外,室外照明的耗电量是很可观的,所以从节能角度考虑,应该选择高效的光源。对于不同场所、不同地区,光源的色温与显色性要求会有很大的区别,所以应根据具体情况加以选择。表 8-9 是室外常用光源的技术指标,选择光源时可供参考。进入 21 世纪,LED 光源的逐渐成熟和应用,使道路照明光源的应用和选择又有了广阔的空间。

表 8-9 室外常用光源技术指标

光源类型	光效 (lm/W)	显色指数 Ra	色温 (K)	平均寿命 (h)	应用场合
三基色荧光灯	>90	80~96	2 700~6 500	12 000~15 000	内透光照明、路桥、广告灯箱、广场等
自镇流荧光灯	40~50	>80	2 700~6 500	5 000~8 000	建筑轮廓照明、彩灯、园林、广场等

续上表

光源类型	光效 (lm/W)	显色指数 Ra	色温 (K)	平均寿命 (h)	应用场合
金属卤化物灯	75～95	65～92	3 000～5 600	9 000～15 000	泛光照明、路桥、园林、广告、广场等
高压钠灯	80～130	23～25	1 700～2 500	>20 000	泛光照明、路桥、园林、广告、广场等
冷阴极荧光灯	30～40	>80	2 700～10 000 或彩色	>20 000	内透光照明、装饰照明、彩灯、路桥、园林、广告、广场等
发光二极管 （LED）	白光>40	70～80	白光或彩色	>60 000	内透光照明、装饰照明、彩灯、路桥、园林、广告、广场等
无极荧光灯 （电磁感应灯）	60～80	75～80	2 700～6 400	>60 000	泛光照明、路桥、园林、广告、广场等

2. 灯具的选择

道路照明通常采用的常规照明灯具或投光灯具主要包括灯具外壳、控光反射器、密封件、透明灯罩、固定件等。灯具一般分为灯室和点灯附件室。灯室内有灯头、光源、反光器。点灯附件室内安装镇流器、触发器和补偿电容等。灯具的构造必须在机械强度、电气绝缘性和抗腐蚀性等方面达到国际电工委员会以及我国相关标准的要求。道路照明灯具的选择与布置应遵循以下室外照明灯具的选择与布置原则：

（1）除特殊要求外，一般应尽量选择定型产品，便于维护更换。应采用效率高（常规道路照明灯具效率不得低于70%，泛光灯效率不应低于65%）、品质好的灯具，使用寿命长，维护量小，有利于节能的产品。

（2）灯具应根据使用场所的要求达到相应的防护等级（光源腔的防护等级不应低于IP65，灯具电气腔的防护等级不应低于IP43），为保障人身安全，灯具所有带电部位必须采用绝缘材料加以隔离，做好防触电保护。

（3）灯具应具有良好的防腐性能，特别是沿海和污染较严重的地区。

（4）根据照明目标的特点和照明设计要求来选择相适应的光束角。

3. 灯具材料的选择

道路照明灯具的材料主要有金属、塑料和玻璃。金属材料主要包括冷轧钢板和铝材，冷轧钢板主要用于灯具的壳体制造，它具有强度高、加工性能好的特点，经过表面处理，可有镀锌钢板、镀铝钢板、镀铜钢板等。铝材的质地较轻，易于加工，外表美观，而且反光性能好，所以铝材既可用做灯具壳体制造，又是制作反射器的主要材料。

塑料材料主要是一些聚酯树脂类塑料，其透光性能好，易于加工，安装方便。但是最主要的缺点是耐老化性能和抗冲击性能较差，目前有一种增强塑料（FRP），这种材料是用玻璃纤维作为增强剂的不饱和树脂材料，它具有良好的机械性能。而且耐水性、耐酸性、耐热性都较好，因此被广泛用于道路照明灯具的外壳制作。

玻璃具有良好的透光性和耐候性，所以也被广泛用于道路照明灯具的透光罩。但是用于灯罩制作的玻璃必须具有良好的耐冲击性能，而且应避免破碎后伤人，目前能够满足要求的玻璃品种有钢化玻璃、硼硅酸玻璃、结晶玻璃等。

第九章 景观照明设计及其工程实例

第一节 景观照明的种类和设计原则与方法

一、景观照明的范围和种类

景观照明,也称夜景照明。国际照明委员会(CIE)称夜景照明为"夜间室外城市景观装饰照明"(Exterior Lighting for The Decoration of The Night Time Urban Landscape)。景观照明范围较宽,除体育场、建筑工地和室外安全照明外,还包括所有室外活动空间或景物的夜间景观照明。照明对象有建筑物(或构筑物)、广场、道路、桥梁、机场、车站、码头、名胜古迹、园林绿地、江河水面、商业街和广告标志以及城市市政设施等,其目的就是利用灯光将照明对象的景观加以重塑,并有机地组合成一个和谐协调、优美壮观、富有特色的夜景图画,以此来表现一个城市或地区的夜间形象。

景观照明的照明种类划分为以下 11 种。

1. 节日和庆典照明

在节假日或某些庆典时,利用灯光或灯饰营造欢乐、喜庆和节日气氛的照明。

2. 建筑物夜景照明

利用灯光重塑人工营造的供人们进行生产、生活或其他活动的房屋或场所,进行夜景景观的照明。照明对象为房屋建筑,如纪念建筑、陵墓建筑、园林建筑和建筑小品等。建筑物夜景照明,应根据不同建筑的形式、布局和风格充分反映建筑的性质结构、材料特征、时代风貌、民族风格和地方特色。

3. 构筑物夜景照明

利用灯光再现构筑物夜景景观的照明。照明对象有碑、塔、路、桥、隧道、上下水道、运河、水库、矿井、烟囱、水塔、蓄水池、储气罐等。鉴于构筑物为特定目的建造,一般人们不在其内生产或生活的特点,构筑物夜景照明除考虑构筑物功能要求外,还必须注意构筑物形态以及和周围环境的协调。

4. 广场夜景照明

根据不同类型广场的功能要求,通过科学的设计,利用照明设施的优美造型、简洁明快的色彩、合理的布灯,营造出和广场性质以及周围环境统一协调、优美宜人的照明。

5. 道路景观照明

在保证道路照明功能的前提下,通过路灯的优美造型、简洁明快的色彩、科学的布灯,营造出功能合理、景观优美的照明。

6. 商业街景观照明

根据商业街的功能、性质和类别,综合考虑街区的路、店、广告、标志、市政设施,含公共汽车站、书报亭、广场、流水、喷泉、绿地、树木及雕刻小品等构景元素的特征,统一规划、精心设计形成的统一和谐的照明。

7. 园林夜景照明

根据园林的性质和特征,对园林的硬质景观(山石、道路、建筑、流水及水面等)和软质景观(绿地、树木及植被等)的照明进行统一规划,精心设计,形成和谐协调的照明。

8. 水景照明

为渲染水景的艺术效果,根据水景的类别,对自然水景(江河、瀑布、海滨水面及湖泊等)和人文水景(喷泉、叠水、水库及人工湖面等)设置的照明。

9. 公共信息照明

利用灯光(含地标性灯光、广告灯光和标志灯光等)作媒体,为人们提供公共信息的照明。

10. 广告照明

为照亮各种广告的照明,所用的光源有霓虹灯、荧光灯、高强度气体放电灯及发光二极管等。

11. 标志照明

为照亮用文字、纹样、色彩传递信息而表示的符号或设施的照明。

二、景观照明设计的基本原则和方法

1. 景观照明设计的基本原则
(1)按统一进行规划和建设的原则;
(2)按标准和法规进行设计的原则;
(3)突出特色和少而精的原则;
(4)慎用彩色光的原则;
(5)节能环保,实施绿色照明的原则;
(6)适用、安全、经济和美观的原则;
(7)积极应用高新照明技术的原则;
(8)切忌简单模仿,坚持创新的原则;
(9)从源头防治光污染的原则;
(10)管理的科学化和法制化原则。

2. 景观照明设计的方法
(1)调查研究阶段(场地、环境、概况、外形、尺寸、色彩等)
(2)分析研究阶段(重点位址、指导思想、背景)
(3)设计构思阶段(照度、亮度、色彩的分配)
(4)方案初步设计(方案形成、效果图展示阶段)

20世纪90年代初,有一实例:深圳市某一公司业务员承担了保安区一项五层楼大型商场的景观照明任务。经领导批准后到深圳大学重金请一位美术教授为商场画了一幅夜景彩画。一年后,商场建成,只安装了几只路灯,其他照明设施均未安装,为何?因为彩画上没说明用什么灯,用多少灯,安装在哪。因此,工程放弃了。这是当时的典型实例,非常可惜。在那时,虽然电脑及其技术还不普及,但至少应该有个带布灯方案的效果描述草图。若有懂得照明技术的专业技术人员做出工程效果图,哪怕是草图,这项工程也可继续下去。故称效果图是照明工程的第一块敲门砖。

(5)光学技术设计(技术措施阶段)

这是技术上关键的第二步,布灯方案设计。有了效果图后必须要有专业的光学技术人员,即懂得照明技术中有关灯的技术参数和光的分布以及色彩和强弱等的技术人员。为达到效果图的目的,这里首先要选择照明方式和方法。照明方式和方法有以下几种:点光照明、线光照明、外射照明、内透光照明、局部重点照明、大面积泛光扫射等。

设计师如何从千百种各式光源及灯具中选出可达到效果图的灯,这便是光学技术设计。此阶段应做的工作包括:①选光源,确定照度及其重点;②选灯具,确定灯具的 IP 值达到防尘防水的要求;③确定布灯方案和光的分布目的以及灯光的色彩匹配;④进行必要的照度估算或计算,验证设计方案是否达到预期目的;⑤进行布灯方案的调配或改变光源和灯具的品种和型号试验。

(6)电气设计(确定电气设备、开关灯方案并选择控制系统)

请电气技术人员布置电器和线路。有了光源和灯具后,也必须有相应的电气设备,并选择控制系统。应有总控制设备和分支控制设备,这样才能指挥各种灯的启动,包括何时亮,怎么亮,亮度多少和亮的时间长短。这也是专业的电气设计人员才能完成的。

(7)施工监理

除了这些设计步骤之外,施工和安装也是一个重要的环节。这一环节是施工单位主负责,但是设计者和专业技术人员必须与甲方(业主)配合参与施工,否则工程失败或返工也是常有的事。这一环节后来由建造师负责。工程完成后还要细心调试光的方向、高低和强弱,并让甲方(业主)验收满意。

三、景观照明的方式和有关资料

1. 景观照明的方式

(1)泛光照明

通常用投光灯来对一个面积较大的景物或场地进行照明,使其被照面照度比其周围环境照度明显增强的照明方式。

(2)轮廓照明

利用灯光直接勾画建筑物或构筑物轮廓的照明方式。

(3)内透光照明

利用室内光线向外透射的照明方式。

(4)建筑化夜景照明

将照明光源、灯具或发光器件和建筑立面的墙、柱、檐、窗、墙角或屋顶部分的建筑结构结合为一体的照明方法。

(5)多元空间立体照明

从景点或景物的空间立体环境出发,综合利用多元(或多种)照明方式,对景点和景物赋予最佳的照明方向、适度的明暗变化、清晰的轮廓和阴影,充分展示其造型立体感特征和文化艺术内涵的照明方法。造型立体感和照明的关系可定量地用物理指标描述,如照明矢量和标量照度之比,平均柱面照度与水平照度之比,垂直照度和水平照度之比等。

(6)剪影照明

也称背景照明法,指利用灯光将被照景物和其背景分开,使景物保持黑暗,并在背景上形成轮廓清晰影像的照明方法。

(7) 层叠照明

对室外一组景物,使用若干种灯光,只照亮那些最精彩和富有情趣的部分,并有意让其他部分保持黑暗的照明方法。

(8) 月光照明

也称月光效果照明法,指将月光灯等安装在高大树枝或建筑物、构筑物上,或悬吊在空中,好似朦胧的月光效果,并使树的枝叶或其他景物在地面形成光影的照明方法。

(9) 功能光照明

利用室内外功能照明灯光,含室内灯光、广告标志灯光、橱窗灯光、工地作业灯光、机动车道路灯等,装饰室外夜景的照明方法。

(10) 加强照明(重点照明)

利用窄光束角照明器具照射局部表面,使之和周围形成强烈的亮度和对比,通过有韵律的明暗变化,形成独特的照明效果。

(11) 特种照明

利用光纤、导光管、硫灯、激光、发光二极管、太空灯球、投影灯和火焰光等特殊照明器材和技术营造夜景的照明方法。此外还有树木照明、水下照明、道路照明、隧道照明、古建筑照明等特种照明方法。

2. 景观照明可参考的相关资料

除我国的相关标准和法规外,还可以参考:

(1)《泛光照明指南》CIE 第 94 号出版物,1993 年[同我国标准《泛光照明指南》(GB/Z 26207—2010)]。

(2)《城区照明指南》CIE 136-2000 号出版物。

(3)《机动和人行交通道路的照明》CIE 115-2000 号出版物。

(4)《机动车交通道路照明建议》CIE 第 12.2 号出版物。

(5)《室外工作区照明指南》CIE 第 68 号出版物,1986 年。

此外,景观照明的设计还可以参考北美照明协会、英国、德国、日本、俄罗斯、法国、澳大利亚以及我国的相关标准和法规。

第二节 我国景观照明的发展历程及其工程实例

一、我国景观照明的发展概况

照明是为人类服务的,凡是有人的地方就会有照明。我国景观照明开始于 20 世纪 70 年代,当时位于北京西城区主干道三里河路西侧的国家建设部大楼很是气派壮观,在面对东方的主楼与延着干道的南北两侧配楼之间还有两个供人、车通行的大门洞,三栋大楼南北长度不止百米。夜晚,首次用白炽灯泡装饰的轮廓照明显示出大楼的美丽外形,其前方的主干道道路照明也是用的新产品——高压汞灯。多灯照亮的前广场正是人们节假日夜晚游玩的好去处,给从前没有景观照明的北京人带来了愉悦和兴奋。

到了 20 世纪 80 年代,上海景观照明开始红火,上海外滩的大楼一个比一个亮,一个比一个美。当时北京的领导主张北京也要更亮起来,不要让陆续增多的国外旅游者说:"到了北京旅游是白天看庙,晚上睡觉"。于是北京的照明工程也"红火起来了"。紧接着全国的直辖市和省会都亮起来了,大城市亮起来,中小城市也步步紧跟亮起来。中国的改革开放也带动了景观照明行业的飞速发展。进入 21 世纪已经十多年,中国的景观照明工程近 40 年来也已经走在世界的前列。景观照明设计和工程的发展也推动着光源、灯具、控制器材以及电气设备的发展,同时这些照明产品和设备的发展也更促进了景观照明设计和工程质量的再提高。

改革开放之后,新兴起的深圳市也就更重视景观照明工程,深圳的照明工程虽然起步较晚,但也是发展速度最快的行业,一直不落后于国内各大中城市。特别由于是特区城市,接触港、台方便,多年来一些深圳照明工程企业还承担了台湾、香港等地著名大型建筑的照明设计,其景观照明的发展极具代表性。

本节重点以深圳市景观照明发展及其工程实例为主进行介绍。深圳市的景观照明发展概况可以分为以下几个阶段,也是代表着中国景观照明的发展过程。

二、深圳泛光照明初期工程

从 20 世纪 80 年代开始,深圳从一个小渔村发展起来搞建设。当然了,只要有人的地方就要有灯,只要有建设就会有照明。当时深圳标志性的建筑是以三天一层楼的建设速度发展起来的国贸大厦和国商大厦。一到夜晚,灯光处处星星点点,最亮最热闹的地方应该是人民桥东侧,沿着布吉河边向南北延伸的小商品市场,一摊摊、一块块的小商家经营着进口的各类商品,吸引着外地人来挑选购买。于是就成了一条临时拉起的白炽灯长廊,也是当时深圳夜晚唯一的去处。当然了,有些商家要进行大消费,就要到国贸大厦和国商大厦里去,那是室内灯火辉煌的地方。在该大厦门前少许的灯泡以及内透出来的灯光,也是当时深圳的一种夜景。至于娱乐和休闲之处,当时还在离繁华的罗湖区较远的地方,有一个"海上世界"。这是一个旧的搁浅的大船,有 5~6 层楼高,当时除船内灯光外泄以外,在船外也有些许灯光,只不过设计的比较简单而已。80 年代深圳还有深圳大剧院和深圳体育馆,也是人们休闲娱乐的场所,门口的灯和人流较为有吸引力,但基本上没有特设的景观照明。

到 90 年代初,深南大道形成规模,商业繁华,商家也沿这条大道形成了灯景观。行人车辆多了,除了路灯以外,政府也开始投资搞景观照明。灯景观是人们为了商业的发展自发而形成的,而景观照明是有意识的要形成夜景观。政府的初次投资是在深南大道边的树上,电线杆上凌乱的挂起了白炽灯串,也称美耐灯。人们看到自然地感到愉快和兴奋,不仅只注意商业,也开始有意识的评价好看或者漂亮。远离市区的笔架山高尔夫球会所,会所外有高尔夫场地,是三层楼高的训练发球平台,有 160 多米长、几十米宽的球道,球道两边为铁丝网护栏。发球楼上的投光灯和护栏边上的泛光灯,配合又形成一个光的球通道,附近又有练习推杆灯以及会所建筑的室外照明等。这些是当时由深圳黄金灯饰集团设计、供灯并参与建设的,也是当时深圳市一个较好的景观照明。

深圳黄金灯饰集团华强北办公楼室内外照明工程,当时也是市内唯一特设的景观照明景点。该公司重金购买索恩公司的多台 1 000 W 投光灯及灯具,直接放在地面上集中照亮该 6 层办公楼的两个侧面以及其交汇拐角处,低色温的灯光、高光强的照度,真是形成"黄金"般的景观,在当时是深圳"明星"景观照明,如图 9-1 所示。

该办公楼的泛光照明,就是初期的泛光照明较普遍的现象。这之后,深圳泛光照明继续大量涌现,大多是单体商业和办公高楼。设计思想是在群楼上下安装泛光灯,下灯上射逐渐照射全楼,光投到楼上,楼的上层亮度逐渐降低,过渡到空中的顶部形成突然的高亮度,像小型的空中花园。但往往是真正施工时比设计要亮的多,为了抢占商机,好像谁最亮谁的生意就更好。群楼商业区照度本来就不低,再加上大功率高亮度的商业楼群泛光照明,耗能很大,浪费现象极其严重,并且容易形成光污染。一些高楼大厦室外泛光照明使人们经过这些强光时心里感到烦躁,甚至躲着灯光走,有时宁愿多走几步路绕到幽暗、僻静之处。而室内也受到大功率强光干扰,影响休息与睡眠。

图 9-1　深圳黄金灯饰集团办公楼

当时,深圳这个新兴城市,城市建设已成为社会发展和人们生活的主流。人们追求生活环境的品质,照明工程和照明技术是创造光环境的主要手段,这时更是发展迅速。初始建设时期工地亮、道路亮、商业街亮,当部分大厦开始亮以后,由于商业的驱使,要吸引游客、创出名气。大批人来参观购物,大批境外投资者争相投资。高楼一个比一个高,一个比一个漂亮,你比他亮,我要比你更亮,景观照明也就开始"比亮"。这时是泛光照明发展迅速的时期,也是盲目设计高亮度、能源开始大量浪费的时期。外地中小城市也到深圳取经,请人或请照明工程公司去做照明设计和施工。有一个中等县城,政府领导要显示其政绩为民办实事,创旅游环境。在一个进入该县界的公路边装上许多 750 W 投光灯,被照亮的是一些小树丛。高亮度、大热量,已把树叶烤焦了,这就是能源浪费的典型实例。

当时的景观照明所用光源及灯具,不仅是深圳,凡是泛光照明初期用的灯都是以高强气体放电灯为主,再配合当时有的白炽串灯、白炽美耐灯以及部分荧光灯。

三、深圳泛光照明中期工程

在该时期有一些较好的照明工程,例如 1997 年香港回归前后的一些工程。深圳旧电视台(1995 年)如图 9-2 所示,该电视台立面的层高与宽度比较小,采用了轮廓照明方式,用较大功率的高强气体放电光源与扩散角不大的配光灯具,在当时周围环境还不是很亮的情况下效果还是很好的。再如深圳皇城广场(1996 年),如图 9-3 所示。

北京全国人大常委会会议楼室内外照明工程是一个典型的例子,泛光灯的配光曲线发展一些窄配光灯具,室内多用一些大型白炽水晶灯,主体楼采用下面大面积泛光照明与上部重点照明相结合的照明方式,如图 9-4 所示。以及当时还未完成的马鞍山市城市景观照明规划等,都属于中期泛光照明。这时的照明工程有所进步,景观照明经济也发展起来,深圳市照明设计公司的工程也推向全国。全国的照明工程

图 9-2　深圳旧电视台

更是红火时期,据有关报道,此时我国照明行业用电约占全部用电的 12%～14%,而室外景观照明所消耗电能相当于室内照明工程的 5%～10%,并且有持续上升的趋势,这是一个巨大的、不可轻视的数字。

图 9-3　深圳皇城广场

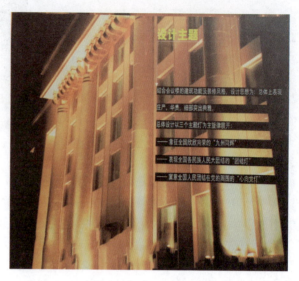

图 9-4　北京全国人大常委会会议楼室外照明工程

四、深圳泛光照明鼎盛时期工程

1. 泛光照明工程

到 20 世纪 90 年代末,大量的泛光照明工程已经成熟,设计者、安装者和商户已经知道盲目高亮度的坏处,泛光照明也进入了理性阶段,效果较好又节约用电。该时期的照明方式和方法多数是以泛光照明为中心,兼配合一些线光源和点光源等方式形成一个整体(或一个群体)。因此有一些好的适时的泛光照明工程,在景观照明的历史上一直发挥着榜样作用。泛光照明有历史意义的工程如图 9-5～图 9-8 所示。泛光照明虽然效果一般,但当时是以单体建筑为主,在景观照明中还是有一段时期的良好作用。

图 9-5　深圳发展银行

图 9-6　深圳邓小平画像

图 9-7　深圳火车站大楼

图 9-8　深圳市深南大道中段地王大厦等工程

2. 外地单体工程

泛光照明虽浪费电,但却在照明历史上都有过重要的作用,为景观照明的鼎盛时期、为深圳市的景观照明蓬勃发展、为城市的商业繁荣做出了贡献,同时也为其他城市的美化亮化做出了贡献。深圳市照明设计公司在外地承接的工程如图 9-9～图 9-12 所示。

图 9-9　台湾高雄市陆龟大佛

图 9-10　宝华海湾大酒店

图 9-11　吉林市人大办公楼

图 9-12　贵州安顺市天瀑大酒店

3. 片区工程

随着单体景观照明工程越来越多,出现了一个大面积的广场、一片小区、一个旅游景点甚至一个城镇或一个城市等群体景观照明。在照明器材方面也逐渐增加了线光源和点光源。例如除泛光灯外还有冷极管、T5 荧光灯、光导纤维灯、陶瓷金卤灯、少量的 LED 组合灯等,发挥各种光源和灯具的特色,组成综合性的景观照明。具有代表性的照明工程如图 9-13～图 9-16 所示。照明方式还是以泛光照明为主,配合上述其他光源。

图 9-13 深圳市中心区市民中心大厦和广场及南中轴线

图 9-14 深圳盐田区行政广场

图 9-15 东莞市行政文化中心广场

图 9-16 西安市大雁塔北广场

4. 内透光景观照明工程

这个时期的建筑物还是以泛光照明为主,照明方式也由室外布灯改进为室内布灯为主的内透光方式。具有代表性的照明工程如图 9-17、图 9-18 所示。

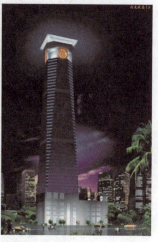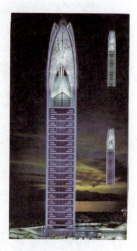

图 9-17　深圳市招商银行总部　　　　　　图 9-18　大梅沙愿望塔

5. 新型配光组合泛光灯具的景观照明工程

广州和深圳随着发展开始使用一种新的灯具,称之为新型配光组合泛光灯具。这种灯具是用 70 W 或 150 W 小功率金卤灯或高压钠灯光源,用两个不连接的反射面形成两种配光曲线并组成新的配光曲线,有远送光的尖形配光曲线,有近距离光影的宽形配光曲线。两者在一个灯具内,用在景观照明上别具一格,既省电又不会产生眩光,还能达到泛光照明的效果。也可以与 LED 光源的条状灯、点状灯配合设计和施工,是一个新型的组合型景观照明方式,值得推广。此种照明方式工程效果如图 9-19 所示,灯具如图 9-20 所示。

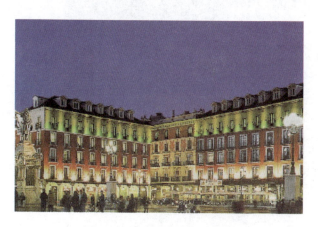

图 9-19　配光组合灯照明工程　　　　　　图 9-20　配光组合灯照明灯具

6. 以 LED 为主的景观照明工程

大约在 2004 年,LED 光源迅猛发展,深圳企业也创造一些新的适宜于室外工程的灯具,为景观照明增光添彩。各地的 LED 新光源和灯具,也都应用在景观照明中。特别是进入

2005年以后,全国掀起节能减排的热潮,景观照明的泛光灯使用受到了限制,LED景观照明灯具就更是发展迅速,并广泛应用。于是,形成许多以LED为主的景观照明工程。特别是深圳灯光管理中心,也开始限制泛光照明的使用,景观照明用电量急剧下降。过去一个单体建筑的景观照明用电量很大,可达数十甚至数百千伏安,而现在用LED进行景观照明,不容易产生眩光,既美观又节电,一般一个普通单体建筑物用电10 kV·A左右即可。具有代表性的照明工程如图9-21~图9-23所示。

图9-21 深圳电子大厦LED梦幻幕墙显示系统

图9-22 深圳市凤凰大厦

尤其是赛格广场(图9-23),它略高于地王大厦,坐落在华强路与深南大道交汇处。夜晚,它是深圳现在的"明星"景观。它是一个高高的六面柱体,高度远远大于宽度,远处看去好像孙悟空的金箍棒。用彩色LED点光源和线光源组合成或宽或窄的环形楼环,变换各种色彩和图案,再加上该楼的最上两层为高照度的内透光,显得尤为突出,配合顶部的两组高尖(避雷针)装饰用的点光源组成的灯柱,以及数个激光强光直线投光射灯不时在扫动,呈现为变化多端的美景,是深圳市的标志性景观照明。其设计不单省电,而且还有优雅、玲珑的照明效果。地王大厦泛光灯虽不再使用,现在也已经不算是深圳市第一景观,但是其顶部激光灯和尖塔还是在夜晚与赛格广场同为深圳市最高照明景点。

深圳文业公司和磊明公司共同完成的深圳南山区中心花园城球形彩色显示工程是名扬全国的工程,也是

图9-23 深圳赛格广场

很有名气的获奖工程,如图9-24所示。此LED全彩球体屏直径15 m,球体表面积330 m²。安装在40 m高的钢管支架塔上,通过最新研发的大型LED照明控制系统,控制了3万多颗LED像素灯。球上色彩斑斓、变化无穷,能够实现文字、图案、动画的播放,让球体变成大型灯光演示屏,为大型商业广场、政府广场活动等营造了一个更丰富多彩的文化活动空间。深圳蛇

口花园城中心广场 LED 显示系统,在蓝色的球体背景上可以呈现出"飘动"的五星红旗。中国国旗在夜空中飘动,使人感觉喜庆、兴奋,代表着中华民族的威严、庄重,给深圳改革开放的窗口增添了亮点,显示出中国科技和文化的发展。

图 9-24　LED 全彩球体屏

　　惠州市中心体育馆工程,如图 9-25 所示。该体育馆占地 41 万 m^2,可容纳 4 万观众,其独特的造型灵感来自岭南客家围屋和客家斗笠,体现了人文、绿色、和谐的主题和惠州本土文化气息。打造成惠州的"鸟巢",为惠州经济发展"筑巢引凤"。整个工程用 LED 条形灯,共 7 850 多条投光灯,最大 LED 灯功率为 85 W,最小 LED 灯功率为 36 W。工程总用电量 400 kV·A,不到普通灯照明用电量的三分之一。

　　此外,还有 LED 公园照明、LED 广场照明,如图 9-26、图 9-27 所示。

　　7. LED 灯与泛光灯照明的组合工程

　　LED 的发展受到照明界的重视之后,为了节能,有一段时间,城市景观照明特别是单体建筑物只用 LED 灯。但是后来就发现一些需要热烈气氛的建筑和场所,只用 LED 光源是不够的,于是又形成 LED 与泛光灯相结合的方式,这样既省电又可达到照明效果。LED 和泛光灯组合的实例很多,近一两年发展起来的几乎都是这种设计,具有代表性的照明工程如图 9-28～图 9-32 所示。

第九章 景观照明设计及其工程实例 · 243 ·

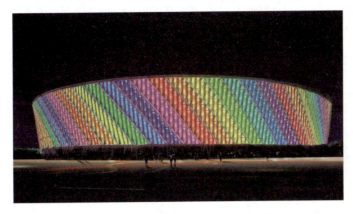

图 9-25　惠州市中心体育馆

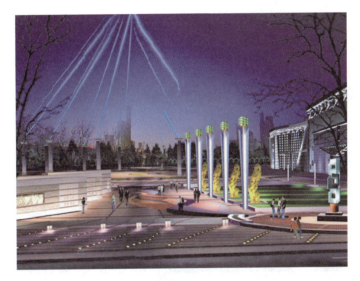

图 9-26　LED 公园照明

图 9-27　LED 广场照明

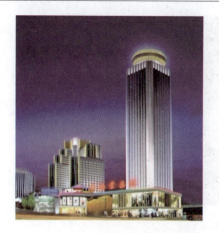

图 9-28　国贸大厦

图 9-29　海燕大厦和深房大厦

图 9-30　气象雷达塔(东侧、西侧)

图 9-31　山西太原黄河万家寨水利
　　　　　枢纽调度中心大楼

图 9-32　海中月照明

8. 景观照明工程改造时期

LED 进入景观照明时代后,景观照明的节能工程改造如雨后春笋,多年的泛光照明旧工程也都进行了节能工程改造。典型的是深圳市罗湖区市中心横跨南北流向布吉河上的芙蓉桥与彩虹桥两桥东西相连的景观照明(图 9-33、图 9-34),将最早既浪费电能又对行人眼睛造成强眩光的大功率高强气体放电灯改造成了 LED 照明。

图 9-33　彩虹桥和芙蓉桥的部分日间实况

图 9-34　彩虹桥和芙蓉桥的部分夜景

9. 深圳再造景观照明新景观

深圳市正在向国际化大都市迈进,21 世纪已获得世界百个花园城市之一的美称。其在景观照明上也要与世界媲美,向现代化和园林化发展。由于经济的飞速发展,政府也大量投资发展景观照明。2006 年改造完成老罗湖区近火车站和罗湖海关的人民南路,使夜晚的人民南路焕然一新,新安大厦和中旅大厦是极具代表性的工程,如图 9-35 所示。

图 9-35　新安大厦和中旅大厦

人民南路改造的同时还完成了深南大道灯光长廊 14 座桥梁(立交桥和人行天桥)的照明工程,提升了深南大道夜晚景观的繁华效果,如图 9-36 所示。上述一系列工程完成验收后,大大美化了深圳市的夜景景观,也方便了市民的生活和工作。

图 9-36　深南大道灯光长廊

目前关于深南大道两侧建筑物和构筑物的景观照明工程,早已经完成。该工程以市民中心(政府办公大楼)为中心,以南北中轴线为重点,深南大道从东至西分为七个地段,东西两头分别为第一段和第七段。第二段为东门段,是早期的商业中心,以人民南路、火车站、罗湖关、彭年酒店大厦等为重点;第三段为深南中段,有深圳大剧院、邓小平画像、地王大厦、发展银行、证券大厦、书城、赛格广场、上海宾馆等;第四段为市民中心区段,市中心已经由罗湖区转移到福田区,这一段以市民中心和会展中心为南北中轴线,包括凤凰大厦、投资大厦、大中华、皇岗海关口岸、人民大厦、中国联通大厦、大庆大厦、国际商会大厦、报业大厦、福田区政府、招商银行总部、莲花山景区、五洲宾馆、本元大厦、自由之光和青年大厦等;第五段为华侨城段,主要以世界之窗、锦绣中华、民俗村和欢乐谷为重点；第六段为高新技术产业园区，主要建筑有方大大厦、中电大厦、富城大厦、TCL 大厦、深南沙河南北立交桥、联想研发中心、深圳大学、北京大学和深港产学研基地等。

沿着深南大道向西有南山区蛇口、深港海上海湾大桥、海湾旅游区、滨海大道红树林区等，景观照明发展很快、很美，为第七段。在深南大道往东有沙头角、盐田行政文化广场、海滨小梅沙、大梅沙、愿望塔和大梅沙喜来登酒店，大小梅沙旅游区等的景观照明也与日俱增，都是很吸引人的地方，这段为第一段。深南大道中间五段以及东西一段和七段的景观照明改造和建设全部完成，而最早开发的罗湖区中最有影响力的国贸大厦，也重新改成 LED 与泛光照明的组合照明方案。具体的景观照明效果如图 9-37～图 9-39 所示。

图 9-37　深圳科技园片区景观照明

图 9-38　深圳飞亚达大厦　　　　图 9-39　中国建筑科学研究院深圳分院办公场所

10. 深圳 21 世纪景观照明的再发展

进入 21 世纪，深圳景观照明的再发展又有了新的气象，而且外地的工程也更多。图 9-40 是我国一带一路必经之地——12.5 万 m^2 敦煌丝绸之路的国际会展中心；图 9-41 是万达商贸中心；图 9-42 是我国第四个直辖市——重庆市主城两江大桥夜景照明工程；图 9-43 是深圳市罗湖商务中心。这个时期，在 LED 选灯布灯、色彩搭配方面素雅与繁华并存，构思与设想丰富，多种光源的选择都很到位。同时，电气、施工、安装、维护、管理等也均做到极致，照明工程的设计和施工都非常成熟。

图 9-40　一带一路的必经之地敦煌丝绸之路国际会展中心

图 9-41　万达商贸中心

上述工程均是历年来获得深照奖(深圳市照明学会和深圳市照明电器行业协会共同设立的深圳照明奖，简称"深照奖")的照明工程，当然，这也只是深圳照明的部分代表。我国的照明工程仍在不断发展中，相信今后会有更好的设计和更好的工程出现。

五、北、上、广、杭与港、澳、台的景观照明工程概述

21 世纪是 LED 大显身手的时代，中国的景观照明蓬勃发展，创建了许许多多的景观照明工程。前面的许多实例都是深圳市或深圳市的照明工程公司设计和施工的，但是壮观气派的

图 9-42 重庆市主城两江大桥夜景照明工程

图 9-43 深圳市罗湖商务中心

景观照明工程也存在于北、上、广、杭以及港、澳、台等地。

众所周知,首都北京是中国照明学会和中国照明电器协会所在地,也是各路照明设计和工程高手云集之地。北京有水立方游泳馆,其建筑面积 80 000 m^2,内设 17 000 个座位,是迄今为止世界上最大的薄膜结构工程游泳馆。除了地面之外,其他的五个面均采用由形状模拟水分子结构的 ETFE 材料两层气枕所构成,气枕中间是按"泡沫理论"形成的钢结构。由 ETFE 材料的特性和水立方本身结构特点,经过多方论证与现场试验,最后采用了"空腔内透光照明方式"。采用先进的小尺寸 LED 光源，利用三基色原理，实现万种色彩变换，根据需要可通过光学透镜、图像处理、计算机控制以及网络通信等技术，实现纳秒级快速响应，瞬间场景变换，是当今世界上集建筑、电气、艺术、色彩照明变换的一大奇观，是中国景观照明的一大骄傲。北京还有著名的鸟巢体育馆和包括歌舞剧院、音乐厅、电影院三个艺术厅的国家大剧院，其夜景也均是美不胜收。

上海是中国景观照明最早的发源地，迄今仍然是中国景观照明的优秀城市。上海的外滩和世博园景观照明举世瞩目，也都代表着中国的 LED 景观照明工程水平。广州过去曾是中国大陆的南大门，现在其景观照明工程的水平也较高，发展迅速，其中有包括广州电视塔在内的很多精品景观照明工程。杭州是中国最美的宜居城市，近几年来召开的国际会议提高了杭州的国际地位，其景观照明工程更是增加了其名气。香港和澳门回归祖国多年，深港澳或粤港澳大湾区是中国的气派和骄傲，其夜景照明工程可用伶仃洋海上港珠澳大桥的灯光展示出中国的水平。港珠澳大桥是中华民族的骄傲，其景观照明工程也是世界首屈一指。台湾是中国的宝岛，其 101 大厦也是极具有代表性的景观照明工程，是中国的骄傲。

祖国各地多是美好的照明景观，景观照明工程的设计者和组织者也在不断成长和成熟之中。随着人民生活水平的提高，国人可以在祖国大地各处旅游，可以观看众多美景胜地及其夜景。外国旅游者到中国旅游也不再是像本章前面提到的那样——"白天看庙，晚上睡觉"，均赞美具有五千年历史的中国，不仅文化内涵底蕴丰富，而且夜景美不胜收。

第三节　景观照明工程中应用的光源和灯具举例

在景观照明工程中，上一节只看到色彩丰富、明暗变化及多种形状和形式的美丽景观，而这些景观必须用到各种各样的光源及灯具，没有这些无法形成照明工程。光源多种多样，本节只能举出部分光源及其灯具的实例，可见照明设备该有多么复杂和繁多，并且随着照明工程的发展，新的光源和灯具也在继续发展。

景观照明的技术核心是光源，光源是启动照明工程主要的产品和技术。有了光源的发展，就会有相应配套的灯具和照明电器以及照明控制系统。光源是核心，灯具是光源的时装，只有装上灯具和配上照明电器的光源才会在各种特定的场合下亮灯，因此本章把景观照明的光源和灯具一起介绍。

一、景观照明初期的光源和灯具

初期灯具有白炽灯、美耐灯和白炽串灯，如图 9-44～图 9-46 所示。

图 9-44　白炽灯

图 9-45　美耐灯

二、景观照明发展时期的光源和灯具

这一时期采用的是泛光照明的高强气体放电灯（高压汞灯、高压钠灯、金属卤化物灯）、双端卤钨灯和投光灯光源及其灯具，如图 9-47～图 9-54 所示。

无极灯也称电磁灯，既无灯丝也无电极，靠高频放电的一体化光源，如图 9-55～图 9-57 所示。其发光寿命长，可用作投光灯、路灯、球场灯、庭院灯、隧道灯、防爆灯。

图 9-46　白炽串瀑布灯

图 9-47　高压汞灯、高压钠灯和金属卤化物灯

图 9-48　乳白的和透明的金卤灯

图 9-49　双端卤钨灯

图 9-50　高压钠灯光源和灯具

图 9-51　金属卤化物灯泛光光源和灯具

图 9-52　投光灯和灯具 1

图 9-53　投光灯和灯具 2

图 9-54　泛光灯和灯具

图 9-55　430 紧凑型无极灯(30～300 W)

图 9-56　矩形无极灯(30～300 W)

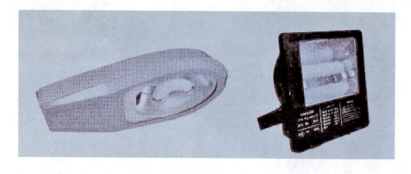
图 9-57　无极灯灯具

三、景观照明再发展时期的光源和灯具

　　光导纤维时期很是兴旺一阵,其设备有端部发光和侧面发光两种,主要部件是光耦合器,能将高强气体放电灯的几乎全部的光集中送到接触光纤的入口处,使一束光纤在其端部或侧面再将光线传送出去,光导纤维灯举例如图 9-58～图 9-66 所示。

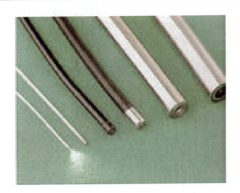 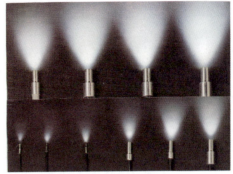

图 9-58　光导纤维端部发光器

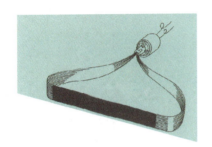

图 9-59　光导纤维发光器

图 9-60　光导纤维工程

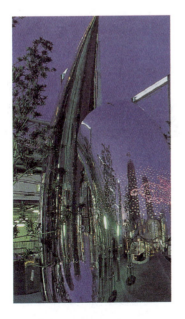

图 9-61　光导纤维小品

图 9-62　光导纤维和光耦合器

图 9-63　光导纤维街景

图 9-64　光导纤维小品

图 9-65　光导纤维花束

图 9-66　光导纤维玻璃雕塑

此发展时期用的光源和灯具还有冷极管、荧光灯，如图 9-67、图 9-68 所示。

四、景观照明发展新时代 LED 光源与灯具

在 21 世纪初，光源与灯具进入新时代，LED 新光源开始应用，大大地推动了照明设计和照明工程事业的发展。应用近 20 年，就有这样的飞跃，可想而知，今后其他的与照明设计和照明工程有关的各行各业继续研究应用，LED 灯该会有怎样的进步！LED 新光源和灯具举例如图 9-69～图 9-81 所示，有 LED 点光源小灯、线状灯、洗墙灯、灯管、灯泡、地砖灯、壁灯、大功率射灯、水底灯、LED 彩虹管、LED 草坪灯、LED 墙角灯等。

图 9-67　冷极管工程　　　　　　　　图 9-68　荧光灯（T5、T8、T12 线光源）

图 9-69　LED 点光源小灯

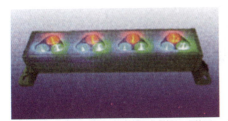  

图 9-70　LED 线状灯

图 9-71　LED 洗墙灯　　　　图 9-72　LED 灯管

图 9-73　LED 灯泡

图 9-74　LED 地砖灯

  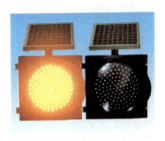

图 9-75　LED 交通信号灯

图 9-76　LED 壁灯

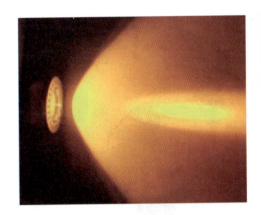 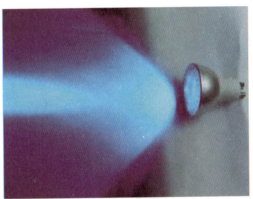

图 9-77　大功率 LED 射灯

图 9-78　LED 水底灯

图 9-79　LED 彩虹管

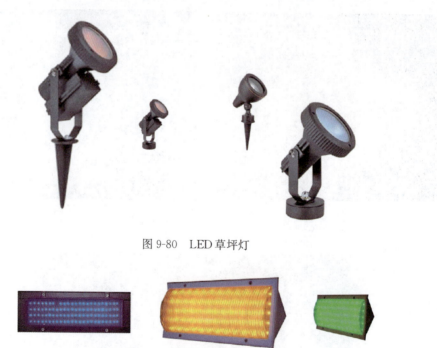

图 9-80　LED 草坪灯

图 9-81　LED 墙角灯(地角灯)

景观照明中的 LED 小品灯举例如图 9-82 所示。

第九章 景观照明设计及其工程实例

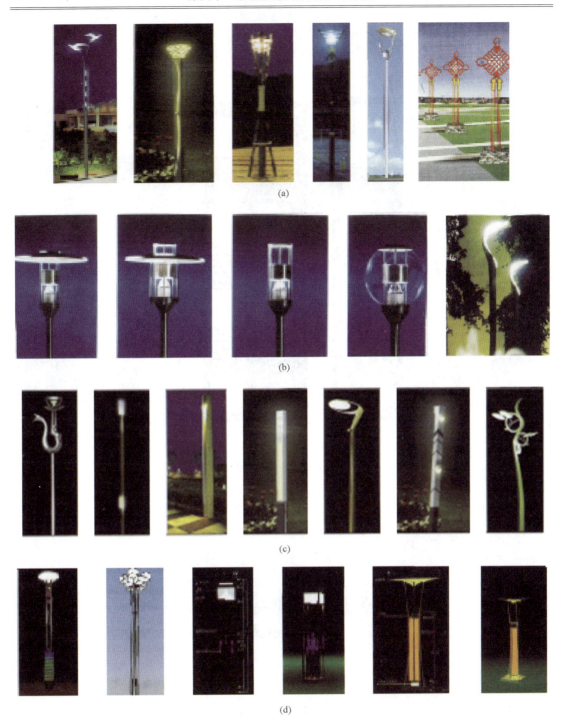

图 9-82 LED 小品灯

五、配光组合灯具

照明工程行业发展到了一定程度,根据需要就会由工程技术人员新的思想提出新的灯具。

广州一位黄工程师首先提出了方案,并且做出了新的灯具,给景观照明工程创建了新的应用设备。一个灯具内安装两种不同光源组成多种新型配光的灯称之为配光组合灯,配光组合灯举例如图 9-83 所示。

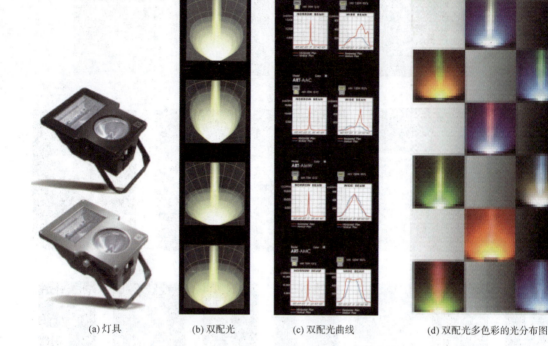

(a) 灯具　　　　(b) 双配光　　　　(c) 双配光曲线　　　　(d) 双配光多色彩的光分布图

图 9-83　窄配光金属卤素灯＋其他宽配光灯

六、舞 台 灯

舞台灯举例如图 9-84 所示。

图 9-84　LED 舞台灯

七、激光灯和特种灯

激光灯和特种灯举例如图 9-85～图 9-87 所示。此外还有比较著名的"空中玫瑰""城市之光""宇宙之花""天外之花"等,这里不再一一列举。

图 9-85　建筑物智能航空障碍灯　　　图 9-86　导航灯　　　图 9-87　信号灯

第四节　景观照明的控制和多媒体演示系统

一、多网智能控制系统

景观照明工程中,有了多种多样光源及其灯具以及各处控制系统设备后,还必须有电气设计。电气设计也是关键的一个环节,没有电气设计所有的灯都不会亮,即或是亮了,也不知应该怎么亮,亮多长时间,亮的效果如何。

现在的照明电气控制系统可以做到远距离摇测、摇调和遥控。不但在舞台上可以任意控制灯光,而且在一栋大厦、一个小区或一个城市都可以像控制舞台灯光那样来控制全部照明灯光的开闭、强弱或色彩。控制系统在照明中有着十分的重要意义。照明的控制要科学化和智能化,除了灯光照亮和色彩美化环境外还要分不同的层次和气氛。此外还要考虑如何保护光源、灯具及其相关的设备,除了满足场景的需要外,还要考虑如何能高效率、高寿命以及更节约能源。控制系统还要使照明场景的功能与天文时钟、日照感应、节假日或早与晚定时开关、控制中心等相关联以进行调节,还应具备远路电视监视、无线电话遥控以及故障消防报警维护等功能,保证系统的正常运行。

二、108 m 高的三面白玉观音圣像开光大典灯光控制实例

在海南省三亚南山海上,108 m 高的一座三面白玉观音圣像开光大典盛况空前,白玉观音圣像的夜景如图 9-88 所示。该系统工程是由珠海总承包,而智能化照明控制系统的设计、设备提供和系统安装调试由广州完成并负责维护。该系统应用"多网合一"技术,成功实现了全光纤远距离灯光控制,对照明系统、激光系统、水雾系统、音乐系统和喷泉动作等实行计算机同步联动,控制设备具有热备份、设备工作状态报告和系统出错预警等先进功能,充分展示了我国照明控制系统的先进性。

主要技术措施:

(1)系统中主要光纤分段传输,共用了 6 个 HDL 网络工作站。

(2)系统与厂家进行交流后,使用统一的网络协议。对于计算机控制的灯,将网络信号转

(a)   (b)

图 9-88　108 m 白玉观音圣像夜景

换为 DMX 信号。

（3）专门设计灯光控制台。2 048 条光路作为总控制台，控制系统中的设备，用户只要按一下"表演"，就能自动完成所有的演出过程。

（4）专门设计开关柜控制器和网络开关柜。开关柜控制器接收控制台的网络控制信号，根据表演的剧情，对如金箧、莲花瓣、探照灯等设备的电源进行控制。

（5）采用灯光总服务器。能够对系统中的每个灯的细节进行监视，并且可以将一些故障实时地通过手机短信自动报告给相关工作人员。

主要技术效果：

（1）控制的范围大：北边总控室与南边观音像的距离超过 1 km；向南要控制到观音头部的光芒、背光；向东西两侧，要控制到沙坝两边的探照灯；在岛上，要控制金箧、莲花瓣、18 支大功率灯等；在广场，要控制 100 只户外大功率灯，以及所有的环境照明灯光。

（2）控制的光路多：总的灯光路数有 2 048 条，环境灯开关的光路数为 384 条。

（3）控制的灯具种类多：要控制的设备有不同厂家的灯，LED 灯、普通调光灯、激光灯、普济桥上的光泉灯、环境灯、庭院灯、地脚灯等。

（4）控制方式具有"一键通"功能：所有的表演可自动完成，无需专业灯光师操作，大大减轻了运营成本。

（5）系统的网络监视全面：由于设备分布范围大，必须要监视每个设备、每段光纤和供电设备的工作情况，才能保证演出的顺利进行。

三、LED 多媒体演示系统

现在的各种多媒体光电演示系统，是利用视觉残留原理，使数百颗 LED 旋转产生数万颗

LED才能达到的视觉效果,可以同时显示图案、文字和动画,使用者可以通过网络和电话线同时控制多台设备同时显示多种色彩,达到近10万多像素的画面。可以应用在室外墙壁、展览会所、金融机构、宾馆饭店、医院、仓库、酒吧娱乐场所等,也可应用在景观照明上。LED多媒体演示效果举例如图9-89所示。

(a)

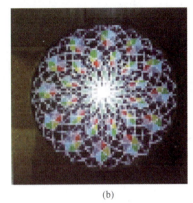
(b)

图9-89 LED多媒体演示效果

四、太阳能光伏供电的发展和前景

1. 太阳能光伏电池

光伏电池现在主要有三种:单晶硅光伏电池、多晶硅光伏电池、非晶硅光伏电池。目前处于研发阶段的太阳能电池还有多元化合物薄膜电池、聚合物多层修饰电极型电池、纳米晶化学太阳能电池。其中纳米晶化学太阳能电池由于它的制作成本低(仅为硅电池的1/10~1/5)、工艺简单、性能稳定(20年),转换效率为10%,所以它将会逐步被市场所接受。由于中国的迅速崛起,世界光伏组件生产也已经变成由日、德、美、中四强争雄。我国无锡尚德2004年首次跻身世界光伏组件制造成为十强之一,2005年又在世界组件产量排名中进一步提升到第7位。在产能规模上,中国目前已经成为仅次于日、德的世界第三大光伏制造国。2002年以来,随着以无锡尚德为代表的具有世界级先进水平光伏企业的崛起,我国的光伏制造能力迅速提升,最近四年无论是电池还是主件的制造,年均增长率都超过百分之百,在世界光伏制造的排名也是逐渐提升。

2. 太阳能电站(光伏电站)

目前美、德、日三大光伏利用国对太阳能的利用80%以上是利用光伏电站与电网并网运行,并采用高出于市电几倍的价格,向居民购买多余的光伏电量。深圳市园博园建造了1 MW的太阳能发电系统,已经并网发电。这是亚洲最大的太阳能光伏发电系统,如果深圳市的所有屋顶和部分幕墙都建成光伏电站,将会大大减轻电网的压力,也将成为全国的一大创新。

3. 太阳能景观照明

当前在太阳能照明方面使用较为广泛的是太阳能草坪灯、太阳能庭院灯和太阳能台阶灯等小功率低照度灯具。它们的供电回路是独立的,仅由小功率光伏电池和蓄电池组成,起到美化环境、提供低照度的照明作用。

深圳下沙社区在一条街上竖起了48盏太阳能路灯,南山登良路上安装60 W路灯,均以太阳能为主要能源,市电起辅助作用。路面照度达到了 30 lx。每盏路灯原来每天要耗电近 2.4 度,现在仅耗电 0.32 度,节电近 90%。

太阳能路灯的组成部分为:太阳能板(光伏电池)、蓄电池、充放电控制线路、逆变器、市电接入控制器和节能灯具。蓄电池的寿命、质量、控制线路的可靠性在很大程度上会影响路灯的使用,也应配合开发。

太阳能供电照明节能非常明显,如果全国的景观照明有 10% 用太阳能供电,将会为全国节电工作做出很大的贡献,因此应该大力提倡和发展太阳能供电景观照明。

五、景观照明的经济性和地域性

从深圳景观照明的发展过程,可以看出深圳的经济发展带动了深圳的景观照明,而景观照明又推动了经济发展,一是政府资金充足,二是一些商家自愿投资,三是香港回归拉动深圳的景观照明。有的商家在景观照明中获得了利润所以不用政府资源,例如深圳华强北一条街。20 世纪 90 年代中期华强北路称为较远和较偏的地方,只有人才市场设在那里才有人气,但是 1998 年变成了人才大市场,虽然人才大市场已经迁到宝安路,但是商家还是自发的组织起来共同投资亮化华强北路。整个一条街除建筑物的景观照明外,在马路上方近距离的设置灯桥,马路边、汽车站牌以及建筑借亮化美化之时,大力发展灯箱广告,不到两年该路就繁华起来。后来政府就支持并进行规划,画出地块,分为电子块、服装块等。由于深圳比邻香港,各种服务业和商品均比香港方便、价低,周末有大批香港人来到深圳,特别是来到罗湖区消费购物。还有外籍游客到香港后,由于不用签证也会去深圳畅游一周,所以深圳的经济迅猛发展。景观照明吸引人群、推动旅游、促进商业发展、促进经济繁荣,所以在经济发达地区应该发展景观照明、倡导景观照明。

景观照明应由地方经济决定。由于经济的发展,深圳的景观照明就会不断翻新。罗湖区人民南路不到十年景观照明就已经全部焕然一新,深南大道也进行了照明改造和补充的工作,深南大道的灯光长廊中 14 座立交桥和人行天桥已改造并完成验收,深南大道两侧建筑物和构筑物的改造和设计方案也在逐步实施。这是一个朝阳事业,说明城市有经济实力。但是有些小城镇或小县城,不具备经济实力,却也要大搞景观照明,动用人力、物力和财力,准备投上几千万资金并大搞方案和评审。由于资金未到位,要求厂家或工程公司先供货并施工,但是那时的厂家和公司不响应,因此结果不了了之。几年之后方案和设备不适合潮流而成为一堆废纸,此类案例不只一二个。由此可以看出:不具备经济条件的城市不要盲目赶潮流大搞照明工程,以免造成浪费。

第十章　绿色照明的节能和技术经济分析

第一节　绿 色 照 明

一、绿色照明工程的启动和意义

20世纪后期全球处在能源危机的年代,温室效应、地球气温变暖等,使全球兴起环境保护热潮。因此,节约能源,保护环境,就成为全人类的共同奋斗目标。1991年1月美国环保局(FPA)首先提出实施"绿色照明(Green Lights)",同时推出"绿色照明计划(Green Lights Program)"。

这一政策很快得到联合国的支持和许多发达国家与发展中国家的重视与响应,积极采取相应的政策和技术措施,推进绿色照明的实施和发展。1993年11月我国原经贸委(现在国家发改委)印发了《中国绿色照明工程实施方案》,启动中国绿色照明工程。1996年原国家经贸委会同原国家计委、科技部、建设部、原国家质量技术监督局等13个部门在我国开始实施该方案。这也是原国家经贸委与联合国开发计划署(UNDP)、全球环境基金(GEF)合作开发并实施的一个重点节能国际合作项目。全球环境基金为此还提供了813.5万美元的捐赠款,我国各有关部门也相应提供了配套资金。

为此,国务院还专门成立了国家绿色照明工程促进项目办公室,领导全国的绿色照明工程工作。该国际合作项目在各方面节能工作中有其优势和突出地位,受到各有关方面的重视和支持,同时被列为我国长期节能领域的重大示范工程项目,在我国成为一项影响面大、促进我国可持续发展的样板节能工程项目。我国每年照明用电约占整个社会总用电量的12%～14%,数量相当可观。绿色照明工程项目的宗旨是推动我国的照明节电、低碳生活、保护环境、照明质量和水平的提升,促进我国高效照明电器产品的发展,提高我国企业的产品质量,引导和规范市场秩序,扩大优质照明电器产品的市场。同时,通过宣传教育提高消费者的照明节能低碳意识,增进市场节能低碳消费,逐步建立一个健康高效的照明电器市场服务体系。我国是世界照明电器产品的生产大国,产量居世界第一位,同时也是照明产品的消耗大国。但是,所使用的照明设施还不够完善,广大区域还大量采用低效的设备。只要采用高效节能灯或LED灯等代替传统的白炽灯就可节电至少60%～80%,逐渐淘汰白炽灯,广大用户受益也节能。同时还可以大大节约原材料并减少有害污染物的排放,利国利民,造福子孙后代。

二、我国绿色照明的主要目标

(1)为推广高效照明电器产品须先消除市场障碍。现在由于科技和生产不断进步,节能灯等的照明光源一代比一代好。新照明节能产品的不断涌现,尤其是LED光源的快速发展更推动了绿色照明的发展,使其具有更巨大的潜力。

(2)增加优质高效照明电器产品的生产能力,提高高效照明电器产品质量,扩大市场份额。

(3)提高公众节能环保意识,使消费者更多的了解使用高效照明产品的意义。

(4)推进绿色照明,减少有害气体排放,减缓温室效应。

(5)制定新的目标和计划,促进绿色照明的可持续发展。

据新华社报导,照明节能都是国家规划中重点节能项目。我国绿色照明工作已经推广了20多年。如果全国都积极采取各种措施,使得照明用电节约20%,则3~5年就相当于节省出一整个长江三峡的总发电量。这是多么可观的数据。除此之外,还可以达到减少发电、低碳排放、改善环境的社会效益。

三、照明节能必需以保证照明的数量和质量为前提

提倡照明节能,不等于对视觉作业要求的照度值降低,也不能降低照明质量。必须保证应该达到的照度值和质量指标,下面具体介绍如何进行照明节能。

第二节　照明节能的范围和办法

一、选择发光效率高的优质节能电光源

照明节能中关键的是光源,要科学的选择优质的电光源,即要选择发光效率高的光源。发光效率 η 用每瓦电发出的光通量来表示,一瓦电发出的光越多即发光效率越高。除了发光效率外还要考虑光源的寿命 T,用时间小时(h)表示。其寿命越长越节能,电光源的种类及其发光效率 η 和寿命 T 如下。

(1)白炽灯: $\eta=7\sim10$ lm/W, $T=1\ 000$ h。

(2)卤钨灯: $\eta=17\sim20$ lm/W, $T=2\ 000$ h。

(3)紧凑型荧光灯: $\eta=60\sim70$ lm/W, $T=4\ 000\sim6\ 000$ h。

直管型荧光灯:T12型($\phi38$), $\eta=50\sim60$ lm/W, $T=4\ 000\sim7\ 000$ h。

T8型($\phi26$), $\eta=60\sim80$ lm/W, $T=5\ 000\sim8\ 000$ h。

T5型($\phi16$), $\eta=80\sim110$ lm/W, $T=8\ 000\sim12\ 000$ h。

(4)高压汞灯: $\eta=40\sim50$ lm/W, $T=6\ 000$ h。

(5)高压钠灯: $\eta=90\sim120$ lm/W, $T=24\ 000$ h。

(6)金属卤素灯: $\eta=80\sim110$ lm/W, $T=20\ 000$ h。

(7)荧光无极灯: $\eta=60\sim140$ lm/W, $T=12\ 000$ h。

(8)LED灯: $\eta=80\sim110$ lm/W, $T=50\ 000$ h。

科学的选用电光源是照明节电的首要工作,节能的电光源发光效率要高,即是每瓦(W)电发出更多光通量(lm)。

在选择发光较高的光源时,要考虑应用场所,根据场所的特点和电光源的特性进行合理的科学的照明设计和改造。下面是白炽灯与紧凑型荧光灯的具体节能比较:

40 W 白炽灯:40 W × 10 lm/W×1 000 h=400 000(lm·h)

9 W 节能灯:9 W ×65 lm/W×5 000 h=2 925 000(lm·h)

若按每天开灯4 h计算,白炽灯可以用250天,节能灯可以用1 250天。而且节能灯比白炽灯每天得到的光通量还要多得多,即节能灯的照度比白炽灯的照度还高得多,如图10-1所

示。正确使用节能灯既节电又省钱,尽量减少灯的开关次数会延长其寿命。

白炽灯、卤钨灯、紧凑型荧光灯和直管型荧光灯,一般的应用场所为家庭、学校、商业、写字楼、宾馆等室内照明。高压汞灯的应用场所为工业厂房、道路、船舶、码头、货场等公共场所。高压钠灯大多应用于公共场所的照明、泛光照明、道路照明、广场照明等。金属卤素灯应用在道路、广场、建筑物、展览中心和各类商业场所的泛光照明、安全照明、庭院照明。荧光无极灯大多应用在普通体育场馆和道路桥梁的照明,其电磁污染较重,不可应用在有防止电磁干扰的场所。

这里的节能实例只是说明节能工程中的重点是选择光源,而光源主要是看它的发光效率和寿命。后来新光源 LED 灯飞速发展起来并快速的在照明工程中得到广泛应用,一切照明工程中 LED 灯都是首选,其发光效率和寿命更是令人满意。可以说在一般情况下,只要工程和场所适合选用 LED 灯都会比其他灯更节能。

二、选择效率高的灯具

灯具是灯泡(或灯管)的"时装",既要漂亮,又要有科学分配光的功能。灯具的关键技术指标是灯具效率,如果灯泡或灯管的光通量作为 100% 时,安装在灯具里再输出时肯定有光的损失,光通量就小于 100% 了,例如 80%,这时的灯具效率就是 80%。此外灯具的主要作用还能根据各种场所的不同需要,将光线送到不同的地方,即科学用光,又能使人们的视觉舒适。

在编制《中小学校建筑设计规范》(GBJ 99—1986)和《中小学教室采光照明卫生标准》(GB 7793—1987)过程中开展的大量现场调查中,发现学校教室当时均采用双端直管型荧光灯梯形控罩式灯具,是铁皮涂白色油漆制成,其光强分布曲线也不合理,灯下桌面照度高,两灯中间桌面上照度低,灯具效率约为 70% 左右。当时不论中学或小学教室均采用 6 套 40 W 荧光灯灯具,桌面平均照度为 100 lx 左右。

为了改善学校教室的照明,曾经进行过教室灯具的改进设计,选用可提高灯具反射率的材料,即抛光氧化铝薄板制作。因材料反射率优化提高了,灯具效率肯定提高。此材料兼有半扩散的反射光分布作用,再进行灯罩反光面的优化造型设计。从原来的近似半圆柱形改变为两半边对称的大半近似圆柱形,避免了中轴部分灯管的遮挡,改进成为双曲面形状的反光罩的光学设计,更便于充分利用与合理分配光线,形成蝙蝠翼形状的光强分布曲线灯具。使灯具更合理,也就更科学,如图 10-2(a)所示。该图中给出了类似上述灯管灯具的设计原理,也给出了紧凑型灯泡的灯具设计图,如图 10-2(b)所示。

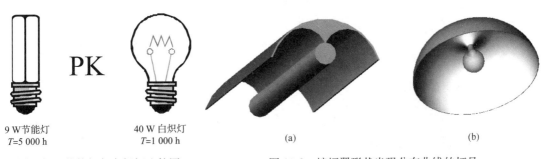

图 10-1 节能灯与白炽灯比较图　　图 10-2 蝙蝠翼形状光强分布曲线的灯具

因灯具效率大大提高,如果没有因为其他灯具框架的遮挡,该灯具效率可达到82%以上。由该例可知,同样数量的相同灯管,采用不同的灯具时,前者教室桌面达不到当时国家卫生部规定的平均照度 150 lx,而后者桌面可达到平均照度 162 lx 以上,均匀度也提高了,光线也柔和了。将传统栅格灯的反光罩改型设计,也能提高灯具的效率,也可明显提高照明效果。故采用良好的灯具也是一种节能办法。

三、选择节电的照明电器配件

在各种气体放电光源或 LED 光源中均需要有电器配件,例如镇流器,旧的 T12 荧光灯其电感镇流器要消耗灯管的 20% 的电能,40 W 灯,其镇流器耗电约 8 W。而节能的电感镇流器则耗电小于 10%,更节能的电子镇流器,则只耗电 3%~20%,也是一笔不小的节电量。

镇流器的主要功能:稳定灯管电流,使电流限制到灯管需要的数值。镇流器如图 10-3 所示。

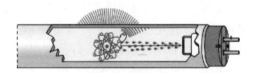

图 10-3 镇流器

电子镇流器的定义:由电子器件组成,将 50~60 Hz 变换成 20~100 kHz 高频电流供给放电灯的镇流器,它同时兼有启动器和补偿电容器的作用。台湾也称安定器或火牛。

电子镇流器相对于电感镇流器的优势见表 10-1。

表 10-1 电子镇流器+荧光灯系统与电感镇流器+荧光灯系统对比

项目		电子镇流器	电感镇流器
功率		低	高
COS		高	低
灯管功率		低,且光通量输出与电感式相等	高
照明质量	灯光效果	无频闪、保护视力	频闪、易引起疲劳
	噪声	<30 dB	>35 dB,大批量使用容易造成共振,噪声放大
灯管寿命		灯管寿命比电感式延长 50%	—
灯管状态监测		有;灯管异常时可提供安全保护	无;灯管异常时可能烧坏起辉器
温升		发热量低、空调制冷费用低	发热量高,空调制冷费用高

四、安装照明系统节电设备

国内外都曾大力推广照明节电器,在现在照明系统上加装节电控制设备。国内市场上的照明节能设备很多,其中照明控制节电装置所占比例最大。从工作原理上大致可分为以下三类:晶闸管斩波型照明节能器、自耦降压式节电器、智能照明节电器。

1. 晶闸管斩波型照明节能器

该设备可以用晶闸管将电压斩掉一部分,以降低输出电压的平均值,达到控压节电的目的。此类节能调控设备对照明系统的电压调节速度快、精度高,可分时段实时调整,有稳压作用。而且其主要是电子元件,相对来说体积小、设备轻、成本低。

但是晶闸管斩波有致命缺陷,由于是斩波,电压无法实现正弦波输出,由此出现大量谐波,形成对电网系统谐波污染,危害极大。尤其是不能用于有电容补偿电路中。然而气体放电灯功率因数一般在 0.5 以下,必须设计用电容补偿功率因数,才能满足现代照明功率因数 0.9 以上的技术规定。

2. 自耦降压式节电器

通过一个自耦变压器机芯,根据输入电压高低情况,连接不同的固定变压器抽头,将电网电压降低 10 V、15 V、20 V,从而达到降压节电的目的。

这类产品最大的优点是实现电压的正弦波输出,结构和功能都很简单,当然可靠性也比较高。但也存在无法实时稳压输出的技术缺陷,因为其核心部件是一个多抽头的变压器,变压比固定,一般副边有三个降压抽头,分别降 10 V、15 V、20 V,一旦电源接线固定,降低的电压就是固定值。当电网电压会上下波动时,这样照明的工作电压依然处在不稳定波动状态,无法起到对电光源的保护作用。

3. 智能照明节电器

如果采用计算机控制系统,实时采集输出、输入电压信号与最佳照明电压比较,通过计算进行自动调节,从而保证输出最佳的照明系统工作电压。智能照明节电器不仅具有上述两类节能产品的优点,克服它们的缺陷,而且增加了许多实用功能和设备以及整体的安全可靠性:

(1)应用晶闸管斩波原理,通过控制晶闸管的导通角,将电网输入正弦波。
(2)可实现实时调压稳压功能,以保证最佳的照明工作电压和灯具的保护功能。
(3)可实现多段的自动调整,可满足不同用户在不同时间段的节电要求。
(4)可实现灯具的软启动和软关闭,降低冲击电流,提高灯具寿命。
(5)三相独立可调,一相故障不会影响其他两相正常工作。

五、科学与合理的照明设计

1. 合理的选用照明线路

照明线路的损耗约占输入电能的 4% 左右,影响照明线路损耗的主要因素是供电方式和导线截面积。大多数照明电压为 220 V,照明系统可由单相两线、两相三线、三相四线三种方式供电。三相四线式供电比其他供电方式线路损耗小得多。因此,照明系统应尽可能采用三相四线制供电。

2. 合理的选择控制开关和充分利用天然光

天然光是免费的光源,要充分的利用,因此就要合理的设计照明开关。例如学校的教室或写字楼的办公室等场所。在靠近窗处就要充分的利用天然光,在远离窗户的地方要先开灯;不要一开灯就全部的开关都动作,随需要而开灯,就可以节约电能。

另外,正确选择自然采光,也能改善工作环境,使人感到舒适,有利于健康。充分利用室内受光面的反射性,也能有效地提高光的利用率,如白色墙面的反射系数可达 70%～80%,室内家具或大面积设备采用浅色表面,同样能起到节电的作用。

3. 合理的选择照明方式

在满足标准照度的条件下,为节约电能,应恰当地选用一般照明、局部照明和混合照明三种方式,例如工厂高大的机械加工车间,只用一般照明的方式,用很多灯也很难达到精细视觉作业所要求的照度值,如果每个车床上安装一个局部照明光源,用电很少就可以达到很高的照度。写字台上的台灯、重要小商品的局部照明、宾馆酒店的地脚灯均是既节能又效果好的照明方式。

4. 合理的选择照度值

选择照度值是照明设计的重要问题。照度太低,会损害工作人员的视力,影响产品质量和生产效率;不合理的高照度则会浪费电力。选择照度必须与所进行的视觉工作相适应。照明设计可按国家颁布的照明设计标准来选择照度,合理的照度值和优良的照明质量形成的光环境可以提高工作效果并改进人们的心情,要综合考虑照明系统的总效率。

5. 防止眩光的照明设计也是一项很好的节能方法

照明设计时,要根据国家标准中规定的眩光限制等级,因此要注意光源的亮度和灯具的遮光角是否符合要求。例如,某教室,由于教室中心的荧光灯坏了,管理者为了方便并想提高学生看书时的照度,安装了一只 200 W 的白炽裸灯泡,其实好心办了坏事,裸灯泡没有灯具,无遮光角。200 W 灯泡的灯丝亮度远远超出眩光限制标准中规定的亮度值,所以眩光严重,当学生看黑板时,老师和学生的眼睛均难以忍受这种眩光,即损伤视力又浪费电能。

六、良好的维护管理

加强照明用电管理是照明节电的重要方面。照明节电管理主要以节电宣传教育和建立实施照明节电制度为主。使人们养成随手关灯的习惯;按户安装电表,实行计度收费;对集体宿舍安装电力定量器,限制用电,这些都能有效地降低照明用电量。当灯泡积污时,其光通量可能降到正常光通量的 50% 以下。灯泡、灯具、玻璃、墙壁不清洁时,其反射率和透光率也会大大降低。为了保证灯的发光效果,企业、工厂应根据照明环境定期清洁灯泡、灯具和墙壁。当灯要闪动或已出现闪动时,要及时更换,可有效的做到节能。

七、景观照明工程节电实例

LED 光源自诞生后,快速发展和应用,各种 LED 新光源和灯具,也都可应用在景观照明中。特别是进入 21 世纪后,深圳市政府强调节能也狠抓节能工程改造,景观照明中泛光灯的应用受到了限制。LED 景观照明工程的节能实例也逐渐多了起来,于是形成许多以 LED 为主的景观照明工程,景观照明用电量急剧下降。过去一个单体建筑的景观照明工程要用电很多,而采用 LED 进行景观照明,不产生眩光,既美观又节电。例如深圳电子大厦 LED 梦幻幕墙显示系统,如果采用气体放电灯用电量达到数百千伏安甚至数千千伏安,然而采用 LED 灯照明时的用电量(如果还保持原来的光亮水平时)仅为数十千伏安。

在深南大道上的深圳电子大厦,采用了 LED 幕墙智能照明系统工程后,可以大大降低用电量,并且还增大了被照面积。改造前项目情况:工程原采用 40 套 1 000 W 的金卤灯,按日均运转 8 h 计算,每天耗电量达 320 度(千瓦时)。由于灯具太大,原照明系统与整体建筑不够协调,照亮墙面时其上下亮度不均匀,且是静态显示,夜景效果不够理想,光源的寿命较短。改造后项目情况:该工程采用新 LED 幕墙照明系统,共用了 1 300 套 LED 全彩点阵组灯及 150 m 数码管。总功率仅 2.2 kV·A,相当于两套金卤灯,日均耗电量 17.6 度,不及传统照明系统耗电的一个零头,每年可节省电费开支 9 万元,具体见表 10-2。而且新照明系统使建筑轮廓更加明显,且色彩丰富、变化多端,如图 10-4 所示。此外,同时还有深圳市中国凤凰大厦、深圳赛格广场等工程,都进行了改造。由此可知,节能改造的确效果显著。

表 10-2 深圳电子大厦照明项目改造前后对比表

项目	改造前	改造后
总功率	42 500 W	34 550 W
照明质量	部分地区照度值几乎为 0	全场平均照度值达到 48 lx
七年用电量 (按每天 12 h 计算)	42.5 kW×12 h×365×7 =1 303 050 kW·h	34.55 kW×12 h×365×7 =1 059 303 kW·h
七年节约用电	1 303 050−1 059 303=243 747 kW·h	
七年共节约电费 (按 0.5 元/kW·h 计算)	243 747 kW·h×0.5 元/kW·h=121 874 元	
七年灯泡消耗	250 W 泛光灯每半年更换一次灯泡,灯泡价格按 140 元/只计算(偏低于市场价): 7×(150×140×2)=294 000 元	一年内无费用,这些灯泡寿命为 2.5 年,价格为 390 元/只和 185 元/只,七年合计费用:(73×390+9×185+2×580+5×390)×6/2.5=79 788 元
七年镇流器消耗	灯具每年更换一次镇流器,镇流器价格为 150 元/个计算: 7×(190×150×1)=199 500 元	七年无费用发生
七年电容器消耗	灯具每年更换一次电容器,电容器价格按 30 元/个计算: 7×(190×30×1)=39 900 元	七年无费用发生
维护情况	现有灯具靠站内工作人员维护,或请施工单位进行维护,损坏严重,维护量大	灯具保用七年,在七年内灯具出现任何问题,有专业人员解决,并定期上门回访,了解使用情况
安全效益	老系统由于灯具效率低,导致整体照度低,很多操作位的基本照度都得不到满足,给生产带来很大的安全隐患	改造后,整体照明效果将得到很大的改观,根据现场设备情况布置灯具,保证各部位检修需要,保证生产的安全进行
7 年综合成本	294 000+199 500+39 900=533 400 元	79 788 元
7 年节约维护费用	533 400−79 788=453 612 元	

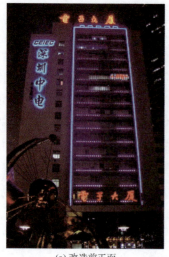  

(a) 改造前正面　　　　　　　(b) 改造前侧面　　　　　　　(c) 改造后

图 10-4　深圳电子大厦改造工程

第三节　照明节能工程及其技术经济分析

照明节能既要节能又要保证视觉工作要求的照度标准值和照明质量不变。这里用一荧光灯照明工程节能改造为例，即可以一目了然。

几年来深圳的荧光灯照明工程节能改造千篇一律的将 T8 型 36 W 改成 T5 型 28 W。无论是政府机关，还是工厂、学校、企业，甚至是娱乐场所，只要是把 T8 型 36 W 荧光灯换成 T5 型 28 W，就算一项节能方案。方案中往往采用 T5 型中最好的技术参数与 T8 型中较差的相比，笼统比较之中往往节电率和节电量具体不详，尤其是采用新的 T5 型荧光灯与用久了或用过一段时间后的旧 T8 型荧光灯进行现场照度实际测量比较时，对 T8 型荧光灯更是不公平。近几年经常有设计院的电气设计者反映，刚刚设计好的 T8 型荧光灯照明工程就被换成 T5 型荧光灯，这种做法对否？为此本文对 T8 型和 T5 型荧光灯进行一些调研和计算。因为手边有飞利浦样本，因此本文采用飞利浦直管两种 T5 型 28 W 荧光灯与三种 T8 型 36 W 荧光灯，进行技术经济分析，供照明设计和照明工程改造人员参考。

一、照明设计选择场所、光源与灯具（A1～A14）

计算场所选择某大型精密电子车间，工作场所尺寸 $L \times W \times H = 48\ m \times 18\ m \times 3\ m$，面积 864 m^2，层高 3 m，根据国家标准《建筑照明设计标准》(GB 50034—2013)工作面照度标准值规定为 500 lx。

光源采用飞利浦荧光灯进行五种方案设计：(1) 国产普通 T8 型 TLD-36 W/54；(2) 国产普通 T8 型 TLD-36 W/33；(3) 进口三基色 T8 型 TLD-36 W/840；(4) 国产三基色 T5 型 TL5ESS 28 W/840；(5) 进口三基色超高效 T5 型 TL5HE 28 W/840。其技术参数见表 10-3。

表 10-3　48 m×18 m×3 m 电子车间 T8 型和 T5 型荧光灯技术经济比较

序号	项　　目	方案（一）	方案（二）	方案（三）	方案（四）	方案（五）
A1	灯具种类	双管格栅灯具 TBS 369/236 HFEM6			双管格栅灯具 TBS 278/228 HFEM6	
A2	镇流器种类	电子镇流器				
A3	光源型号	卤粉 T8 型 TLD-36 W/54	卤粉 T8 型 TLD-36 W/33	三基色 T8 型 TLD-36 W/840	三基色 T5 型 TL5ESS 28 W/840	三基色超高效 T5 型 TL5HE 28 W/840
A4	单光源的光通量(lm)	2 500	2 850	3 350	2 670	2 670
A5	发光效率(lm/W)	69.4	79.2	93.1	95.4	95.4
A6	光源额定寿命(h)	8 000	8 000	12 000	10 000	20 000
A7	一般显色指数 R_a	72	63	85	80	85
A8	光源色温 T(K)	6 100	4 100	4 000	4 000	4 000
A9	灯管产地	国产	国产	进口	国产	进口
A10	利用系数	0.60	0.60	0.60	0.60	0.60
A11	维护系数	0.60	0.60	0.70	0.65	0.85
A12	照度标准值(lx)	500	500	500	500	500
A13	每套灯具灯管数量	2	2	2	2	2
A14	灯具数量	240	211	154	208	159
B1	单灯管加镇流器(W)	36+4	36+4	36+4	28+5	28+3
B2	灯管总数	480	422	308	416	318
B3	总功率(kW)	19.20	16.88	12.32	13.73	9.86
B4	年平均开灯时间(h)	6 000	6 000	6 000	6 000	6 000
B5	年用电量(kW·h)	115 200	101 280	73 920	82 380	59 160
B6	与方案（一）比较(%)	100	88.0	64.2	71.5	51.4
B7	用电功率密度值(W/m²)	22.2	19.5	14.3	15.9	11.4
C1	灯管单价(元/只)	5.00	5.00	9.50	10.50	26.50
C2	灯具单价(元/套)	420	420	420	300	300
C3	配电安装费(元/套)	10	10	10	10	10
C4	总初始投资费(元)	105 600	92 840	69 146	68 848	57 717
C5	与方案（一）比较	100%	88%	65%	65%	55%
D1	折旧年限(年)	8	8	8	8	8
D2	折旧率 K	20%	20%	20%	20%	20%
D3	年固定折旧费(元)	20 640	18 146	13 244	12 896	9 858
D4	与方案（一）比较	100%	88%	64%	62%	48%
E1	电价[元/(kW·h)]	0.80	0.80	0.80	0.80	0.80
E2	年用电费(元)	92 160	81 024	59 136	65 904	47 328
E3	与方案（一）比较	100%	88%	64%	72%	51%
F1	灯管寿命修正因子	1.8	1.8	1.8	1.8	1.8

续上表

序号	项目	方案(一)	方案(二)	方案(三)	方案(四)	方案(五)
F2	灯管实际寿命(h)	14 400	14 400	21 600	18 000	36 000
F3	年灯管更换数	200	176	86	139	53
F4	年灯管更换费(元)	1 000	880	817	1 460	1 405
F5	与方案(一)比较	100%	88%	82%	146%	141%
G1	更换灯管费(元/只)	2	2	2	2	2
G2	年换灯管人工费(元)	400	352	172	278	106
G3	清洁费[元/(套·次)]	4	4	4	4	4
G4	年平均维护次数	2	2	2	2	2
G5	年灯具维护费(元)	1 920	1 688	1 232	1 664	1 272
G6	年总维护费(元)	2 320	2 040	1 404	1 942	1 378
G7	与方案(一)比较	100%	88%	61%	84%	59%
H1	年照明费(元)	116 120	102 090	74 601	82 202	59 969
H2	单位照度年照明费〔元/(lx·年)〕	232	204	149	164	120
H3	与方案(一)比较	100%	88%	64%	71%	52%

注:灯管、灯具报价由深圳市飞利浦代理聚佳源实业有限公司提供。

灯具与光源一样也统一采用飞利浦嵌入式双管格栅灯具 TBS369/236HFEM6 型和 TBS278/228HFEM6 型,五个方案全采用电子镇流器,灯具利用系数均采用与灯具效率近似值 0.60;灯管寿命分别为 8 000 h、10 000 h、12 000 h、15 000 h、20 000 h 时,维护系数分别采用 0.60、0.65、0.70、0.75、0.85。当只将灯管 36 W 换成 28 W 后,可能灯具的配光曲线和利用系数有些许变化,这里暂不考虑。特别是将 T5 灯管转换灯脚直接安装在 T8 灯具上时,该种灯管对不同厂家的灯具配光曲线和利用系数的影响,这里也没有考虑。采用利用系数法进行照明设计,其结果见表 10-3 A 栏中 A1~A14,从表 10-3 A14 栏中可知,已经计算出达到 500 lx 的照度时五种方案所需要的双灯管灯具的数量。方案(三)比方案(四)少用灯具 54 套。

二、计算年用电量(B1~B7)

照明工程系统的年总用电量是由年总功率和年平均点灯时间决定的。对不同场所,年平均点灯时间不同,这里按两班制取年平均点灯时间为 6 000 h。年总用电量为总功率与平均开灯时间的乘积,其计算结果见表 10-3 B 栏的 B1~B7。B 栏内除给出年用电量总数外,还给出方案(二)~方案(五)与方案(一)的比较百分数,见表 10-3 中 B5 栏及 B6 栏。从 B5 栏、B6 栏可知五个方案中方案(一)用电量最多,方案(五)用电量最少,而方案(三)要比方案(四)用电量少 7.3%。该表 B7 栏同时还给出了用电功率密度值(W/m^2)。根据国家强制性规定此种场所达到 500 lx 照度标准值时,其用电功率密度值限制不超过 18 W/m^2,目标值为 15 W/m^2。从 B7 栏可以看出,方案(三)~方案(五)是符合国家规定的,而方案(一)和方案(二)则不符合。

三、计算初始投资费(C1～C5)

初始投资包括灯管和灯具(包括镇流器和触发器)的费用以及安装费,详细数据列入表10-3 C栏内,其中灯管和灯具的价格是由飞利浦代理公司提供的。C4栏中为总初始投资费,C4＝A14×(C2＋C3)＋B2×C1,并且有与方案(一)比较的百分数,初始投资费方案(三)和方案(四)基本相同。

四、计算灯具年固定费用(D1～D4)

照明设备与其他机电设备一样,使用过程中应按年限折旧。根据设备损耗情况,可结算设备的耐用年限,从而可以确定该设备的折旧年数和折旧率。折旧率就是在折旧年份内,每年分摊到设备投资费用的百分数。在折旧率与折旧年数的关系曲线中查出表10-4,本例中折旧年限视为8年,故折旧率$K＝20\%$,因此年固定折旧费为灯具单价加上安装费(C2＋C3),再与年折旧率(D2)和灯具数量(A14)之乘积。年固定折旧费具体为:D3＝A14×(C2＋C3)×D2,D3栏为各方案的年固定折旧费,方案(三)比方案(四)高2%。

五、计算年用电费(E1～E3)

深圳工业用电按0.8元/(kW·h)计算,则五种方案的年用电费应该为0.80元乘以年用电量(B5),即:E2＝E1×B5,计算结果见表10-3 E栏。E2栏为各方案的年用电费,E3栏为各方案与方案(一)比较的百分比,方案(三)比方案(四)少7%。

六、计算年光源费(F1～F5)

气体放电光源的实际寿命与额定寿命可能差距较大,具体要看每启动一次后平均工作时间的长短而定,表10-5给出光源实际寿命修正因子(F1)。本例中两班制工作,开灯时间每天按20 h计算,这里取光源寿命修正因子为1.8。每年灯管的更换数(F3)应该是灯管总数(B2)乘以年平均开灯时间(B4),再除以灯管实际寿命(F2),即:F3＝(B2×B4)/F2。计算结果列入表10-3 F3栏内。

年灯管更换费是灯管单价与年更换灯管数之积,即:F4＝F3×C1,计算结果见表10-3 F4栏,F5栏为每年各方案与方案(一)比较的百分数。从F4栏和F5栏可知,方案(三)费用最少,方案(四)和方案(五)费用较高。

表10-4 折旧系数与使用年限的关系

年限	折旧系数 $K(\%)$
5	27
6	25
8	20
10	17
12	15

表10-5 寿命修正因子与平均工作时间的关系

每启动后平均工作时间(h)	寿命修正因子
连续工作	1.8
12	1.5
6	1.2
3	1.0
2	0.9
1	0.7
0.5	0.5
0.25	0.4

七、计算年系统维护费(G1～G7)

更换灯管费用(G1)按 2 元/只计算，年更换灯管人工费应为年更换灯管数乘以单只更换费：G2＝G1×F3，计算结果见表 10-3 G2 栏。灯具维护每年 2 次(G4)，每次按 4 元(G3)算，再乘以灯具数量。年灯具维护费为：G5＝G3×G4×A14，计算结果见表 10-3 G5 栏。年总维护费为：G6＝G2＋G5，与方案(一)的比较为 G7 栏。从 G6 栏和 G7 栏的计算结果可知，仍然是方案(一)费用最高，方案(五)费用最低，方案(三)比方案(四)低 23％。

八、技术经济计算分析结果(H1～H3)

以上计算最后结果列入表 10-3 H 栏。其中年照明费(H1)等于年固定费、年用电费、年灯管更换费和年总维护费四项费用的总和，即：H1＝D3＋E2＋F4＋G6。将年照明费被照度标准值 500 lx 除，可以获得单位照度年照明费 H2，即：H2＝H1/500，计算结果见表 10-3 H2 栏。如果将方案(二)～方案(五)与方案(一)进行比较，可以获得各个方案单位照度年照明费的比较百分数 H3。

综上计算，可以总结如下：A 栏得出的五种方案灯具数 A14，方案(一)最多，方案(三)最少；年用电量 B5 栏方案(一)100％，方案(五)51.4％；初始投资费 C4 栏方案(一)100％，方案(五)55％；年固定折旧费 D3 栏方案(一)100％，方案(五)48％；年用电费 E2 栏方案(一)100％，方案(五)51％；年灯管更换费 F4 栏方案(一)100％，方案(三)82％；年维护费 G6 栏方案(一)100％，方案(五)59％。综合计算结果见表 10-3 H2 栏和 H3 栏，方案(一)100％，方案(五)52％。虽然方案(四)和方案(五)年灯管更换费较高，但是四项费用相加，综合考虑还是方案(五)最好，方案(四)虽然是 T5 型荧光灯，但是不如方案(三)的 T8 型荧光灯。在直管荧光灯照明工程节能改造时，不一定将 T8 型荧光灯全换成 T5 型荧光灯，何况有些国产 T5 型荧光灯的技术参数参差不齐。

九、照明节能改造工程中的设计与设备用电量的问题

在照明改造设计中，方案设计者往往采用最好的参数进行计算，希望方案节能效果更好。而采购者往往选择低价位的设备产品，希望节省经费。因此，在节能改造工程中，采购设备的技术参数要与设计方案一致，方能达到节能的最好效果。

照明节能的目的就是节电，因此年用电量就是照明节能的关键数据，可直接衡量出节能效果。这必需是在保持照度标准值不变的前提下，用电量越少越好。而有些工程中为了节省资金而采用降低电压的办法，当然也减少了用电量。但这种节能也降低了照度值，不符合国家标准中规定的照度值，同时也降低了视觉要求的照明质量，这是不好的节能办法，尽管视觉暂时感觉不出来，也不应该支持。如果照度设计的过高，甚至造成眩光，工作人员反应强烈。这是当初设计的不合理，应该改变设计，或减少灯具和灯管的数量，节能会更好些。当然，有些场所有时电压偏高，特别是深夜，对电压有些许降低是可以的，但是这个降低的比例应该有限度。在国家标准中对照明电压有规定："照明灯具的端电压不宜大于其额定电压的 105％，亦不宜低于其额定电压的 95％(一般工作场所)。"对于特殊的远离变电所的小面积一般工作场所，难以满足 95％的要求时，可以为 90％。所以，进行照明节能改造时，降低电压最多不宜超过 5％。本文认为如果有些地区放宽此限度，最多降低也不应大于 10％。现在有些节能电器的生产厂家，为了达到尽快回收节电设备的成本费用，甚至降低电压达 15％～20％，这是不对的，这是牺牲照明的数量和质量来换取节约电能，是严重错误的。

参 考 文 献

[1] 瓦维洛夫.光的微观结构[M].钱祖森等,译.北京:中国科学院出版,1954.

[2] 张绍纲,庞蕴凡,朱学梅,等.中小学校教室照明试验研究[J].中国学校卫生,1985(1):11-13.

[3] 薛才之,庞蕴凡.SD-1型视度仪[J].第二届全国仪器仪表学会论文集,1981.

[4] 薛才之,庞蕴凡.视度仪的国际发展概况[J].照明技术,1988.

[5] 庞蕴凡,张绍纲,彭明元,等.不舒适眩光的实验研究[J].心理学报,1983.

[6] PANG Yunfan, ZHANG Shaogang, PENG Mingyuan, GAO lütai. Evaluating discomfort from lighting glare[J]. Batiment international ,building research & practies,1983,No. 9/10.

[7] 庞蕴凡,张绍纲,朱学梅.少儿阅读照度与视觉满意度关系的实验研究[J].第五届建筑物理学术会议论文集,1986.

[8] 庞蕴凡.中国人视功能特性的实验研究[J].第一届亚太流域照明学术会议论文集,1989.

[9] 庞蕴凡,薛才之.物理光学在建筑工程中的应用[J].吉林大学自然科学学报,1992:595-598.

[10] 庞蕴凡,张绍纲,朱学梅.照度对儿童少年视功能影响的研究[J].心理学报,1986,18(4):365-370.

[11] 武桂英,张国栋.小学语文课本字体对视功能影响的研究[J].中国学校卫生,1990,11(2):3-6.

[12] 庞蕴凡,张淑珍,刘翠玉.混合照明与单独一般照明视觉效果的现场试验研究[J].第三届建筑物理学术会议论文集,1978.

[13] 赵融,刘学荣,强梅,等.少儿阅读视疲劳与照度关系的实验研究[J].青少年视力保护,1985(2).

[14] 程雯婷,孙耀杰,童立青,等.白光LED颜色质量评价方法研究[J].照明工程学报,2011,22(3):37-42.

[15] 潘建根,李艳.CIE中间视觉光度学推荐系统[J].中国照明电器,2010(12):9.

[16] 吴一新,梁培,张军,等.LED照明灯具向室内照明产品发展的技术要求:光谱和光生物安全[J].照明科技,2014,9.

[17] 余善法,刘成,王志炜,等.VDT作业对眼的影响研究[J].中国工业医学杂志,1994,7(4):209-210.

[18] 马东丽.视疲劳终合征的研究概况[J].中国中医眼科杂志,2003,13(3):179-181.

[19] 余善法,王志炜,谷桂珍,等.视屏显示终端对作业者健康影响的研究[J].河南医学研究,1995,4(2):147-151.

[20] 夏群,赵本严,李兵.用SD-1型视度仪测量视疲劳[J].中国实用眼科杂志,1991,9(3):146.

[21] 牟晓非,吴文灿.视觉显示终端作业环境照明的调查与测定[J].航天医学与医学工程,1988,1(2):132-135.

[22] 牟晓非,吴文灿.视觉显示终端(VDT)周围照明对视觉功能影响的研究[J].航天医学与医学工程,1989,2(2).

[23] 吴文灿,姜国华,廖国锋,等.驾驶舱显示与照明系统人机工效的可靠性设计与分析[J].航天医学与医学工程,1998,11(1):60-62.

[24] 刘伟,袁修干.人的视觉-眼动系统的研究[J].人类工效学,2000,6(4):41-44.

[25] 王镭.视觉工效在飞机驾驶舱设计中的应用[J].科技信息,2012(18).

[26] 宋洁琼,林燕丹,童立青,等.基于视觉舒适的LED驱动器评价方法[J].照明工程学报,2012,23(5):58-65.

[27] 王金勇.中间视觉与道路照明光源的选择[J].城市照明,2012,16(3):1-3.

[28] 徐何辰,饶丰,薛文涛,等.中间视觉亮度条件下常用光源透雾性研究[J].照明工程学报,2012,23(5):47-50.

[29] 李德胜,邹琳,曹帆,等.不同光源的显色性比较实验研究[J].照明工程学报,2012,23(5):43-46.

[30] 陈超中,施晓红,李为军,等.LED灯具特性及其标准解析[J].中国照明电器,2010(12):38-42.

[31] Frome F S,Buck S L,Boynton R M. Visibility of borders:separate and combined effects of color differences,luminance contrast,and luminance level[J]. Journal of the optical society of America,1981,71(2):145-150.

[32] Forbes T W,Fry J P,Joyce R P,et al. Letter and sign contrast,brightness,and size effects on visibility[J]. Highway research record,1968,216:48-54.

[33] CIE. Method of measuring and specifying color rendering properties of light sources:CIE 13.2-1974[S].

[34] CIE. Method of measuring and specifying colour rendering properties of light sources:CIE 13.3-1995[S].

[35] Color Quality Scale(CQS):Measuring the color quality of light sources[OL]. https://wenku.baidu.com/view/d68b0522af45b307e87197e2.html

[36] Boyce P R. Age,illuminance,visual performance and preference[J]. Lighting research and technology,1973,5(3):125-144.

[37] 阪口忠雄,永井久.机上の照度分布そ反射光幕力しの疲劳にねよはす影响[J].照明学会杂誌,1974,No.10.

[38] 中根芳一、伊藤克三.明视照明のたぬに标准等视力曲线に关する研究[J].日本建筑学会论文报告集,1975,3.

[39] 金子直礼等.室内照明の不快ダレア评价について[J].照明学会杂誌,1971,No.9.

[40] Мешков В. В.. Основы светотехники,Час.1Час2. ГЭИ,1961.

[41] Ц. И. Кропь,В. В. Мещков,Светотехика,1965,No.12.

[42] А. С. Шайкевич,Светотехника,1972,No.5.

[43] М. М. Енанещнков. Исспетование Вдияние ддском форта на утомдение и ироизводитедьность

труца[J]. Светотехнка,1975,No. 2.
- [44] H. R. Blackwell. Developmant of procedures and instruments for visual task evalutation [J]. Illu. Eng. ,1971,65,4.
- [45] 张煜仁. 关于制定我国照度标准中今后研究的课题[J]. 第一届建筑物理学会论文集,1961.
- [46] 张绍纲. 关于制定我国光照标准的问题[J]. 第二届建筑物理学术会议论文集,1962.
- [47] 庞蕴凡,薛才之. 物理光学在建筑工程中的应用[J]. 吉林大学自然科学学报,1992:595-598.
- [48] 杨正铭. 再论白光 LED 的光效[J]. 照明用电源与智能控制技术研讨会,2013:303-304.
- [49] 庞蕴繁. 深圳市建筑照明工程节能改造中荧光灯的技术经济分析与比较[J]. 海峡两岸第二十二届照明科技与营销研讨会,2012.
- [50] 庞蕴繁,毕晶权. 荧光灯照明工程节能改造技术经济分析和实例[J]. 海峡两岸第十四届照明科技与营销研讨会,2007.

后　　记

照明是一个朝阳的行业,凡是有人的地方就要有照明。自古以来,人们白天靠阳光,夜晚靠月光和星光。之后进一步有了火把和蜡烛照明,再之后有了电灯,发展到由各种各样的电灯及其灯具进行照明。于是,关于视觉与照明的关系就是一个重要的问题。人们的眼睛要看各种各样大小的和各种各样色彩的目标,都需要多少光? 需要什么样的光? 这就是现代照明学科的工作。我有幸从工作开始,就从事照明科技的研究,走进了照明行业。

一、抓住了研究的方向

1957年我考入了东北人民大学(五年制),1962年毕业于吉林大学物理系光学专业,被国家统一分配到北京的中国(当时建设部)建筑科学研究院建筑物理研究所光学室,研究建筑照明。之后我就跑遍当时的北京各大小图书馆,也没有发现一本关于"照明"的书或刊。有幸的是,不久国家建设部图书馆和内部资料库也均搬家到建研院主楼,还有一个明亮宽敞的大阅览室。主楼与物理所的侧楼在一个院内,我就如鱼得水,办公室和阅览室交替着埋头读书。更有幸的是物理所来了一位从苏联回国的新领导——张绍纲博士,他是我的第一任指导老师,我也是他的第一位学生。他真是有远见,了解祖国的需要,首先提出了课题《关于制定我国光照标准方法研究》,由于其管理工作繁忙而委任于我。我曾经问过数人:"正在执行的标准《工业企业人工照明设计标准》(106-56)的照度值是怎么定的?"答复是:"该标准是剪切苏联的并在照度标准值上打了折扣的,而我国的照度值是现场调研而定的。"这使我有了阅读的方向。

二、图书馆里求学问

偌大的北京却没有找到一本"照明"的资料,但是在该内部资料库却有国外的相关期刊和书籍。我有兴趣的共有三种语言六种期刊,办公室坐久了就跑到阅览室,成了其常客。六种期刊是:(1)苏联俄文版的《照明技术》;(2)英国英文版的《照明研究与技术》;(3)北美照明学会英文版的《照明工程学报》;(4)北美英文版的《照明评论》;(5)澳大利亚英文版的《国际照明评论》;(6)日本日文版的《照明学会雑誌》。另外还有苏联1961年出版的莫叶士考夫的俄文版《照明技术基础》一书上、下两册。一段时间的安心进补,凡是照明方面的俄、英、日期刊杂志几乎在标题上都有所了解,对国际上的最新信息更是力求第一时间知晓。新成立的(1958年)建筑物理研究所是个新科研单位,"枯燥的科研"除了看书还是看书。由于有了物理知识基础,加上多年对国际信息的掌握,我如鱼得水,这正是为日后的科学研究与实验工作打下了一定的基础。

有趣的是,经常到图书馆"报到"的我,其专业知识和勤奋劲头被建设部情报研究所看中并派上了用场,他们人少事多,建议我承担情报研究所出版刊物中的照明部分。我欣然接受,高兴万分。在那个不提报酬只讲贡献的年代,只要有需要就是快乐。于是我把部分精力放在对照明方面每期新到的外文期刊杂志上,在作为读者第一个阅读的同时,也为建设部情报所的以上三种文字的照明期刊杂志翻译全部文章的题目或摘要,并做成卡片,由该情报所出版,发行给国内各有关科技单位供读者查阅。尽管是义务劳动,却干劲十足,然而这一干就直至1985年。

三、研究视觉测量方法

由于坚持阅读,我向着专业领域迈出了稳健的第一步,后来逐渐深入到照明专业的科学研究中。关于制定我国光照标准方法的问题,试图从物理学中的光学知识思考:照明标准是否应该有视觉定量评价和测量方法?同时还得益于当时在中国建研院物理所光学室兼职顾问的北京工业大学建筑系主任、留美回国的吴华庆教授的指导和帮助,他也是我职业生涯中的一位至关重要的恩师。他每逢周四必到光学室上班,借此机会,我主动请教,几乎成为我的专职老师,帮助我阅读并研究英文资料。每次都从他那里得到了帮助,潜心研究涉足视觉照明领域的视觉测量方法,追求的目标就是用什么方法才能定量地制定国家照明设计标准。同时又有了中山大学物理系光学专业毕业的同事薛才之先生的参与,终于研制出视度测量仪。之后发现联合国教科文组织曾有一份文件中说"成熟的科学技术是都能够用数学公式表达的"。我非常高兴研究方向又是物理学与数学的结合。

1966年,试制视觉测量仪器的科研基本成功,但是全部科研工作骤停。又因为努力参与了一系列的集体体力劳动,锻炼出良好的身体。1972年初春,喜迎来了我国科学的春天。那一年那一天的那一幕让我至今难以忘怀,我有幸首次参加了在保定召开的全国第二届心理学学术年会,介绍了视度仪的构思和作用,受到北师大心理学专家张厚璨教授等的大力称赞。会后,北京春冷正下着小雪,当时九三学社中央副主席、杭州大学校长、全国心理学会第一副会长、心理学专家70岁的陈立教授,专程来到北京。陈老急不可待未等到卢盛中教授的陪同而单独前往,单独乘公共汽车来到建筑物理研究所,由张所长和肖所长接待。陈老使用了视度仪样机,测量了不同条件下的数据后高兴的感慨道:"这是心理物理学视觉光学仪器在中国的开始!"这句肯定的话给予了我极大的鼓舞,纵然困难重重,坚信科学是真理,幼苗再小也会长大。

1973年,国家计委标准定额司下达给建筑科学研究院建筑物理研究所任务后,为编制我国国标《工业企业照明设计标准》的需要,我这时才又克服了重重困难和阻力,捡起未完的课题继续研究。为了使科研成果更为完善,在本院科研机械加工厂的配合下,改进了视度仪。在中国科学院心理研究所心理学专家焦淑兰的配合下,我们二位中年的物理学和心理学者共同测量了大量的数据,并有理有据地应用在编制国家标准《工业企业照明设计标准》(TJ 34—1979)及其条文说明中。正是这近七八年的艰辛和努力,使我国第一本正式的照明设计标准中有了我国自己的科学实验依据。

四、获得了院长和CIE主席的肯定

1981年,国际照明委员会(CIE)应届主席德·鲍耶尔(荷兰人,de Boer)来到北京,邀请中国参加国际照明委员会(CIE)并进行考察。他专程来到建筑物理研究所参观光学室,当时有中国建研院留美和留德归来的建筑结构专家何广乾副院长、物理所两位分别留苏和留德的副所长以及室主任等部分光学室人员陪同。德·鲍耶尔主席在照明视觉实验室,观看了视觉实验的眩光实验设备,拿起视度仪观测,又看到在桌面上放着的两篇论文稿,其上还有与国际上多家的实验结果进行的比较。德·鲍耶尔主席非常高兴,与何院长谈了许多。参观后与会者同到主楼前合影留念,站在人群中的我被何院长拉到前排,站在他和德·鲍耶尔主席中间(图1)。前排右三和右五分别是何院长和德·鲍耶尔主席,前排右六和右二分别是张副所长和肖副所长,后排左二是孙主任。

图1　1982年CIE应届主席德·鲍耶尔在北京中国建筑科学研究院主楼前合影

合影后我问何院长："为何给我这样高的荣誉？""德·鲍耶尔主席特别夸奖你的工作。来来，到我办公室给我讲讲视度仪和眩光实验！""院长，你有多少时间我就汇报多少时间。"走在主楼和物理楼之间的门洞里，我一回头看见主管张所长："院长要听我汇报工作，所长你必须在场。"于是三人一同来到主楼何院长办公室。何院长听完我的工作汇报后不知是建议还是命令张所长："派她出国做访问学者！"后来因故未成。

有幸的是1986年国家首次开设科技进步奖，SD-1型视度仪获得建设部科技进步二等奖。是我国当时唯一的心理物理学视觉光学仪器，填补了我国在该领域的空白。更可庆幸的是1991年在北京凭着视觉研究的一篇论文，也冲破了重重的阻力，有幸参加了在澳大利亚墨尔本的CIE第22届国际会议。之后于1995年在深圳，又有一篇论文很顺利地刊登在印度新德里的CIE第23届大会论文集中。

五、1993年到了深圳

1985～1990年本人负责主编了由中国建研院为主编单位的，由当时的清华大学、天津大学、西安交通大学、重庆建筑大学、北京建筑工程学院（现北京建筑大学）、北方工业大学、中国建筑西南院、铁道部专业设计院、铁道部劳动卫生研究所、交通部第四航务工程勘察设计院等11家单位参编的国家标准《民用建筑照明设计标准》(GBJ 133—1990)。该标准完成后，又荣幸的获得了建设部科技进步二等奖。在1991年墨尔本国际会议上，会见了台湾同行代表团，他们看到刚刚出版的国标GBJ 133—1990时，其中一位说："此国标台湾还没有，我们能用上，请你到台湾来讲学，一定受欢迎。"回国后我真的又收到邀请信，因我也没有时间，就此做罢了。1993年的一天，正在准备赶赴厦门宣贯国标GBJ 133—1990培训班时，突然收到一个自称深圳的电话打到办公室，请我去参加其公司的专家恳谈会。至今我还不知是哪位学员或合作者给该公司介绍的专家，并提供了我的电话，考虑到可以顺路去深圳一次，于是就同意参加深圳黄金灯饰公司400人的专家恳谈会，此次便与深圳结下了不解之缘。

黄金灯饰公司的阵势和气派，使我震惊：市政府的领导、各路专家，连冯巩等著名演艺家等也都到场。自感身单力薄，决定与深圳分院联系并汇报工作。首到分院遇见在北京结构所的邻居，请他指引去拜见尚未见过面的深圳分院魏琏院长，邀请他共同出席400人的大会并代表单位领导讲话。魏院长高兴但说不懂专业。"只要你在座支持，其他都由我来办。"于是我写了几年来自己在建筑物理所照明方面所做工作的汇报稿交给他，魏院长同意代表建研院发言。会上我们二人都在主席台上分别做了报告(图2)。

后　记

图2　1993年与魏琏院长出席深圳黄金灯饰专家恳谈会(左一为总经理夏春盛)

　　会后黄金灯饰公司总经理夏春盛先生要求我留下来谈合作,我因马上要飞去厦门必须赶上即将散场的宣贯培训班的最后一课,我对魏院长表态:"请院长决定,不论合作条款多苦多瘦我都接受。"我厦门的课完后,回到北京即刻接到魏院长电话:"合作协议稿文字已经形成,速来签字。"返回深圳后经过协议稿的商定和修改后,在深圳阳光酒店举行了由魏院长和杜琪主任出席的签字仪式与记者招待会。就这样开始了长达20多年的深圳工作。

　　开始双方商定以两家名义成立照明工程研究所。接下来开展工作,首先需要资金,我正在担心,魏院长马上表态:"深圳分院全力支持,可以由深圳分院先借,以后有了收益再归还。"我心想:"如果还不上?"魏马上说:"放心,还不上不怪你,只怪我决策失误!"多么有气度、有气魄、有气质的好领导啊!只好下定决心:"必须上马,不能后退。"于是在深圳就单枪匹马的首先办起中国建筑科学研究院深圳分院照明工程部,从结构抗震部借来一台286旧电脑,开始办公。与黄金灯饰公司合作,支撑当时"深圳黄金灯饰公司与中国建筑科学研究院照明工程研究所"的牌子,共同进行照明工程设计和施工。1994～1995年那个时段,共同承担了深圳笔架山高尔夫球训练场和宾馆的照明工程、深圳MS高尔夫球场照明工程以及蛇口广场和香蜜湖水上乐园等照明工程的设计与施工。1996年与黄金灯饰集团共同承担了北京全国人民代表大会常务委员会会议楼的室内外照明工程。1997年承接了许多迎接香港回归的照明工程以及上海世贸商城等。1998年共同承担了安徽省马鞍山市的全城夜景照明方案的现场调研、现场设计和方案确定等。我在照明工程方面有了更多一些的知识和经验积累。

六、成立深圳市照明学会

　　1995年春,我伴着"深圳分院照明工程部"的牌子,被黄金灯饰集团聘任为总工程师。同年9月我荣幸的参加了在杭州召开的海峡两岸第二届照明科技与营销研讨会,建立起与台胞同行的工作联系。1996年春的一天,我独闯深圳市科学技术协会,由雷知行副秘书长接待。"我想在深圳市成立深圳市照明学会,可否?"雷副秘书长问:"照明学会? 中国有吗? 世界有吗?"待我拿来北京和上海照明学会以及国际照明委员会(CIE)的各种有关文件时,雷副秘书长又说:"你有什么资格成立?"次日我又拿来自己的专著《视觉与照明》和在有关会上的论文,雷副秘书长热情肯定的说:"你可以成立。但你必须有30以上的人支持你,还必须有办公场地、设备和人员等。"于是我以黄金灯饰集团总工程师的身份,顺利办好各种手续。黄金灯饰集团总裁夏春盛先生任理事长,总工程师任秘书长,还选配了4个秘书,总工办即学会办公室。1996年12月12日成立大会时,是深圳市首次创建了深圳市照明学会(图3)。当时只有北京、上海、和天津三个直辖市有照明学会,深圳市是第四家。在成立大会期间,另外还同时组织举行了两个大会,其一是为中国照明学会承办的海峡两岸第三届照明科技与营销研讨会,其二是为深圳黄金灯饰集团首次举办的海峡两岸"名优新特"照明产品展销会,都收到了可观的效果。

图3　1996年深圳市照明学会成立大会
（左起副理事长深圳大学郝教授、理事长夏春盛、秘书长庞蕴繁、
中国照明学会理事长甘子光、天津市照明学会秘书长郭源芬）

　　1997年我又荣幸的代表深圳市照明学会参加了由中国照明学会组团的首次在台北举行的海峡两岸第四届照明科技与营销研讨会。之后每年一度的海峡两岸照明会议,至今已经举办了近30次。当时是首次在台北召开,也是至2012年之前唯一一次在台北的两岸联合照明会议。1997年还荣幸的参加了在日本名古屋召开的亚太照明科技学术会议,开阔了我的视界,也锻炼了我的社会活动和组织工作能力。

七、先后成立深圳市照明电器协会和深圳市照明电器行业协会

1999年与友人合作成立了深圳市照明电器协会并与深圳市照明学会联合办公,副理事长和副秘书长互相兼职。至2004年因该协会改名,变成另一产业内容更宽阔的节能协会,而这深圳市照明电器协会即被撤销,这时的深圳市照明学会就又开始单独办公。2006年我又重新创办了深圳市照明电器行业协会,增加了"行业"二字的深圳市照明电器行业协会立即与深圳市照明学会联合办公。请来两会的理事长各行其职,两会的常务副理事长兼秘书长就统一由我一人担当。已经由深圳照明学会在2004年创办的和由我主编的《照明视界》期刊以及由我组织成立的深圳市照明专家组也由学会和行业协会共同管理,并且共同开创了"深圳照明"网。对外的"深圳照明"就是深圳市照明学会和深圳市照明电器行业协会之统称,曾有人来要求买"深圳照明"这四个字,我们也坚决不卖。

2002年,本人由政府颁发聘书并被聘任为深圳市节能专家委员会的11位专家之一,并先后参加了深圳市节能专家联合会以及与香港工程师联合会密切合作的深圳市工程师联合会。"深圳照明"成为海峡两岸以及香港回归后尚未开放通行的香港同行的友好联系者。我应香港照明学会邀请代表"深圳照明"出席香港照明学会成立18周年的庆祝大会(图4),并受香港委托代表其邀请中国照明学会理事长等参加其18周年庆祝大会,还代表"深圳照明"受委托为台湾照明前理事长洪浩成等邀请中照学理事长等亲笔为其写海峡两岸友好条幅等。

图4 代表"深圳照明"参加香港照明学会成立18周年大会(2002年)

深圳市照明学会和深圳市照明电器行业协会的具体工作,除了发展、组织和管理会员等工作外,具体的技术工作也广泛多种。身为专家组组长的我,首先是充分发挥和利用深圳照明专家组的作用:组织或委派照明专家组成员出面,为政

府、为会员、为企业事业单位参与评比照明工程设计方案评审、工程验收以及产品与设备的检查或验收等;有关照明和电器等相关产品的开发、鉴定或评比;组织专家组为会员或同行进行技术交流或服务。本人身为政府的节能专家委员会和节能专家联合会的一员,配合协助政府有关部门开展照明节能方案的审查、编写、论证、验收以及科普宣传等。"深圳照明"每年一届的学术年会和"深照奖"颁奖大会是深圳照明科技工作者与会员、同行的盛大节日(见图5)。

图5 "深圳照明"一年一度的年终大会与会员合影
(左三为台湾箫宏清教授,左五为副秘书长,2012年)

"深照奖"也丰富了《视觉与照明》(第二版)的第八章、第九章和第十章中照明工程和设计以及照明产品及其节能实践的内容。在本书中,尤其是第九章的工程实例,绝大多数是"深照奖"中获奖的设计。2007年,中国照明学会"中标"了中国科协的"招标"后,组织编写《关于我国景观照明的发展和对策》一书时,选了北京、上海、天津、重庆及深圳五个地区的五个专业人员,分为五个部分,例如北京清华大学的景观照明规划、重庆大学的景观照明经济作用等。深圳部分由我负责编写了"深圳市景观照明的发展和现状",本书第九章大部分是那时的原稿。

2013年,我完成深圳市照明学会第五届理事会换届任务,并获深圳市照明学会终身荣誉理事长证书,出版2014年度第一期《照明视界》后离职。深圳市照明电器行业协会,委托深圳市照明学会新的秘书处代管。2014年,我应中国航天员中心的要求为其再研制加工PZ-1型视度仪;同时修改完善《视觉与照明》一书,准备出版。

八、结束语

在20世纪60年代,在刚创刊不久的《北京科技报》上看到用古诗词短句编写的科学技术"治学三境界"。当时抄录在笔记本上:一、昨夜西风凋碧树,独上高楼望尽天涯路;二、衣带渐宽终不悔,为伊消得人憔悴;三、众里寻她千百度,那人却在灯火阑珊处。

已经是50多年前的事了!那时抓住了科研方向,是否是"独上高楼望尽天涯路"?经过50多年的风风雨雨,真是"衣带渐宽终不悔"!写出《视觉与照明》一书,就是找到了"那人却在灯火阑珊处"吗?

致谢

在此期间接触到了也结交了许许多多各行各业的新老朋友,开阔和增长了我的眼界与知识,使我终生难忘!

趁此次《视觉与照明》再版之机会,特别感谢陈大华教授老主任老所长、梁荣庆教授新主任新所长兼深圳市照明学会副理事长,以及林燕丹教授等照明视觉专家学者们。在"深圳照明"2010年度的学术年会和"深照奖"颁奖大会上,我获得了梁荣庆教授亲自颁发的至高无上的荣誉和荣耀,即复旦大学的教授聘书(见图6)。图7是我和林燕丹教授与第一版《视觉与照明》的合影,图8是陈大华教授在深圳主讲。这些都是我终生受益和难忘的友谊与恩惠,也使我自豪,向他们致以崇高的敬意和敬礼!更深深的感谢陈大华教授为我撰写了《视觉与照明》的第二版序!

他们都是培养中国高级照明工程师的摇篮——上海复旦大学著名电光源与照明工程系和电光源研究所的新、老领导或著名照明专家教授,也是他们在教学中喜爱和应用并宣传推广了我的《视觉与照明》第一版(1993年版),让我得到了其师生们的厚爱和关照。谢谢了!中国的复旦!

图6 梁荣庆教授在"深圳照明"的年终颁奖大会上为庞蕴繁颁发复旦大学教授聘书

图7　林燕丹教授与庞蕴繁

图8　陈大华教授在"深圳照明"的颁奖大会上主讲